U0252462

中国碳排放初始权和谐配置方法研究

王济干 吴凤平 张 婕 程铁军 等 著

科学出版社

北京

内 容 简 介

中国碳排放初始权合理配置问题关系到碳交易试点市场的正常运行。在国家绿色发展、低碳减排的背景下，针对中国碳交易一级市场中的碳排放初始权和谐配置问题，本书梳理了碳排放初始权配置的理论与实践情况；界定了碳排放初始权和谐配置的概念与内涵，阐述了和谐配置中的三对均衡关系，构建了和谐配置的框架体系；针对区域碳排放初始权及电力行业碳排放初始权，分别构建了基于供给与需求、区域与行业、公平与效率三对均衡关系的碳排放初始权配置模型；并以江苏省碳排放初始权及华东电网碳排放初始权为实证对象，展开了碳排放初始权配置的实证检验，验证了所构建的理论与模型方法的有效性与可行性，并提出了相应的对策建议。本书特色有两点，一是基于三对均衡关系进行碳排放初始权和谐配置这一研究视角，能够体现绿色发展及可持续发展的要求；二是理论与实践相结合，既有碳排放初始权配置的理论研究与模型构建，又有江苏省及华东电网碳排放初始权配置实践检验。

本书可以作为高等院校资源环境管理类、经济管理类相关专业师生及相关科研单位研究碳排放权配置问题的参考书，同时，可为政府相关决策部门开展低碳减排行动提供理论依据。

图书在版编目（CIP）数据

中国碳排放初始权和谐配置方法研究/王济干等著. —北京：科学出版社，2020.12

ISBN 978-7-03-063006-3

Ⅰ.①中… Ⅱ.①王… Ⅲ.①二氧化碳−排污交易−研究−中国 Ⅳ.①X511

中国版本图书馆 CIP 数据核字（2019）第 253925 号

责任编辑：魏如萍／责任校对：贾娜娜
责任印制：张 伟／封面设计：蓝正设计

科 学 出 版 社 出版
北京东黄城根北街 16 号
邮政编码：100717
http://www.sciencep.com

北京虎彩文化传播有限公司印刷
科学出版社发行 各地新华书店经销
*
2020 年 12 月第 一 版 开本：720×1000 B5
2020 年 12 月第一次印刷 印张：15 3/4
字数：320 000

定价：142.00 元
（如有印装质量问题，我社负责调换）

前　　言

　　温室气体排放量不断增加已成为全球气候变暖的主要原因，以《京都议定书》为代表的全球性减排机制已经形成。我国作为世界上最大的二氧化碳（CO_2）排放国之一，制定严格的碳减排目标和采取有效的碳减排措施备受世界瞩目。

　　2012 年，国家发展和改革委员会（以下简称国家发改委）出台的《温室气体自愿减排交易管理暂行办法》从自愿减排项目管理、减排量管理、减排量交易等方面规范了自愿减排交易的规则与制度。2013 年 6 月起，七个省、市先后启动了碳排放权交易市场。十八届三中全会通过的《中共中央关于全面深化改革若干重大问题的决定》中第 53 条明确提出"发展环保市场，推行节能量、碳排放权、排污权、水权交易制度，建立吸引社会资本投入生态环境保护的市场化机制，推行环境污染第三方治理"[①]。2016 年我国政府发布《"十三五"节能减排综合工作方案》《"十三五"控制温室气体排放工作方案》等，对新时期开展节能减排和控制温室气体排放做出了全面部署。党的十九大报告明确指出"积极参与全球环境治理，落实减排承诺"[②]，建设美丽中国。国家一系列的重大方针、政策、制度充分体现了我国强化碳交易市场、进行节能减排的战略需求。为进一步落实碳减排责任，2017 年 12 月我国政府颁布了《全国碳排放权交易市场建设方案（发电行业）》，标志着全国碳交易市场建设进入新阶段，此举也被视为确保全国碳交易体系顺利启动的重大战略举措。2018 年 6 月国务院印发《打赢蓝天保卫战三年行动计划》，该文件要求"大幅减少主要大气污染物排放总量，协同减少温室气体排放，进一步明显降低细颗粒物（$PM_{2.5}$）浓度，明显减少重污染天数，明显改善环境空气质量，明显增强人民的蓝天幸福感"。《国家中长期科学和技术发展规划纲要（2006—2020 年）》在重点领域"环境"中提出要加强全球环境公约履约对

---

　　① 《中共中央关于全面深化改革若干重大问题的决定（二〇一三年十一月十二日中国共产党第十八届中央委员会第三次全体会议通过）》，https://money.163.com/13/1115/18/9DOAJ4N700254V00_all.html，2013 年 11 月 16 日。

　　② 《习近平：决胜全面建成小康社会　夺取新时代中国特色社会主义伟大胜利——在中国共产党第十九次全国代表大会上的报告》，http://www.gov.cn/zhuanti/2017-10/27/content_5234876.htm，2017 年 10 月 27 日。

策研究，开发全球环境变化监测和温室气体减排技术。因此，切实控制 CO_2 排放已成为我国政府的重大战略举措。

国外实践表明，一个国家碳排放初始权配置是否合理，不仅是其有效控制碳排放总量的关键，也是该国碳排放权交易制度是否能顺利实施的基础。当前，我国正紧紧围绕"市场在资源配置中起决定性作用"深化经济体制改革。因此，如何依据市场在资源配置中起决定性作用的基本原则，借鉴国际先进经验，提出我国碳排放初始权配置的合理方法，以有效控制我国碳排放总量，并有利于完善国内碳交易市场建设，是一个值得认真研究的课题。

我们于 2014 年获批国家自然科学基金面上项目"基于三对均衡关系的碳排放初始权配置方法研究"（41471457）。本书的研究意义是试图总结分析影响我国碳排放初始权配置的各种因素，依据市场配置的决定性原则，基于供给与需求、区域与行业、公平与效率三对均衡关系的视角，研究碳排放初始权和谐配置方案的确定方法，有助于推动碳减排实践的深入和碳交易市场的建设。

围绕本书设计的研究问题，我们开展了一系列理论和方法的研究，并于 2017 年 8 月至 12 月在江苏省范围内开展详细调研活动，收集到相关基础资料开展实证分析，于 2018 年 6 月完成研究报告初稿。项目组于 2018 年 8 月、12 月组织召开两次专家咨询会，充分听取专家的意见和建议，进一步完善研究成果，完成项目报告终稿。在项目执行期间，一方面，我们注重在国内外学术期刊及时公开发表研究成果，项目组共发表论文 28 篇，包括在 *Journal of Cleaner Production*、*Sustainability* 等科学引文索引（science citation index，SCI）、社会科学引文索引（social sciences citation index，SSCI）检索期刊发表论文 7 篇，在《中国人口·资源与环境》《软科学》等中文社会科学引文索引（Chinese social sciences citation index，CSSCI）期刊发表论文 14 篇；另一方面，我们很注重对研究成果的推广应用，研究成果已在江苏省电力系统碳排放初始权配置、江苏省内工业碳排放减排绩效及减排潜力分析中得到应用。依托本书，项目组培养了青年教师三名，博士研究生三名，硕士研究生数名。国家自然科学基金项目组成员吴方、陈勇、程明贝、邢贞成、李伟玲参与了本书部分章节的写作。

基于本书的研究成果，我们出版著作《中国碳排放初始权和谐配置方法研究》。需要说明的是，由于我们的视野有限，著作中可能存在许多有关模型、方法、运用等方面的不足，欢迎广大学者批评指正！

王济干

2019 年 11 月

目　　录

第三篇 电力碳排放初始权和谐配置方法

第四篇 碳排放初始权和谐配置方法应用篇

第一篇　基础研究篇

第1章 碳排放初始权配置理论进展

减少 CO_2 的排放，对于控制温室效应、减缓全球变暖至关重要。碳排放初始权配置是运用行政与市场机制实现碳减排的重要环节之一。明确碳排放权、碳排放初始权及碳排放初始权配置的概念与内涵，对碳排放初始权配置的理论、模型和方法的已有研究进行相关梳理，以及对碳排放国际发展态势做相关分析，可为后文碳排放初始权配置模型的构建奠定理论基础。

1.1 研究背景及意义

1.1.1 研究背景

2017 年 10 月 18 日，习近平总书记在党的十九大报告中明确提出"生态文明建设成效显著。大力度推进生态文明建设，全党全国贯彻绿色发展理念的自觉性和主动性显著增强，忽视生态环境保护的状况明显改变""全面节约资源有效推进，能源资源消耗强度大幅下降""引导应对气候变化国际合作，成为全球生态文明建设的重要参与者、贡献者、引领者"[①]。近年来，温室气体排放量不断增加已成为全球气候变暖的主要原因，以《京都议定书》为代表的全球性减排机制已经形成。

一方面，我国政府已明确提出碳减排目标并已制定具体措施。我国作为世界上最大的 CO_2 排放国之一，制定严格的碳减排目标和有效的碳减排措施备受世界瞩目。习近平总书记在党的十九大报告中指出"加快建立绿色生产和消费的法律制度和政策导向，建立健全绿色低碳循环发展的经济体系"[①]。我国政府已承诺到 2020 年实现单位国内生产总值（gross domestic product，GDP）的 CO_2 排放比

---

① 《习近平：决胜全面建成小康社会　夺取新时代中国特色社会主义伟大胜利——在中国共产党第十九次全国代表大会上的报告》，http://www.gov.cn/zhuanti/2017-10/27/content_5234876.htm，2017 年 10 月 27 日。

2005 年下降 40%~45%。《中华人民共和国国民经济和社会发展第十三个五年规划纲要》（以下简称《"十三五"规划纲要》）中明确提出我国于 2017 年启动全国碳排放权交易，推动建设全国统一的碳排放权交易市场。2016 年 10 月 27 日，《"十三五"控制温室气体排放工作方案》提出，确保完成《"十三五"规划纲要》确定的低碳发展目标任务，推动我国 CO_2 排放在 2030 年左右达到峰值并争取尽早达峰。为实现该目标，我国自 2017 年启动在全国开放碳排放权交易，碳排放权交易制度的本质是把环境容量或排放权作为一种稀缺资源，在实行总量控制的前提下，通过可交易的排污许可证，使排污资格产权化，通过市场达到高效率的配置。因此，切实控制 CO_2 排放已成为我国政府的重大战略举措。

另一方面，我国现有碳减排管理手段难以有效实现减排目标。国家发改委于 2019 年 5 月发布《关于深化公共资源交易平台整合共享的指导意见》，在"完善公共资源市场化配置机制"部分提出关于碳排放权要健全出让或转让的规则，引入招标投标、拍卖等竞争性方式，完善交易制度和价格形成机制，促进公共资源公平交易、高效利用。当前我国碳减排管理主要依靠行政手段，每年对各地设定碳排放强度下降指标。各省（自治区、直辖市）单位地区生产总值能耗下降目标均围绕全国的下降目标进行设定，并在年末进行指标考核。这一手段对控制地方性减排目标具有一定的效果，但依然存在几个方面的问题：一是难以保证全国减排总量目标的实现。各地地区生产总值增速及在 GDP 中的比重均不同，从而可能导致各地碳排放强度下降目标均完成，但汇总后全国目标却不能完成的现象。二是减排指标配置有失公平。由于能耗强度在经济发展过程中呈现倒"U"形变化规律，中西部许多地区完成减排目标的压力增大。三是未能兼顾到行业需求。不同地区的自然特性和地理特性的差异决定了不同地区不同行业的碳排放需求难以适用统一尺度。

国外实践表明，一个国家碳排放初始权配置是否合理，不仅是其有效控制碳排放总量的关键，也是该国碳交易制度能否顺利实施的基础。当前，我国正紧紧围绕"市场在资源配置中起决定性作用"深化经济体制改革。因此，如何依据市场在资源配置中起决定性作用的基本原则，借鉴国际先进经验，提出我国碳排放初始权配置的合理方法，以有效控制我国碳排放总量，并完善国内碳交易市场建设，是一个值得认真研究的课题。

1.1.2   研究意义

本书基于对三对均衡关系的分析，构建碳排放初始权配置模型，目的是使模型和方法更符合我国碳减排的新要求，符合碳排放初始权的配置机理，从而增强配置方法的科学性和实用性，这具有重要的理论意义和实践价值。

从理论意义来说，本书基于三对均衡关系研究的视角，探讨不同配置主体之间彼此适应、相互协调的碳排放初始权配置方法，为碳排放初始权合理配置提供新的研究思路，丰富碳排放初始权配置理论；针对碳排放初始权配置需要解决的关键问题，研究配置原则、指标体系，并通过建立相应的判据以审视配置结果的合理性，有利于提高配置方法的科学性。

从实践价值来说，提出碳排放初始权和谐配置方法，有利于减少碳排放配置成本，促进碳排放权在全国范围内合理配置，并为中国实现碳排放权交易，进一步实现全国范围碳排放权的市场化配置奠定基础。对内，有利于促进生态文明建设，有利于保持经济持续、健康发展和提高人民生活质量，有利于建设美丽中国；对外，有利于提升我国的国际形象和地位，为我国应对全球气候变化做出重要贡献。因此，本书的研究成果具有良好的应用前景。

1.2　相　关　概　念

1.2.1　碳排放权

碳排放权中的"碳"，狭义上是指石化能源燃烧所产生的 CO_2 气体，广义上包括《京都协定书》中所提出的六种温室气体。碳排放权概念产生于 20 世纪末。污染排放权概念由美国经济学家 Dales 在 1968 年首次提出，是指权利人在符合法律规定的条件下向环境排放污染物的权利。Eichner 认为各成员国为了达到碳排放总量控制的目的，在实施的经济手段和国家减排指标控制下，碳减排企业所享有的规定额度的碳排放量的权利。碳排放权是指权利主体为了满足生存和发展的需要，由自然或者法律所赋予的向大气排放温室气体的权利，实质上，这种权利就是权利主体获取的一定数量的气候环境资源的使用权（杨泽伟，2011）。从法律角度来看，碳排放权可以被定义为一种在大气环境容量承受范围之内，由国家、群体或者自然人利用地球资源谋求发展而向大气排放一定容量的 CO_2 等温室气体的权利。国际上，碳排放权的分配关系到未来的发展空间，因此将碳排放权视为一种新的发展权，是权利主体获取的一定数量的气候环境资源使用权。

经济学家 Coase（1960）建议利用产权安排和市场交易来矫正环境产品市场价格与相对价值的偏差。Crocker（1966）认为在污染物排放总量控制的前提下，一旦可分配总量既定且逐渐缩减，排放权将成为一种稀缺资源，这种稀缺性正是市场交易的动力之一，当这种权利被允许交易时，排放权市场便应运而生。实际上，碳排放权既可以是一种权利，也可以是一种责任。在没有全球气候变暖压力的背景下，气候环境资源尚未被作为一种有限自然资源来看待，温室气体排放也属于自然权利范畴，个体和企业任意排放就构成了碳排放权的自由权。在碳排放权被认为是一种稀缺的气候环境资源的使用权时，权利主体所获取的一定数量的使用权就被认为是该主体赖以发展的资源，此时，碳排放权作为一种资源影响着各权利主体经济社会的可持续发展，也意味着碳排放权从自然权利转变为发展权利。

综合国内外学者对碳排放权的定义，结合我国碳减排现状，本书对碳排放权的概念作如下界定：碳排放权是指在 CO_2 的环境容量是一种稀缺性资源的条件下，为完成既定碳减排目标，由国家或政府借助法律这种强制性手段，赋予碳排放主体在一定时间段内所允许排放 CO_2 上限的权利，该权利是有关碳排放的权利的综合。碳排放主体享有对碳排放权的占有、使用、交易、获益的合法权利。碳排放权的主体是碳排放权分配及交易的参与方，也是碳排放需求的个体，碳排放权的客体是待分配的碳排放权。

碳排放权具有稀缺性、强制性、确定性、支配性及可交易性等特性。

（1）稀缺性。目前，全球变暖已成为共识，CO_2 作为温室气体的重要组成部分，其大气环境容量是存在上限的，超过这个限度将会造成灾难性后果。自《京都议定书》生效以来，碳排放权便成为一种稀缺性资源，这也是开展碳交易的基础。

（2）强制性。碳排放权是法律规定权利的一种，每个碳排放权主体所获得的碳排放配额都是由国家或政府根据法律规定，遵循一定的标准及原则，分配给各个主体的，其分配过程不受个人及碳排放主体的干涉。

（3）确定性。碳排放权分配的管理者分配给碳排放主体的配额，是在一个固定时间段内有效且允许排放的最大量，是一个确定总量。碳排放主体在该时间段内的碳排放量不应超过这个上限。

（4）支配性。碳排放权主体对碳排放权的处理方式是自由的，碳排放权主体可以用碳排放权进行生产、获取收益，可以将碳排放权转让给其他碳排放权需求方，也可以将碳排放权拿到二级市场去交易。

（5）可交易性。碳排放权主体之间的碳交易是被允许的，同时国家鼓励碳交易。通过碳交易这种市场化手段配置碳排放权，可以促进碳排放权在具有不同碳减排成本的主体间进行再次配置，进而实现社会生产总成本最小的目标。

1.2.2　碳排放初始权

碳排放权可以分为用于初始配置的碳排放权及用于市场交易的碳排放权，两种碳排放权对应于碳交易的一级市场和二级市场。本书研究的碳排放初始权指的是在一级市场通过免费发放、拍卖等形式进行配置的碳排放权，属于碳排放权的一部分，是全国碳交易市场中碳配额的初始供给量。关于碳排放初始权的概念描述学界已从不同视角给出了界定。刘传玉和张婕（2015）认为碳排放初始权是指不同碳排放主体（如地区、行业或企业等）初始获得的所允许的最大 CO_2 排放量；冯路和王天庆（2014）认为碳排放初始权是不同碳排放主体，包括不同地区或行业等初始获得的碳排放量的权利；王济干等（2017）认为碳排放初始权是指在一级市场通过免费发放、拍卖等形式进行配置的碳排放权，其属于碳排放权的一部分，是全国碳交易市场中碳配额的初始供给量。

沈克慧（2015）提出碳排放初始权是指为达到减少碳排放总量的目的，在政治及经济等手段的控制下，各个碳排放主体初始获得规定额度的碳排放量的权利，并且认为碳排放初始权具有市场性和非市场性两种属性，其非市场性属性代表的是一种生存权，其市场性属性则把碳排放初始权看作一种稀缺资源，可以产生经济效益，代表的是一种发展权。

本书所界定的碳排放初始权是指通过实施碳排放权分配及碳排放配额制度，碳排放主体在第一次分配过程中所分得的碳排放量总额。碳排放初始权是不同碳排放主体，包括不同地区或行业等初始获得的允许的碳排放权利。

碳排放初始权是碳排放权中的一部分：其一，碳排放初始权只是碳排放权中的使用权；其二，碳排放初始权一般不在二级市场交易，只存在于碳排放初始权分配阶段。

1.2.3 碳排放初始权配置

Jaffe 和 Stavins（1994）认为一个完整的排放权交易体系构成要素有交易系统的目标和特征、初始分配、交易的组织与管理、对排放企业的监督与激励及相关政策的协调等问题。国际上有两种碳交易体系。一种是基于配额的碳交易，在《京都议定书》中被称为"分配数量单位"，在欧盟排放贸易体系中被称为"欧盟排放配额"，是为完成《京都议定书》规定的温室气体减排目标，在碳排放权限额交易体系下购买由国家制定、分配（或拍卖）的减排配额。另一种是基于项目的碳交易，是无减排义务的经济主体之间进行排放权交易的市场，是自发与法律相结合的温室气体减排、注册和交易机制，其典型代表就是芝加哥气候交易所（Chicago Climate Exchange，CCX），交易虽然是自发的，但设定总允许排放量和配额具有法律效力。

碳排放初始权配置因奠定了权利和利益配置的基本格局，被认为是碳交易体系的核心内容之一。在不完全竞争环境下，排放权的初始配置会对交易效率产生影响，即在碳排放权交易市场中，为了保证碳排放权交易的顺利进行，需要对碳排放初始权进行配置。根据配置范围不同，碳排放初始权配置包括在不同的国家之间和在一国国内或一国的某个地区（或城市）进行碳排放初始权配置等不同层次。

本书中碳排放初始权是指被用来进行初次分配的碳排放权，同时研究的是一国国内的碳排放初始权配置问题。碳排放初始权配置是指运用科学、合理的方法，依据一定的原则，将有限的碳配额初始供给量在各个碳排放权需求部门之间进行配置，其配置的目标是通过对碳排放初始权的科学、合理配置，做到碳排放限额的供给与社会经济发展对其的需求基本均衡，行业需求与区域需求均衡，使得有限的碳排放限额能带来较好的综合效益，实现可持续发展目标。

1.3　配置的理论、模型和方法研究综述

1.3.1　配置相关理论研究进展

1. 外部性理论

外部性又称为溢出效应、外部影响或外部经济，是指经济主体（包括企业或个人）的经济活动对他人和社会造成的非市场化的影响，这一现象最早由经济学家马歇尔于19世纪末期提出，其学生庇古在此基础上特别强调了负外部性，即扩充了"外部不经济"的概念。外部不经济是指生产者或者消费者在进行活动时会对社会上其他经济主体的福利产生不利影响，使马歇尔的外部性理论大大向前推进了一步，所以外部性又可以分为正外部性和负外部性。

经济学家把外部性概念看作经济学文献中最难捉摸的概念之一。不同的经济学家对外部性给出了不同的定义。例如，萨缪尔森和诺德豪斯从外部性的产生主体角度出发，认为外部性是指那些生产或消费对其他团体强征了不可补偿的成本或给予了无须补偿的收益的情形。兰德尔则从外部性的接受主体来考虑，认为外部性是用来表示"当一个行动的某些效益或成本不在决策者的考虑范围内的时候所产生的一些低效率现象。也就是某些效益被给予，或某些成本被强加给没有参加这一决策的人"。这两种定义本质相同，即外部性是某个经济主体对另一个经济主体产生的一种外部影响，而这种外部影响又不能通过市场价格进行买卖。

以碳排放为例，企业在追求利润最大化的生产过程中伴随着大量的能源消耗，产生了大量的污染气体，排放出来会造成对大气环境的破坏，产生负外部性。概括来说，碳排放造成的负外部性影响可细分为三类：一是碳排放权在全球范围内的负外部性，发达国家在实现自身发展的过程中排放了大量 CO_2 气体，对非发达国家造成了负外部性影响。二是碳排放权在一定区域范围内不同生产企业间的负外部性，生产企业面临着边际私人收益与边际减排社会收益之间的权衡，若一

个企业积极进行减排，其向大气排放的 CO_2 量将不断下降，这在增加全社会环境收益的同时必然会增加企业的生产成本。三是碳排放的代际外部性。发展低碳经济即要走可持续发展的道路，避免过度消耗资源对后代造成无法挽回的影响。根据庇古对负外部性提出的解决方案，可以对 CO_2 排放者征税，让 CO_2 排放者为碳排放支付一定的费用，这种征税的方式可以刺激 CO_2 排放者为了减少纳税而降低 CO_2 的排放，从而实现减排的目标。

关于征收碳税可能造成的各种积极和消极影响，国内外学者进行了一系列研究。对于碳税效果的定量研究，很多学者采用了多部门静态可计算一般均衡（computable general equilibrium，CGE）模型，如 Wendner（2001）基于动态 CGE 模型研究了不同的碳税收入分配方案对奥地利的经济影响，研究表明可以通过选择合适的碳税收入分配方案减少碳税对经济的负面影响；Wissema 和 Dellink（2007）用 CGE 模型模拟了碳税与能源税对爱尔兰环境与社会的影响，得出碳税较能源税有更好的减排效果，且能够促进社会向低碳经济模式转变；许士春和张文文（2016）构建了 CGE 模型模拟不同税率的碳税对宏观经济的影响，结果表明碳税能够有效减少碳排放，但对经济和居民福利有负面影响；周晟吕等（2011）基于动态 CGE 模型模拟了不同碳税税率及收入使用方式对经济和减排效果的影响，结果表明碳税税率增高，减排效果逐渐增强，但对经济负面影响也相应增大。

从客观来看，碳税政策的实施是一种全球趋势，我国经济的高速发展直接导致了我国碳排放量的与日俱增，成为世界前列的碳排放大国，因此如何在我国实施碳税政策是国内很多学者的研究重点。刘家松（2014）借鉴与中国有着相似经济发展模式和文化理念的日本经验，深入剖析了日本碳税政策的具体演变历程及取得的主要成效，提出中国应借鉴的日本经验，包括兼顾企业和家庭利益、低起点有步骤地提高税率、完善相关配套工作、加强宣传与监督；赵静敏和赵爱文（2016）简要概述了在国际碳税实施现状的基础上，总结国际成功经验及对我国开征碳税有何启示；杨颖（2017）立足于碳税政策，分析了我国开征碳税的必要性及合理性基础，认为碳税不仅是国际上应对气候变化问题的一项有效的经济手段，也是符合当前我国国情的现实之选，并从征税对象、征税环节、计税依据、税率、税收收入使用、税收优惠等方面对我国碳税制度进行设计，为我国实施碳税提出政策建议。王丹舟等（2018）借鉴了芬兰、丹麦、瑞典、加拿大、日本五个代表性国家碳税征收的经验，从立法历程和政策要点两个视角对其碳税制度进行系统研究，对我国预计实施的碳税政策进行思考，据此提出设立碳税独立税种，科学制定碳税税率；合理规划碳税收入使用；建立碳税-经济互补机制等多条建议。

此外，还有学者研究碳税政策的影响因素，周艳菊等（2019）在考虑消费者环境意识下，探讨了制造商竞争情形下基于碳税政策的供应链成员定价策略和社会福利问题。钟帅等（2017）考虑到国际能源价格波动，评估国际能源价格波动与碳税政策的交互影响效应，提出协调能源安全与碳减排冲突问题的对策。

2. 协同理论

协同学是德国斯图加特大学哈肯教授创立的，他于 1971 年提出了协同的概念，于 1976 年系统地论述了协同理论。协同学是一门新兴的科学，其主要内容是：系统如何通过子系统的自我组织，产生时间、空间或功能结构，目标是探索带有普适性的规律。不同的系统差别万千，尽管每一个系统属性不同，但是在整体环境中，各个系统之间存在着互相影响而又合作的关系。哈肯的协同理论有两个观点：一是系统具有协同效应，指的是系统中各要素间存在相互作用；二是系统具有自组织性，系统的内在动力是形成自组织结构的主要原因，同时自组织结构使系统形成协同效应。协同理论涵盖经济领域、管理领域及人文社科领域等，如系统关系协调和制约因素，应用协同论的方法，可以类比扩宽到其他类型和种类的学科，为探索未知的新领域提供有效的手段和理论基础，还可以用来找出系统变化的影响因素，进而促进其发挥内部子系统间的协同作用。

20 世纪 60 年代，企业为寻求经济利益的最大化将目光投向多元化发展，企业的多元化发展会不可避免地产生不协调、不经济的情况。由此，美国管理学家安索夫基于企业战略管理提出了协同经济学，在其《公司战略》一书中，第一次将协同理论引入到企业管理领域，这是协同理论在管理学中研究的开始。协同理论认为系统中总是存在某种相互联系、相互合作、相互影响的关系，管理协同将协同理论的方法原理应用到管理活动中，将管理活动中的一系列传统模式转变为具有协同思想的管理模式。安德鲁和卢克期（2000）在《战略协同》一书中指出，一个部分的资源不仅被自己所使用而且还可被其他部门无成本地使用，且在使用中不会对彼此的效果产生不利影响，这就是协同效应。协同管理也称作协同作战，是指将局部力量合理排列、组合及寻优以完成某项工作或项目的这一过程。协同效应在管理学中的表现主要是协同将管理效率提高，管理效率较高的子系统与管理效率较低的子系统协同关联在一起后，管理效率较低的子系统管理效率得到提高，这就产生了管理协同效应。根据协同学的定义我们可以明确三个方面：一是协同学研究涉及的是两个或者两个以上的单元，若只有一个单元对象，则不需要协同，更谈不上协同管理；二是协同学需要有明确的目标；三是协同学是不仅是一种科学理论，还可以服务于管理实践，有效、科学地指导实践活动。协同管理是多个单元和节点企业或项目为了同一个目标，进行资源共享、共同努力、协调一致的过程，协同是管理创新的结果，2000 年，国外管理公司提出协同商务，由此引发了管理界思想变革，协同理论也得到了推广。我国碳排放行业建立良好的协同机制，可以为我国低碳化发展创造良好的环境。

汪振双等（2016）基于协同工作原理，利用建筑信息模型（building information modeling，BIM）和云技术进行建筑物化阶段碳排放体系设计，建筑物化阶段碳排放协同管理基于 BIM 碳排放协同管理系统进行碳排放信息的沟通和交流，通过系统平台可实现对合同文档的提取，查看碳排放协同管理参建方碳排放管理的目标、内容、责任制度和协作方式等，阐述了建筑物化阶段建设单位、设计单位、施工单位和监理单位等参建方碳排放的协同管理，为建筑项目全生命周期碳排放协同管理提供了参考。付加锋等（2018）将协同管理理论应用于碳排放权交易的研究中，基于排污权交易和碳排放权交易的现状、问题和协同管理的基础进行对比分析，提出建立"一证式"综合环境管理体系的协同管理对策，实现政策组合对解决环境问题的整体效益。徐砥中（2011）指出企业低碳管理协同的目标是降低生产过程中的碳排放，需要实现低碳战略协同、低碳基础设施协同、低碳组织协同、低碳技术协同、低碳供应链协同、低碳生产协同等，分析了企业低碳管理中存在的形成机制、实现机制及动力机制三项协同机制的配合使整个低碳管理系统流畅而有效地运转。诸多学者基于协同管理理论进行了有关碳排放的一系列研究，为碳排放权配置研究奠定了扎实的研究基础。

3. 资源配置理论

1776 年亚当·斯密在其《国富论》中提出了"无形之手"理论，该理论认为，基于理性人假设，在社会资源配置过程中，市场作为"无形之手"会通过竞争引导人们将其资源投向生产率最高的经济领域，从而促进社会资源的优化配置。随后，马歇尔在该理论的基础上进行了进一步发展，提出了局部均衡理论，该理论同样基于理性人假设，认为在完全竞争市场中供求均衡价格引导了资源配置。此外，帕累托最优理论也表明在完全竞争市场的条件下，资源配置的最优状态是一个人或更多人的效用不再通过生产和分配的调整而增加。马克思在其《资本论》中，则从社会劳动和价值规律等角度对资源配置问题进行了阐述，形成了完整的资源配置理论，对资源配置的首要前提、客观要求、基本方式等内容分别进行了深度剖析，并提出随着人类社会经过自然经济、商品经济、产品经济三个发展阶段，社会对资源的配置方式也会相应地表现为三种形式，即按需要和习惯进行配置、市场配置、计划分配；凯恩斯则在其《就业、利息和货币通论》中提出了政府干预和管理市场的新观点，即在资源配置中不能完全依靠市场本身，也需依靠"看得见的手"。现阶段，社会资源配置的方式主要包括市场配置和计划分配。

在经济学中，资源有狭义和广义之分。狭义资源是指自然资源；广义资源则指经济资源或生产要素，包括自然资源、劳动力和资本等，即资源是指社会经济活动中人力、物力和财力的总和，也是社会经济发展的基本物质条件。相对于人们需求的无限性而言，资源通常表现出相对的稀缺性，因而要求人们对有限的、相对稀缺的资源进行合理配置，以用最少的资源消耗获取最佳的效益。资源是否实现了合理化配置，在很大程度上影响着社会经济的发展。国内代表性学者如芮明杰（1999）提出资源配置是根据组织目标和产出物内在结构的要求，在量、质等方面进行不同的配比，并使之在产出过程中始终保持相应的比例从而使产出物成功产出；于法稳和尚杰（1999）认为资源配置是指在一定社会经济条件下，按照一定比例将各种资源实行组合和再组合，生产和提供各种产品和劳务以满足各种社会需要的经济活动；马中（2006）则在其《环境与自然资源经济学概论》中将资源配置定义为资源的优化配置，指出资源配置是对有限的资源经过合理地配置，达到市场供求的相对平衡，从而实现经济均衡、持续的发展。

资源配置理论较早应用于经济学、自然资源、教育等多个领域，如在经济学领域中金融资源与金融资源的配置。白钦先（1998）提出了金融资源理论，指出金融是一种具有一般资源属性和特殊资源属性并具有极端战略重要性的社会资源。在自然资源领域，国内外学者多对水资源的合理配置展开研究，如国外代表性学者伯拉斯在其《水资源科学分配》等专著中提出了较为系统的水资源分配理论与方法；国内学者如华士乾等在 20 世纪 80 年代就利用系统工程方法对北京地区的水资源配置进行研究。在教育领域，则有代表性学者如 Barney 和 Wright（1997）、杜育红（1998）对教育资源配置与高等教育资源配置等展开研究。

近年来，随着社会经济的不断发展，资源配置理论的应用领域逐渐延伸至医疗卫生、无线网络、碳排放权等新兴资源领域，如在碳排放权领域，国内外学者从多个维度对碳排放权配置展开探讨。在配置原则方面，韩宇（2017）对碳排放权的配置原则进行总结，提出目前主要包括公平性和效率性两项原则，这也是当前应用最为广泛的配置原则。此外，也有部分学者开始尝试综合多种原则对碳排放权配置展开研究，如王金南等（2011）提出采用公平性、效率性和可行性原则对中国省际碳排放权进行配置。在配置方法方面，国内外学者主要基于公平性和效率性两项原则对碳排放权进行配置，现阶段主要的配置方法包括指标法、优化法、博弈论方法及综合法四类（Zhou and Wang，2016）。基于以上的配置原则与方法，学者们提出了多种碳排放权的配置方式。Phylipsen 等（1998）则基于单位 GDP 的碳排放，建立了一种配置方式，使得每个国家都拥有相同的碳排放权；Han 等（2016）利用混合指标法建立了一个综合指标，并通过集成加权的方式对北京、天津、河北三个区域的碳排放权配置进行了模拟；王国友和谭灵芝（2017）则基于各国历史排放量和未来 GDP 发展两个角度，对我国人均碳排放权配置方案进行了预测研究。再如，基于效率性原则和优化法，An 等（2017）在配置成本最小化的前提下，选择固定资产投资总额和电力消费作为投入变量，选择 GDP 和 CO_2 排放作为产出变量，将 2012 年的碳排放权在中国各省之间进行再配置。

总体而言，公平性原则在碳排放权配置中仍属于主流原则，指标法也长期占据着主导位置，但在多种配置原则下采用数据包络分析（data envelopment analysis，DEA）法、博弈论法及综合法等对碳排放权进行配置也已引发学界更多的兴趣。

4. 生态安全理论

1987 年，生态安全的概念在《我们共同的未来》中被世界环境与发展委员会首次提出。1989 年，国际应用系统分析研究所（International Institute for Applied Systems Analysis，IIASA）首次完整地提出了生态安全的概念，即人的生活、健康、安全、基本权利、生活保障来源、必要资源、社会秩序和人类适应环境变化能力等方面不受威胁的状态，生态安全的概念包括自然生态安全、经济生态安全和社会生态安全，组成了一个复合人工生态安全系统。2000 年 11 月 26 日，国务院发布了《全国生态环境保护纲要》，提出维护国家生态环境安全的目标，我国正式引入了生态安全的概念。

我国对于生态安全的研究从 20 世纪 90 年代开始，由于生态安全内涵的丰富性和复杂性，而且对生态安全的研究还不够深入，未能形成统一并普遍接受的定义，不同学者从不同研究角度提出了自己的见解。贾良清等（2004）从可持续性的角度出发，认为生态安全应是指生态系统的功能能满足自身的生存与可持续发展的状态。鲍文沁等（2015）认为生态安全应包含两层含义：一是生态系统自身是安全的，结构和功能协调稳定，能维持自身稳定、持续的发展；二是生态系统对于人类是安全的，在实现自身运转良性循环的情况下，满足人类生存发展的需求，并为经济社会可持续发展提供良好的支撑能力。

对于生态安全的研究除了生态安全的概念，还有很多学者聚焦于生态安全评价，因为生态安全评价是生态安全研究的基础和前提，准确、可靠的生态安全评价结果能够反映生态环境所存在的安全问题及隐患。当前较为常用的评价指标体系是由联合国开发计划署（United Nations Development Programme，UNDP）提出的压力-状态-响应（Pressure，State，Response，PSR）评价体系。曹秉帅等（2019）总结该评价体系的基本逻辑是：由人类活动引发的诸多不良影响（即压力）致使生态环境发生数量和质量的改变（即状态），而人类对于这一改变采取一系列措施去修复生态问题（即响应），从而形成一个反馈回路。此后形成的众多评价体系均是在 PSR 框架基础上衍生发展而来的，国内外学者在国际评价指标建立的研究基础上也提出了改进的评价体系。例如，Liu 和 Chang（2015）在整合总结近12 000 篇有关生态安全或生态风险类文章后提出未来生态安全的研究重点可能是生态安全预警与生态安全格局构建，提出生态安全评价的方向会向定量研究与动态预警转变。

碳排放安全评价是在碳排放研究的基础上，基于生态安全评价理论拓展出来的新的研究领域。邱高会（2014）在土地利用碳排放测算的基础上，从碳赤字和碳压力两方面对四川省碳安全状况做了评价，发现四川省碳安全指数持续下降。赵先贵等（2014）从碳收支角度提出碳排放指数的概念，在计算山西省1999~2010年碳排放指数的基础上对区域碳排放等级进行评估，结果显示山西省碳排放等级逐年增加且增幅很大，碳减排任务十分艰巨。荣培君等（2016）应用生态安全理论丰富了碳排放问题研究，对能源消耗碳排放安全的概念进行了界定，从压力和响应两个方面，分经济、社会、环境三个层次构建能源消耗碳排放安全评价指标体系，评价中国各省（自治区、直辖市）碳排放安全的空间分布及随时间的变化特征，有效地反映了碳排放安全的时空二维特征。胡剑波和桂珊珊（2017）通过构建碳排放指数模型，对西南民族地区的碳排放安全等级进行评价，发现西南民族地区碳排放指数逐年增大且增速很快，未来碳排放安全可能受到威胁。

5. 和谐管理理论

和谐主要指一定条件下各事物状态的辩证统一，是不同事物之间相辅相成、相同相成、相反相成、互利互惠、互促互补、共同发展的关系。和谐存在于人类的社会生产和社会生活的方方面面。古希腊时期，相关思想家、哲学家便揭示出和谐是自然界运动发展状态的本质属性，古希腊的毕达哥拉斯学派提出了"美是和谐"的观点。19世纪初期，管理教育的先驱安德鲁·尤尔针对工业时代的工人管理、工作效率及控制等问题开始了和谐管理实践方案的摸索。我国五千年的中华文明蕴含着丰富的和谐思想元素，古代儒家、墨家等各著名思想家的论著更蕴含着丰富的和谐思想，注重通过和谐解决现实中的冲突与矛盾。新时期我国诸多学者从系统的角度和人类社会发展规律的角度出发对和谐内涵进行表述。李殿斌（1998）等认为和谐是矛盾同一性的表现形式之一，浦再明（2006）认为和谐是指系统的和谐、整体的和谐，和谐管理的理论在我国不断发展完善，作为管理工具服务于各项社会管理工作，因而具有强大的发展生命力。

席西民等（2009）对和谐下的定义为："系统和谐性是描述系统是否形成了充分发挥系统成员和子系统能动性、创造性的条件及环境，以及系统成员和子系统活动的总体协调性。"和谐管理理论认为管理活动是一个系统，管理活动的各个环节可以被认为是系统的组成要素，系统有其自身的机制，如系统的负效应等，和谐管理的思想和目的就是实现各种负效应的内在协调和外在协调，从而使管理活动整体达到和谐。判定标准是这一系统的功能是否大于等于原先系统要素的功能之和，若是小于，则认定这一系统或是不和谐的。

在组织管理领域，李会军等（2015）从和谐管理的主要内容及和谐管理的特点视角来阐述整合商业模式的框架，框架将商业模式的内容与过程，以和谐主题、和则、谐则、和谐耦合的机制予以整合构建了一种整合商业模式。庄学敏（2017）联系和谐管理理论对华为的战略与财务管理进行了分析，指出根据和谐管理理论，和则是能动致变的演化机制，要因势利导，将人的不确定性转化为企业在不确定性环境中制胜的利器，通过纳入生命周期理论、资源基础理论、财务理论和可持续增长理论，提炼了一个以战略为导向的财务政策选择及其执行效果演化过程的企业战略转型诊断模型。随着和谐管理思想的应用领域不断拓展，和谐管理理论还被应用到了水资源配置、护理理论及碳排放权配置等领域。例如，王济干（2004）、王济干和郭靖蓉（2010）将和谐管理理论应用在了水资源配置及人力资源管理领域，在水资源配置领域中，系统阐述了战略管理视角下的水资源和谐配置方案；在人力资源管理领域，他们提出了人力资源和谐配置的原则、方法及反馈机制，并从物理、事理、人理三个维度研究人力资源的和谐配置，建立人力资源和谐配置的逻辑框架。李峥等（2016）结合和谐管理的思想提出了和谐护理理论，从中国传统文化和伦理出发，以儒家、道家为哲学基础，在罗杰斯"整体人的科学"理论的基础上，深入探讨人、环境、健康和护理核心概念间的相互关系，构建了既重视病患个体的和谐发展，也重视护理人员、护患关系的和谐发展的和谐护理理论。庄青和刘传玉（2015）等在电力行业碳排放初始权分配模型研究中引入和谐管理理论构建了判定分配方案可行性、合理性及科学性的和谐度函数公式，对分配方案进行和谐评判，并结合江苏省电力行业实际情况进行了实证研究。当前和谐管理理论已在多个领域的实践中得到了相关应用，碳排放权配置的关键在于协调系统中各要素间的平衡关系，充分协调各环境及社会资源，因而将和谐管理的理论精髓拓展应用于碳排放初始权配置研究中具有重要的指导意义。

6. 博弈理论

博弈论又称为对策论、冲突分析理论等，Robert Aumann 认为博弈就是策略性的互动决策。博弈论最早可追溯到 1928 年 John von Neumann 创立的二人零和博弈论，其证明了博弈论的基本原理，表明了博弈论的正式诞生；随后 1944 年 Oskar Morgenstern 与 John von Neumann 合著的"The Theory of Games and Economic Behavior"将二人博弈推广至 n 人博弈结构，并将博弈论系统地应用于经济领域，奠定了博弈论的基础和理论体系，也使人们进一步接受了博弈论。20 世纪 50 年代开始，博弈论得到快速发展，在合作博弈理论方面，Nash 利用不动点定理证明了均衡点的存在，为博弈论的一般化奠定了坚实的基础，其还和 Shapley 提出了讨价还价模型。相应地，Nash 提出了非合作博弈的概念；Tucher 则在 1950 年通过定义"囚徒困境"这一概念，奠定了非合作博弈理论的基础。20 世纪 60 年代至 80 年代，学者们对博弈论的理论及概念进行了进一步的拓展，如 Selten 将 Nash 均衡引入到动态博弈分析中，提出了精炼 Nash 均衡概念；

Harsanyi 把不完全信息引入到博弈论研究中，提出了贝叶斯 Nash 均衡的概念；Kreps 和 Wilson 则将子博弈完美性思想拓展到动态不完全信息博弈的求解，并定义了序贯均衡这一概念。以上这些研究成果都进一步丰富和完善了博弈理论。

在博弈模型的构建过程中，局中人、行动集、信息、策略、收益、结果和均衡是七项基本要素。其中，局中人不仅包括自然人，也包括公司、国家或国家联盟等团体，且规定每局博弈中的局中人数不少于两个；行动集是在博弈中局中人所采取行动的集合，也就是决策变量的集合；信息是局中人在博弈过程中所获取的信息程度，包括对博弈过程的了解、对其他参与者的特征和行为的了解程度，分为完全信息和不完全信息；策略是指局中人在做出决策时所需遵守的行为准则，也就是所进行博弈的规则，指局中人在此约束条件下采取何种行动以保证自身效益最大化，包括纯策略和混合策略；收益是指局中人在做出不同决策时所得到的效用，是所有参与者策略或行为的函数，也是每个局中人所真正关心的东西；结果是博弈分析者（也称博弈模型建立者）所感兴趣的所有东西，是其从信息、策略、行动、支付和其他变量中所挑选出来的所有要素的集合；均衡是指所有局中人选取的最佳策略所组成的策略组合。简而言之，博弈的过程就是一些个人、队组或其他组织在面对一定的环境条件和一定的规则下，同时或先后、一次或多次，从各自允许选择的行为或策略中进行选择并加以实施，各自取得响应结果的过程。依据局中人在博弈过程中所采取的行动或做出的决策是否有先后顺序，可将博弈分为静态博弈和动态博弈；依据局中人是否完全了解所有参与者各种情况下的收益函数，可将博弈分为完全信息博弈和不完全信息博弈；依据局中人是否完全了解自己行动之前的整个博弈过程，可将博弈分为完美信息博弈和不完美信息博弈；依据局中人在博弈过程中是否能够达成一个具有约束力的协议，可将博弈分为合作博弈和非合作博弈，其中，由于非合作博弈强调个人理性和个人最优决策，其结果是否高效具有不确定性，成为现代博弈论研究的重点和热点。

博弈论作为主流经济学的重要组成部分，对传统经济学产生过巨大的影响和推动作用。现阶段，博弈论的应用已不局限于经济领域，而是延伸至社会各领域的研究当中，成为目前经济研究的主要方法之一。碳排放权作为有价值的资产，其配置将影响多方利益，可将碳排放权配置视为一个各利益主体进行博弈的过程，结果则是其均衡解。基于此，博弈论作为一种资源配置方法也被应用于碳排放权配置的研究当中，部分学者采用博弈论中的代表性方法——Shapley 值法对碳排放权如何进行配置展开研究，如 Zhang 等（2014b）在区域协作情景下，采用 Shapley 值法对中国各区域的碳排放权进行了计算；Yang 等（2018）则在考虑了 CO_2 边际减排成本（marginal abatement cost，MAC）的基础上，建立了两阶段 Shapley 信息熵模型，并依据公平性和效率性原则对中国各省（自治区、直辖市)之间的碳减排指标进行配置;也有学者运用博弈论方法对碳排放权配置展开研究,如段海燕等(2018)在考虑了区域差异和行业差异的基础上,基于"讨价还价"模型建立了政府横向公平对比谈判机制,对省内各市的碳排放总量进行配置。此外,现阶段博弈论也被国内外学者运用在碳排放权配置决策的问题研究当中,如在碳减排问题上,Xu 等(2016)构建了一个由政府作为领导者、生产商作为跟随者的斯坦科尔伯格博弈模型,以对政府的最优碳排放权配置数量进行研究,并通过结果发现当环境破坏系数变大时,政府会减少碳排放权数量或保持其数量不变;Hong 等(2017)在考虑了区域环境承载能力的基础上,构建了政府和其管辖区域内的企业间的博弈模型,政府可通过决定企业的减排目标来确定碳排放权的配置数量。总体而言,博弈论法在碳排放权配置的研究中可考虑到每个利益主体的需求和贡献,但实际运用具有较大的难度,仍有待学界进一步的深入探讨。

1.3.2　配置原则与配置方式相关研究进展

1. 配置原则

关于碳排放初始权分配的原则,当前国内外认为排放权分配的原则主要为公平原则和效益原则,即首先要考虑公平性,其次要兼顾效率性的原则。

(1)公平原则。对于公平的原则,欧美为首的利益集团倾向"人均排放趋同"意义上的公平。例如,Fischer 等(2003)提出了碳排放初始权的人口分配方式,他们认为碳排放权的初始分配应该坚持公平和平等原则,运用平等人均权利模型。发展中国家则出于保护本国经济发展的需要,主要是人均累计排放意义上的公平,允许发展中国家的人均碳排放在一定时期内适度高于发达国家,如潘家华和郑艳(2009)认为我国碳排放配额的分配应更注重人均公平,并据此原则提出公平原则下的碳排放配额分配理论;Pan 等(2014)通过对这些不同的碳排放权分配方案的比较和评估,认为最有效的方案是公平与效率统一,通过人均累计排放的碳基尼系数来量化初次分配的公平性,通过全球减排成本的贴现来描述经济效益的实现,运用公平获得可持续的发展模型。

(2)效率原则。在效率层面,常用的评价指标有能耗强度、单位 GDP 碳排放强度、边际减排成本等。在排放权初始分配研究中,单独考虑分配效率的文献并不多见,通常都是公平与效率兼顾。Monstadt 和 Scheiner(2014)提出分配的有效性短缺表明温室气体排放权配置再分配冲突必须在德国联合决策系统里更系统地解决。Chiu 等(2015)采用了零和博弈的 DEA 模型选取并探讨了欧盟成员国间排放配额的分配和再分配的效率问题。实证结果表明当前排放配额的分配是低效的,再分配以后,最有效执行分配的这些国家能得到更多的配额。

（3）综合配置原则。在公平原则与效率原则基础上，有些学者提出了综合公平原则与效率原则的综合配置原则。例如，Wang 和 Yang（2012）提出"二次分配"原则，即初次分配以公平为主，体现国家之间平等的生存权与发展权；二次分配则通过国家之间的排放权交易与合作，有效提高碳排放活动的效益、降低减排成本。宣晓伟和张浩（2013）认为国内碳交易试点地区应该根据自身的实际条件和政策取向，在配额分配方式的可接受性、公平、效率、市场流动性和稳定性等各方面进行平衡，选择和创新适合自己需要的配额分配方式。Hohne 等（2014）将 20 世纪 90 年代末到目前为止有关责任分担的不同方案进行了梳理，归纳出责任、能力、平等、成本有效、人均历史累计平等法、责任能力和发展需求法、分步法七种方法，并应用这七种方法对区域减排任务进行了测量，结果表明在不同的责任共担方案下，区域减排目标的差别很大，这体现了碳排放权分配的原则问题。朱潜挺等（2015）采用排放水平控制方案、单一原则方案和加权原则方案这三种不同层次的方案分别对世界各地碳排放权的配额分配展开了情景模拟与分析，结果表明，加权原则方案最具公平性、可行性和可扩展性，但其需以投票方式决定相关原则的权重。

2. 分配方式

不同的碳排放初始权分配方式将直接影响参与者碳减排成本费用的分担，从而对社会财富的公平分配、行业竞争力、低碳技术投资等产生重要的影响（陈文颖和吴宗鑫，1998；Peace and Juliani，2009）。目前，关于排放权分配方式的研究观点主要包括免费分配方式、拍卖分配方式、限额分配方式等。

（1）免费分配方式。免费分配方式是最早采用的分配方式，可以让受规制的企业部门承担较少的经济成本，从而有利于政策的推广和实施（Lyon，1982；Anthoff and Hahn，2010；齐绍洲和王班班，2013）。Rose 和 Stevens（1993）指出碳排放免费分配方式虽然容易被企业接受，但会造成效益损失，长期实行免费分配方式还会降低企业的生产能力，并在一定程度上妨碍竞争。免费发放或固定价格出售虽然比较方便，但初始分配额度或发放价格难以确定。

Demailly 和 Quirion（2006）认为免费分配方式对高排放企业存在过度补偿的可能性，但是不能很好地增进社会整体福利。Parry 等（2014）认为免费分配方式主要损害了电力消费者和低收入家庭的利益。学者 Meunier 等（2014）则认为尽管拍卖制在宏观经济影响方面被认为是最好的，但是碳泄漏率高。当全球碳税或者边境贸易调整都不具备政治可行性时，免费分配方式能解决减少泄漏和竞争力问题。

（2）拍卖分配方式。鉴于免费分配方式的诸多不足，很多学者主张拍卖分配方式。相对于免费发放或固定价格来说，拍卖则比较灵活。Cramton 和 Kerr（2002）认为拍卖分配方式比免费分配方式效率高，碳排放权的拍卖能够提高交易效率和交易的公平性。Fischer 和 Fox（2012）从经济效率、环保有效性、政治可接受性、创新驱动等方面对碳排放的免费分配方式和拍卖分配方式进行了比较。Takeda 等（2014）认为产出型分配制带来很少的碳泄漏，综合考虑泄漏、竞争力、宏观经济这三个因素，发现拍卖和产出型结合的分配方式是可取的。王明荣和王明喜（2012）把帕累托最优概念引入碳排放许可证拍卖交易框架中，设计出了碳排放许可证拍卖机制，以实现碳排放的均衡配置。

（3）限额分配方式。陈文颖和吴宗鑫（1998）提出了四种人均碳排放限额分配模式，并用其预测了全球九大区域及中国 2050 年的碳排放限额。杨玲玲和马向春（2010）在分析世界各国碳排放状况的基础上，提出电力工业的两种碳排放额度分配模型，并进一步进行了比较和分析。陈勇等（2016）为保障电力行业碳排放目标的实现，提出了电力行业的碳排放权初始分配模型。

（4）其他分配方式。Janssen 和 Rotmans（1995）提出按照历史责任对碳排放权进行初始分配的方式，认为该分配方式将未来碳排放权初始分配的政策目标与碳排放的历史责任相结合，体现了谁排放、谁负责的公平性原则。Mackenzie 等（2009）则认为基于企业的历史碳排放量的分配方式只有在封闭的交易体系中才是最优的，而基于独立于产量和排放的外生因素分配更有可能达到社会性的最优。在对能源密集型行业碳排放权配置方案进行研究时，Meunier 等（2014）考虑到短期内容量约束对进口压力的影响，提出了基于输出和容量的社会最优结合的分配方案。

1.3.3　配置模型与方法相关研究进展

碳排放权的初始分配，在免费分配方式下，根据不同的分配依据，又有多种不同的分配方法与模型。具体研究状况如下。

（1）基于公平理念角度的碳排放配置方法。Fischer 等（2003）提出了碳排放初始权的人口分配方式，他们认为碳排放权的初始分配应该坚持公平和平等原则，运用平等人均权利模型。王翊和黄余（2011）在总结国内外提出的各种排放权分配方案的基础上，提出影响碳排放分配的两个最主要因素，一是对公平原则认识上的分歧；二是碳排放所产生的生态和经济影响的不确定性。陈艳艳等（2011）在气候变化带来的复杂性、全球性及不均衡性的背景下，对污染者负担原则的适用提出了新的要求，指出需在碳排放中更加全面、完整地把握污染者负担原则，充分挖掘隐性公正性；杨仕辉和魏守道（2013）研究发现，对于两个对称国家的碳排放配额政策来说，只有许可交易碳排放权合作政策才是全局稳定均衡解；宣晓伟和张浩（2013）指出国内碳交易试点地区应该根据自身的实际条件和政策取向，在配额分配方式的可接受性、公平、效率、市场流动性和稳定性等各方面进行平衡，选择和创新适合自己需要的配额分配方式。此外，在采用基准法时，排放标杆必须按照最佳可行技术或最佳实践来确定，从而较好地避免不公平给分配带来的影响。

（2）基于能源系统角度的碳排放配置方法。Kaldellis 等（2011）认为电力部门是温室气体排放的主要贡献者之一，对电力部门在碳排放初次和二次分配量的使用情况进行了评估。Ole 等（2013）指出一个国家的碳减排义务应当与其当代经济活动中所需要的能源数量相联系，能源消耗量大的国家碳减排的义务就高，反之则低，这就是能源需求分配方式，该方式体现了碳排放权初始分配中的现实性原则。Dai 等（2014）认为基于比例来分配许可有助于降低能源消耗和减少排放。

（3）多阶段的碳排放配置方法。荷兰国家公共卫生及环境研究所 2000 年提出了多阶段法。Wang 和 Yang（2012）提出了基于两阶段的碳排放分配方法，第一阶段是通过分析加权信息熵来考察公平性；第二阶段是通过分析单位 GDP 的碳排放量和能源消耗量来考察效率性。Liao 等（2015）将夏普利值应用到发电站的碳排放配额的初始分配中，提出在试验初始阶段，可以采用适合祖父制的免费分配方法，同时在适当的时候采用基准分配。此外，部分初始配额可以留给拍卖，在进入正式阶段的时候拍卖的比例可以升级为 100%。

（4）多准则决策方法与数学规划方法等。碳排放权初始分配时要兼顾公平与效率，因此多准则决策方法也被用来进行配置的研究，主要包括层次分析法（analytic hierarchy process，AHP）（Raj，1995）、多目标决策方法（Raju and Pillai，1999）等，但这些方法多数都需要由专家确定权重，因而不可避免地带有一定的主观性。另外，在各种优化模型中，较为常见的有数学规划法、玻尔兹曼分布法等，其中，数学规划法又可分为灰色规划、模糊规划、线性规划及非线性规划法。

（5）基于区域合作角度的配置方法。Zhou 等（2015）在梯度经济发展模式下采用了空间计量经济学方法分析中国区域碳排放的空间特征，发现碳排放显示出强烈的空间相关性和跨区域收敛性；Zhang 等（2014b）从合作的观点出发，采用夏普利值法分析如何在区域间分配这些配额，认为地区生产总值更高的地区、高的碳外流和高的碳减排相结合的地区应该分配更多的碳配额，当考虑到合作的时候，与采用熵方法的基本配额相比较，区域间碳配额最优化分配将发生重大改变，并且在所有区域中中部地区碳排放配额的分配比例最大，这也表明了中部地区最大的辐射效应。

（6）基于零和 DEA 模型的分配方法。将碳排放作为宏观生产过程的非期望产出变量，使用环境生产技术，结合零和 DEA 方法提出基于环境生产技术的零和博弈（zero-sum game，ZSG）效率分配模型，利用 DEA 方法进行规划求解，以整体技术效率最大化为目标，完成我国碳排放的效率分配建模。林坦和宁俊飞（2011）使用零和 DEA 模型对欧盟国家 2009 年的碳排放权的分配结果进行了评价，并按照零和 DEA 模型的迭代结果，计算了公平的碳排放权分配结果及调整方式矩阵。郑立群（2012）基于分配效率视角，探讨了在分配总量固定的条件下，利用投入导向的零和 DEA 模型进行碳减排责任分摊的可行性。宋杰鲲等（2017）从公平角度出发，采用世袭制、平等主义和支付能力原则对 2020 年我国省域碳排放额进行分配，然后考虑就业人员的社会效应、其他能源对煤炭的替代效应，构建存在非任意变化量的零和 DEA 模型进行优化，实现碳排放总量约束下的省域分配方案效率最优。

（7）基于 B-S 期权定价模型的分配方法。何梦舒（2011）基于金融工程视角对我国碳排放权的初始分配方式及定价进行了研究，提出将期权引入到碳排放权的初始分配中，企业可以无偿分配一定比例的碳排放配额及有偿获得碳期权，并利用 B-S 期权定价模型对碳期权的初始分配定价进行研究。

（8）其他行业初始权配置的研究。在初始水权配置方面，王济干（2004）、吴凤平等（2010）系统地研究了水资源及水权的和谐分配问题，提出流域初始水权和谐配置的内涵及特征，构建了两层次三阶段流域初始水权和谐配置方法的理论体系，丰富了流域初始水权分配理论。张志耀和张海明（2001）提出了排放权总量分配的群体决策方法。李寿德和黄桐城（2003）构建了排污权初始免费分配的多目标决策模型，并对该模型进行了数学解释。

1.3.4　理论研究述评

碳排放初始权配置原则、方式、模型与方法的已有研究为本书的研究提供了丰富的理论基础。关于碳排放权配置的概念已经取得了一致的认识，即碳排放权配置为了提高资源的利用效率，将碳排放权总量在不同的国家之间，或者一国之内不同的区域之间进行分配的过程。

（1）关于碳排放权分配原则，国际上公认的是两大原则，即公平与效率原则，目前有诸多学者提出碳排放初始权配置应充分考虑公平性原则，有个别学者提出应在配置中关注省区市节能、减排潜力等因素。在公平与效率基础上，又可以衍生出其他的分配原则与依据，如基于历史责任的分配、依据产出进行的分配、基于人类发展指数和收入的分配、基于基尼系数的分配等。这些分配原则与依据设立的出发点和分配条件不同。在现有的对碳排放初始权配置的研究中，注重从公平与效率的角度，如何结合供给与需求均衡、区域与行业均衡原则，综合构建配置模型，这值得深入探讨。

（2）关于碳排放权分配方式，主要有免费分配、拍卖分配、限额分配等。

各个学者在不同的分配原则下，在不同分配方式基础上，针对具体行业的情况进行了详细分析。基于总量控制的碳排放权初始分配，目前国际上现行的碳排放权初始分配主要分为拍卖配额和免费发放配额两类，诸多学者对这两种分配方式进行了研究。第一，免费发放配额的方式可能会造成市场扭曲，因为有些排放量较大的企业会得到免费使用权，相当于获得了隐性补贴，所以提高排放效率的计划可能会被搁置。第二，通过拍卖配额进行初始分配，会得到经济收入，因此会带来收入循环效应，所以一般来说，拍卖的经济效率通常高于免费发放。第三，现实中，碳排放交易机制更多的是采用免费发放的分配方式，采用拍卖的方式较少，主要原因是出于保护产业竞争力的考虑，会使得政府采取免费发放的分配方式。在中国总量控制的碳交易模式下，以及在当前总量区域分解目标下，选择免费发放配额这种方式比较适合目前国情。但在各省（自治区、直辖市）将排放目标分解到行业或企业时，可以选取拍卖与免费发放结合的方式。

（3）关于碳排放权初始分配模型，已有研究中主要从不同的视角展开，进行了各种方法的研究，包括基于能源角度、多阶段分配、多准则分配、数学规划模型等。有基于区域比较的两级分配机制模型，有限额分配模型，有基于零和收益思想的零和 DEA 模型，还有基于 B-S 期权定价模型的分配方法等。对于如何运用数理方法将碳排放初始权分配到各个省（自治区、直辖市），目前运用较多的模型是零和 DEA 模型，个别提到基于金融期权的模型，相关方法较少。

综合现有研究，碳排放权配置的发展已由行政性指令配置向建立科学配置模型方向转变，碳排放权配置思想由单纯考虑历史排放因素向总量控制、公平和效率配置等多种因素转变。大多数研究集中基于公平的角度，对国家之间碳排放权的初始分配问题进行研究，而在一国之内，尤其是针对经济发展较快、环境问题突出的中国，如何平衡各个区域、各个产业、各个时期之间的关系，如何综合运用各个原则和方法去构建合适的分配方法在全国范围内进行碳排放初始权的分配，尚没有见到。因此，本书在国家范围内，考虑中国的发展战略、国际地位，均衡区域间、产业间、代际间的关系，构建碳排放初始权分配方法模型。王济干等（2017）提出基于供给与需求、区域与行业、公平与效率的三对均衡关系，依据系统思想、博弈论与和谐理论等研究全国碳排放总量的初始分配问题，使有限的碳排放限额发挥最大的经济效益和环境效益。

1.4　碳排放权文献基础与国际发展态势研究

文献检索表明，国内外关于碳排放研究的综述性文献主要集中在碳排放测算、碳排放效率、碳减排成本、碳排放影响因素、碳排放额配置方法、碳足迹等方面，而关于碳排放权的综述性论文较少，尤其缺少可视化分析的研究。但是，学者们都非常重视碳排放权的问题，碳排放权分配的实践工作和理论研究发展迅速，为此，研究将借助科学计量工具 CiteSpace（5.0.R2 SE），以碳排放权作为切入点，从文献基础、研究热点和发展态势方面对现有研究进行梳理，以期为后续研究提供参考（吴方等，2018）。

1.4.1　数据来源与研究设计

为对国际碳排放权的知识结构和发展态势进行分析，研究选择科学文献数据库 Web of Science™（SCI/SSCI/AHCI/CPCI）[①]核心合集作为数据源。具体检索方法为设置"碳排放许可"（carbon emission permits）主题或"碳配置权"（carbon allocation rights）主题；勾选"选择所有语言"（all language）和"全部文献类型"（all document types）选项，同时选择时间跨度为所有年份以确保数据来源的全面性。索引源为 SCI-EXPANDED、SSCI、AHCI、CPCI-S、CPCI-SSH、ESCI，得到 2327 篇检索结果，将全记录与引用的参考文献以 HTML 格式予以保存，最新更新至 2016 年 12 月 31 日。

本书首先通过梳理奠基性文献和关键性文献分析碳排放权研究领域的文献基础；其次，根据这些经典文献整理碳排放权研究的知识结构，并建立相关的理论框架；再次，运用常用高频关键词的共现分析来展现该领域的研究热点；最后，结合突现词监测算法分析未来的国际发展态势。

研究主要通过运用 CiteSpace 工具来实现。CiteSpace 又称引文空间，是一款通过可视化手段分析海量科学知识结构、规律和分布情况的可视化分析软件，因此借助此类工具分析所获取的可视化图形被称为科学知识图谱（mapping knowledge domains）。这一概念的早期研究可以追溯到 20 世纪 60 年代，1964 年 Garfield（1972）首次尝试应用引文分析的方法研制出促进学科发展累积性研究的网络图，手工绘制完成了经典的 DNA[②]研究领域的知识演进图谱，随后在 2014 年，美国德雷塞尔大学（Drexel University）Chaomei Chen 博士团队开发的 CiteSpace 软件成为可视化展示某一学科领域文献共被引网络的常用工具。

---

① Web of Science™（SCI/SSCI/AHCI/CPCI）是全球权威的学术信息数据库，包括科学引文索引、社会科学引文索引、艺术与人文科学引文索引（Arts and Humanities Citation Index，AHCI）、科学技术会议录索引（Conference Proceeding Citation Index，CPCI）。
② DNA 全称为 deoxyribonucleic acid（脱氧核糖核酸）。

1.4.2   碳排放权研究的文献基础

分析碳排放权研究的文献基础有助于确定并预测研究前沿和发展趋势。普赖斯在加菲尔德发明的 SCI 基础上预言论文会因为引证关系而形成网络，并由此形成了普莱斯的前沿理论。CiteSpace 在此基础上，创造性地将某研究领域概念化成一个从研究前沿到知识基础的时间映射，那么研究前沿的引文也就成为相应的知识基础。知识基础与当前碳排放权研究有着紧密关联度，且均发表在国际权威期刊上，具有较高的文献质量和学术影响力。为了更好地展示该领域的研究基础，研究将中心度在 0.01 以上且被引频次和突现性较大的经典文献进行汇总（表1.1），主要由早期奠基性文献和关键性文献构成。

表 1.1   被引经典文献指标信息表

序号	年份	作者	半衰期	中心度	频次	突现度
1	2007	IPCC[①]	5	0.31	31	7.33
2	2010	Ellerman 和 Frank	4	0.24	12	3.63
3	1993	Felder 和 Rutherford	21	0.24	11	
4	1989	Raich 和 Nadelhoffer	11	0.19	41	3.88
5	1972	Montgomery	42	0.17	32	
6	1980	Farquhar 和 Von Gaemmerer	24	0.16	36	
7	1960	Coase	38	0.14	38	
8	2007	Litton 等	6	0.12	35	5.18
9	1981	Keyes 和 Grier	20	0.12	16	3.36
10	2007	Ainsworth 和 Rogers	6	0.12	8	
11	2011	Poorter 等	2	0.10	18	6.26
12	2006	Quirion Demailly	6	0.08	15	4.29
13	1980	Farquhar 和 Von Gaemmerer	12	0.07	27	
14	1995	Haynes 和 Gower	11	0.07	26	
15	2001	Ekblad 和 Högberg	5	0.06	31	
16	2003	Giardina 等	10	0.06	20	
17	2014	Cui 等	2	0.05	16	
18	1992	Gower 等	13	0.05	12	
19	1997	Landsberg 和 Waring	7	0.04	41	
20	1974	Weitzman	34	0.04	26	

---

① https://www.ipcc.ch/。

续表

序号	年份	作者	半衰期	中心度	频次	突现度
21	2013	Zhou 等	3	0.04	23	9.68
22	1991	Agarwal 和 Narain	2	0.04	7	
23	1989	Nemani 和 Running	12	0.04	5	
24	1997	Cairns 等	10	0.03	35	
25	2012	Wei 等	4	0.03	19	7.98
26	2002	Sands 和 Landsberg	2	0.03	14	
27	2005	Mustafa 和 Babike	5	0.03	12	
28	1968	Dales	40	0.02	26	
29	2006	Sijm 等	4	0.02	21	5.49
30	1994	Bovenberg 和 de Mooij	5	0.02	11	

1. 碳排放权研究的奠基性文献

文献影响的持久力是衡量奠基性文献的重要指标,半衰期能够反映文献的老化程度,因此半衰期值越大,也就意味着文献越具有影响力。美国经济学家 Dales 于 1968 年出版的 "Pollution, Property and Prices: An Essay in Policy-Making and Economics"(半衰期为 40)一书中首次提出了排污权交易制度,认为在环境容量稀缺度提高的背景下,污染权交易是解决环境资源外部性的有效方案,主要包括:实行排污许可证制度,且排污许可证是可以转让或买卖交易的。这一思想被美国国家环境保护局(U.S. Environmental Protection Agency,EPA)用于大气污染及流域污染源管理,随后为德国、澳大利亚、英国等国家排污权交易政策的实践奠定了基础。Montgomery 对污染权交易表示认可,并将开发的交易算法应用于美国犹他州 Cub 河流域的水质交易(water quality trading,WQT)市场,在该算法中考虑了自然存在于 WQT 市场中的三种复杂性:①交易商的组合匹配;②交易商异质性;③减排技术中的离散性。传统的观点认为,点源排放具有相对较高的减排成本,因此这需要非点源在减排中付出更多的努力。该算法发现每个点源都需要减少污染负荷,理论上证明了排污权交易能够有效地控制减排成本,甚至点源可以以更低的价格向非点源出售其减排信用。著名的诺贝尔经济学奖得主 Coase 于 1960 年发表的 "The Problem of Social Cost"(半衰期为 38)中从商业公司对外部环境的有害行为(如排烟对相邻产权的影响)出发,首次表达了科斯定理的基本含义,认为如果产权被明确界定,而且没有交易成本,那么双方谈判能够改善资源配置,而最终结果与初始产权配置无关。以上文献发表较早,且创新性地提出了排放权、交易费用、交易算法等观点,为碳排放权的后续研究奠定了坚实的基础。

2. 碳排放权研究的关键性文献

CiteSpace 基于社会网络分析和结构洞理论开发出知识网络中的关键节点,即发现知识转折点(turning point)。社会网络理论认为,中心度(centrality)和突现度(brust)高的节点意味着该点在文献网络中起到较大的影响作用或具有重要的转折意义,对该领域的学术演进发挥着关键基础作用。

从中心度来看,2007 年 11 月 17 日联合国政府间气候变化专门委员会(Intergovernmental Panel on Climate Change,IPCC)第四次评估报告(中心度 0.31)在西班牙正式发布的综合报告,指出控制温室气体排放量的行动刻不容缓,为 2012 年后新的国际减排行动框架谈判提供了科学依据,在国际上引发了新一轮对碳排放问题的关注。欧盟碳排放交易体系(European Union Emissions Trading Scheme,EUETS)是世界上首个最大的和最重要的多国参与的碳排放交易计划体系,但 Ellerman 和 Frank(2007)(中心度 0.24)认为任何率先性的公共政策都会引起很多争议,因此对该体系试验的第一个阶段(2005~2007 年)进行了详细的描述和分析,并依此提出了排放量受限时应该如何进行碳排放权交易和定价的问题。值得注意的是,Ellerman 和 Frank 所出版的 "Pricing Carbon:The European Union Emissions Trading Scheme"(2007)是多国学者合作研究的结果,共有七位著名学者分别从 EUETS 的起源与发展、碳交易、自由分配的结果、市场发展、碳减排、工业竞争力、成本和全球影响等八个方面进行了分析。以上为碳排放权研究提供了重要的理论依据,澄清了碳排放交易体系的内容,以及不同学者对碳排放权交易的认识和不同作用,对后期理论发展和实践探索具有重要的参考价值。

从突现度来看,较高的三篇文献(表 1.1 第 7 列中突现度最高的三篇)均来自中国问题研究。Zhou 等(2013)(突现度 9.68)考虑到不同省域碳排放技术等的差异,通过估算中国各省(自治区、直辖市)边际碳排放成本曲线,开发非线性规划模型以评估省际碳减排交易的经济绩效,其模拟结果表明实施该省际碳排放权交易计划,中国的碳减排总成本可以减少 40% 以上,并提倡将该模型用于碳排放权初始分配中。排放权经过近五十年的发展,研究范围不断扩大,而在中国尚不足十年的深入探索,一方面,三篇文献均提到中国政府在 2009 年哥本哈根会议上承诺 2005~2010 年期间将碳强度降低 40%~45%,意味着该减排目标应如何履行的问题在中国掀起了研究热潮;另一方面,学者们逐步开始对兼顾区域、行业、公平、效率的碳排放权分配制度有了更深入的思考,从而引起了各界学者的广泛关注,突现度较高。

从文献信息梳理发现,这些研究涉及自然科学和社会科学领域,碳排放权早期的研究基础主要集中于排污权交易、产权制度、排放权交易、分享经济理论和竞争效应等理论。美国麻省理工学院经济学教授 Weitzman(1974)认为,在信息不对称背景下将造成价格与质量之间关系的扭曲,而此时价格的高低并不能反映质量的好坏，传统经济的弊端不在于生产，而在于分配，并据此提出了分享经济这一新理论。Babiker（2005）从竞争效应出发，认为工业化国家如果满足 1997 年《京都议定书》中采取碳减排行动的要求，那么相关的竞争效应将会导致发达国家能源密集型行业的大量迁移，迁移强度则取决于市场结构。Biermann 等（2009）从国家的视角出发，认为《京都议定书》的出台会削弱欧洲能源密集型产业的竞争力，因此在平衡竞争环境和保护竞争力方面提出了许多联合国框架下的额外措施。Babiker（2005）提出应该增强行业间的战略互动，否则将会产生大量的碳泄漏，这就意味着温室气体控制政策在工业化国家将导致更高的排放量。Demailly 和 Quirion（2006）以欧洲水泥行业为例，分析了免费配额的祖父法和基于产出的分配法，他们认为不同的分配方法对碳排放交易会产生不同的影响。这些被引的经典文献都为碳排放权文献的发表奠定了坚实的研究基础。

1.4.3 碳排放权研究热点的发展演进

1. 碳排放权研究的热点分析

关键词是作者对文章的核心概括和精髓描述，因此，对高频关键词的分析是把握学科领域研究热点的重要途径。在 CiteSpace 界面中，节点类型选为"keyword"，时间切片的筛选周期为 1 年，时间范围为 1990~2016 年，每个时间被引前 10 位的参考文献进入共被引网络图谱，其他选取系统默认值，获得包含 244 个节点和 353 条连线的关键词共现知识图谱，其中高频词汇气候变化（climate change 或 climate-change）、碳（carbon）、分配（allocation）、发展（growth）、排放（emissions）、模型（model）和碳分配（carbon allocation）等成为碳排放权研究的热点问题。

气候变化（climate change 或 climate-change）是在该领域出现频次最多的关键词，与其高度相关的主题包括碳（carbon）、碳分配（carbon allocation）、排放交易（emission trading）、模型（model）和《京都议定书》（Kyoto Protocol）等，说明以上主题是 1990~2016 年与气候变化高度相关的研究热点。基于 1990~2016 年碳排放权研究的高频热词来看，早期的高频热词有 carbon（1992 年）、model & CO_2 emissions（1995 年）、carbon allocation & growth & nitrogen（1998 年）；中期的高频热词有 climate change（2000 年，2005 年）、policy（2002 年）、emission trading（2003 年）、emissions & management（2004 年）、dynamics（2007 年）、permits（2008 年）；近年的高频热词有 systems（2014 年）、China（2015 年）等。由前文可知，碳排放权的研究基于气候变化引发全球对碳的广泛关注基础上演进而来，关键词频次也正好印证了这一事实。

结合表 1.2 可以看出，气候变化是碳排放研究领域最受关注的热门词汇，而碳则是该领域最具影响力的话题。美国经济学家 Nordhaus 于 1993 年构建了动态综合气候经济模型（dynamic integrated climate economy model，DICE），通过估算最优的碳价格或碳税来寻求降低碳减排成本与减少气候变暖损失的递增收益之间的平衡。自此，该模型成为学者们研究借鉴或创新研究的重要工具。在以 growth 节点为中心的分支上，与净初级生产量（net primary production）、碳分配（carbon allocation）、氮（nitrogen）、生物量（biomass）有关，说明近阶段碳排放权发展的研究仍然在于如何以生物圈的生物量和净初级生产量为立足点，探寻碳排放发展的新趋势；在以许可权（permitssion）节点为中心的分支上，与二氧化物（dioxide）及碳排放有关，说明与许可权的更多相关热点问题仍然集中于碳排放方面；在以中国（China）节点为中心的分支上，政策与碳排放依然是学者们广泛关注的热点问题。

表 1.2　碳排放权研究热点信息统计表

频次	中心度	关键词	频次	中心度	关键词
195	0.18	carbon	70	0	CO_2 emissions
187	0.10	allocation	68	0	carbon-dioxide
184	0.03	growth	68	0	permits
146	0.04	nitrogen	67	0	plants
143	0.04	emissions	63	0	emissions trading
137	0.05	model	62	0	management
132	0.03	carbon allocation	59	0	carbon sequestration
126	0.01	climate-change	58	0	organic-matter
124	0.04	climate change	57	0	temperature
123	0.04	biomass	53	0	elevated CO_2
114	0.02	photosynthesis	51	0	systems
87	0.01	policy	51	0	productivity
85	0	energy	51	0	China
76	0	dynamics	49	0	atmospheric CO_2

2. 碳排放权研究的前沿动态

前沿动态主要利用 CiteSpace 工具中的文献突现词测量技术，通过分析研究时期内新词短期激增或词频动态显著变化来把握该学科领域的研究前沿。节点类型选为突现词，根据突现度高低排序，共探测到 12 个突现词，如表 1.3 所示。综合现有的文献基础和突现词时间分布，对 1990 年以来碳排放权研究进行主题归纳，可以发现近三十年的碳排放权研究主要分为以下四个阶段。

表 1.3　碳排放权研究突现词信息统计表

突现度	频次	中心度	突现词	年份
10.82	70	0	CO_2 emissions	1995
9.02	51	0	systems	2014
7.59	31	0	carbon footprint	2015
5.20	13	0	positron emission tomography	1992
4.78	63	0	emissions trading	2003

续表

突现度	频次	中心度	突现词	年份
4.62	76	0	dynamics	2007
4.49	11	0	semi-permanent cultivation	2004
4.23	25	0	combustion	1993
4.04	184	0.03	growth	1998
4.04	38	0	Kyoto Protocol	2000
3.49	18	0	carbon-monoxide	1993
3.36	143	0.04	emissions	2004

第一阶段，碳排放研究意识觉醒期，主要以自然科学研究为主。该阶段的研究者开始关注全球气候变暖背景下，以《联合国气候变化框架公约》（United Nations Framework Convention on Climate Change，UNFCCC）和《京都议定书》（Kyoto Protocol）为核心体系下的碳减排问题。1988 年 IPCC 成立，1992 年签署 UNFCCC，并于 1997 年 12 月在其后的补充条款《京都议定书》中确定了碳排放权，标志着该领域逐渐引起政府及各界的重视。Morthorst（2003）通过构造丹麦 CO_2 边际减排成本和减排量间关系的成本曲线，提出减排 CO_2 并不会增加社会经济负担。正因为不同区域的 CO_2 边际减排成本差异，Manne 和 Richels（1995）提出了区域合作的理念，认为应该在全球范围内进行碳排放交易或征收碳税，并通过灵活的跨区域、跨期交易来降低碳减排成本，从而使不同区域的边际减排成本趋于一致。Janssen 和 Rotmans（1995）等提出按照历史责任对碳排放权进行初始分配的方式，认为该分配方式将未来碳排放权初始分配的政策目标与碳排放的历史责任相结合。

第二阶段，碳排放研究奠基期，以自然科学和社会科学研究并举。该阶段的研究者开始关注如何通过科学、合理的碳交易分配原则来实现可持续发展的问题。Ellerman 和 Montero（1998）等对国际碳排放权交易进行模拟，理论上支持了《京都议定书》提出的地区间交易的三大灵活机制，并认为碳交易不仅可以促进碳减排、获取收益，而且可以减少交易限制。国家碳减排议程主要由发达国家制定，导致各国碳排放总量存在差异，拍卖分配方式比免费分配方式效率高，碳排放权的拍卖能够提高交易效率和交易的公平性。

第三阶段，碳排放研究拓展期，这一时期开始从宏大的战略主题向相关实质性问题发展，很多主题的研究一直持续至今。随着研究的深入，该阶段的研究者开始关注如何结合实证分析探寻碳排放权的有效配置方法。Jacoby 等（1997）指出，在 EUETS 中，免费配额将会以成本形式转嫁给消费者，由此所获取的利润远高于碳减排成本，因此免费分配不能反映 CO_2 减排的边际成本。Schmalensee 等（1998）认为合理的分配方式会对企业创新产生积极影响，因此，对企业创新的影响也成为衡量碳排放权初始分配方式有效性的关键所在。Alberola 等（2008）以燃气轮机联合循环电厂为研究对象,提出天然气的使用成本如果高于煤炭和碳排放权的使用成本之和,煤炭依然会成为电力企业的选择项。

第四阶段,碳排放研究纵深期。一方面,China 成为 2015 年研究成果的高频词汇,另一方面,systems 和 carbon footprint 成为两大突现词。可见,该阶段的研究主题日益丰富,碳排放权成为这一时期研究的焦点,开始深入研究影响碳排放权的具体因素,并探索相关的一系列新主题。由于欧盟碳配额(European Union allowance,EUA)和核证减排量①(certification emission reduction,CER)之间存在着差价,Nazifi(2013)通过变参数分析,从市场缺乏竞争性、对获取 CER 的约束、对 EUA 和 CER 监管的改变,以及 CER 自身的不确定性四个方面首次对该问题进行了解释。Zetterberg 和 Chen(2015)在 EUETS 及交易动机的研究中阐释了祖父法,提出该方法主要依据企业所上报的上一年度产量和单位产品的碳排放量,而为了获取更多的额外配额以营利,将会无形中增强企业谎报、多报数据等弄虚作假的动机。

越来越多的中国学者开始在国际期刊上以 China 为研究对象产生了大量的研究成果,这点从 1.4.3 小节突现词研究中可以看出。值得注意的是,2014 年的突现词为体系 systems,不同于分配方式、分配原则、碳价格、碳交易等,体系更多地代表了系统、科学地构建碳排放权制度的理念。Mancini 等(2016)运用经济学的多区域、多部门均衡模型,首次评价了国际碳排放权许可交易体系对控制全球碳排放的影响,并尤其关注该体系对贸易和国际资本流动的影响。2015 年的突现词为 carbon footprint,Finkbeiner(2009)认为它是全球气候变化中温室气体排放量的一种表征,2007 年 carbon footprint 这一概念在国内出现但研究相对较少,目前已成为全球普遍认可的应对气候变化、定量分析碳排放强度的研究方法。该趋势正好符合理论演化的规律,systems 是碳排放权制度与因素的统一,carbon footprint 是碳排放权研究方法和视野的拓展,这也是研究趋于全面性和创新性的最好诠释。

---

① 核证减排量是清洁发展机制(clean development mechanism,CDM)项目下允许发达国家与发展中国家联合开展的 CO_2 等温室气体核证减排量,这些项目产生的减排数额可以被发达国家作为履行它们所承诺的限排或减排量。

第 2 章　碳排放初始权配置实践

本章对欧盟、美国、澳大利亚、新西兰及日本等国家和地区的碳排放权配置实践进行梳理,总结其经验;对我国碳排放试点市场的初始权配置情况进行整理,研究其不足之处。同时,对其他初始权诸如流域初始水权、土地初始权、森林资源初始权配置实践进行总结,为后续开展基于三对均衡关系的碳排放初始权研究提供借鉴和启示。

2.1　国外碳排放权配置的实践借鉴

UNFCCC 和《京都议定书》为碳排放权的法律权利做出了明确的注释。除国际条约外,各发达国家纷纷通过立法的形式加大对碳排放权分配制度的规定,对碳排放权配置及其交易制度也做出了各自的实践。

2.1.1　欧盟

1997 年 EUETS 正式诞生。2003 年,欧盟建立了以限额–交易 (cap-and-trade) 为核心的 EUETS,对各类排放主体进行配额控制。欧盟委员会从整体的角度统一确定了配额总量,之后为内部各成员国分配相应的配额,各成员国再根据内需自行分配给国内的企业。

在欧盟各成员国的相关配额分配工作中起关键作用的是国家分配计划 (national allocation plan,NAP),各成员国结合本国的实际情况制定相应的 NAP,具体的 NAP 内容中所涉及的配额分配方式与行业间分配占比等关键要素仍需要各成员国根据自己的国情来自主制定。

EUETS 的配额分配制度在不同的发展阶段有不同的规定。在相关计划中,第一阶段免费为成员国分配的占比严格控制在 95%以上,主要采用祖父法将配额几乎全部免费分配给各成员国；各成员国内部的最终配额拍卖部分非常少，几乎整体采用了免费分配的方式；在确定各成员国的配额量方案时，起最关键作用的因素是历史排放数据；均按照最严格的标准进行配额分配方案制订且同时考虑到了配额不足的情况，为不同行业的排放设施设计了退出和进入机制。第二阶段免费为成员国分配的占比也强制要求必须多于 90%。在第一阶段的基础上引入了3%的拍卖部分，其中免费分配部分除英国与德国选用基准法进行分配之外，其余成员国均采用祖父法。2009 年，欧盟决定从第三阶段开始将配额分配方案在前两阶段的基础之上进行变革，其中包括：①欧盟将各成员国自行制订 NAP 中涉及的配额分配方式与所覆盖的行业配额占比等权利统一收回，在整个 EUETS 间统一制订具体的配额分配方案；②统一将 EUETS 行业覆盖的范围在前两个阶段的基础上进一步扩大，并且开始根据年份逐步将配额进行缩减，其中 2013 年配额的总量为 20.84 亿吨，随后逐年递减 1.74%，计划于 2020 年将配额的总量在2005 年的基础上减少 21%；③重点在 EUETS 中所覆盖的电力和热力生产行业引入拍卖机制并逐年扩大其拍卖的比例，其中 2013 年的拍卖比例占 20%，随后逐年递增，计划于 2020 年将该比例扩大到 70%，最终于 2027 年达到 100%拍卖。另外，对可能会造成国际碳泄漏的相关行业进行严格监督和把控，继续保证其配额的免费分配；④对于各个控排主体中受控设施的相关排放监测、报告与验证指南进行了细节上的修订。

从 2013 年开始，EUETS 在配额分配的制度方面逐渐采用了配额的拍卖方式，而其免费获得部分也由先前传统的祖父法和基准法改变为由欧盟委员会统一重新制定的欧盟基准法来分配，同时对配额总量的 5%进行储备，用以对可能新进入的企业额外分配（电力行业除外）。电力行业（利用废气发电的企业除外）及其他捕获、传输并储存 CO_2 的企业均通过拍卖途径来得到配额。

可以看出，EUETS 值得借鉴的地方可以总结为两点。首先，在整个减排措施实施初期，保证较大的免费配额比例，不仅可以调动参与主体的积极性，还可以为整体改制起到一定的缓冲作用；其次，不管如何制定政策，一定要将参与主体的实际发展水平考虑其中，不能将减排任务变成参与主体的负担而影响其正常经济发展。

2.1.2　美国

由于《京都议定书》只规定了发达国家的强制减排义务，美国 2001 年退出了《京都议定书》，所以美国碳排放权交易市场属于非京都议定书模式下的市场。美国主要是州和地区级的区域性碳排放权交易体系，目前这类交易体系有西部气候倡议、区域性温室气体倡议、气候储备行动及芝加哥气候交易所，此外国家层面的碳排放交易体系和加利福尼亚州碳排放交易体系正在策划之中。

1. 西部气候倡议

西部气候倡议（western climate initiative，WCI）支持采用市场机制来有效实现减排。配额设置与排放额分配委员会负责运用方法学为本区域设置排放上限及在各成员间分配排放额。WCI 采用区域限额-交易机制，确立一个明确的、强制性的温室气体排放上限，通过市场机制确定最符合成本效益的方法来达到这一目标。

各州、省或邦政府规定一个或几个行业碳排放的绝对总额，可交易的排放额或排放许可限定在该总额内，这些排放额可以通过拍卖或无偿的方式重新进行分配，各州、省或邦政府指定各组织机构提供排放额以中和其碳源。WCI 特别强调配额是没有产权的，只是政府颁发给企业的排放许可，这些配额可以在二级市场上交易，在某些情况下也可以购买其他地方产生的减排量，但目前不接收来自京都议定书模式下的 CDM 的减排额，将来可能会允许购买其他同类型的碳排放额产品。

2012 年起主要碳源行业包括电力、工业、交通运输等，2015 年扩大到包括运输燃料、居民燃料及第一期未涉及的工商业燃料。每个 WCI 成员都有其至 2020 年止的碳预算（即在限额与交易机制下的碳排放计划），它们可以根据需要灵活地在自己的区域进行分配（胡荣和徐岭，2010）。

2. 区域性温室气体倡议

区域性温室气体倡议（the regional greenhouse gas initiative，RGGI）是美国第一个以市场为基础的强制性减排体系，和 WCI 一样也是以州为基础成立的区域性应对气候变化的合作组织，旨在推动清洁能源经济创新，它采取了更加保守的策略，仅将电力行业列为控制排放的部门（周文波和陈燕，2011）。

RGGI 也采用限额与交易机制，先设立一个跨州的 CO_2 排放量上限，然后在此上限基础上将逐渐减少，直到低于该限额的 10%。为了让各州有足够的适应时间，RGGI 提供了一个缓冲期，它要求第一个三年期即 2014 年之前各州的排放上限是固定不变的，但从 2015 年开始至 2018 年将每年减少 2.5%，最终达到减排目标。每个州的减排项目连接成一个协调的、统一的区域性碳排放履约市场，都通过拍卖方式出售排放配额。

3. 气候储备行动

气候储备行动（climate action reserve，CAR）于 2009 年正式启动，是一个基于项目的碳排放交易机制。它制定了一个可开发、可量化、可核查的温室气体减排标准，发布基于项目而产生的碳排放额，透明地监测全程的碳交易过程，其目标是要建立一个覆盖整个北美的交易体系。

气候储备行动的交易项目涉及四大领域：工业、交通运输、农业和林业。它所产生的减排量单位称为气候储备单位（climate reserve tonnes，CRT），由于气候储备行动是美国第一个根据自愿碳标准（voluntary carbon standard，VCS）设立的温室气体减排体系，其所有的项目都采用 VCS 方法学，因此气候储备行动尚不接受 CDM 项目的减排额，而只是把 CDM 的方法学作为其协议的出发点，也不接受来自 EPA "气候领导者项目" 所产生的减排额及来自 VCS 的减排额，并排除了可再生能源发电、绿色建筑等部门。

4. 芝加哥气候交易所

芝加哥气候交易所是美国碳减排的先行者，也是北美地区唯一一个交易六种温室气体的综合碳交易体系，其项目遍布欧美及亚洲地区。目前会员达450 多家，涉及航空、电力、环境、汽车、交通等行业，其中包括五家中国会员公司。

芝加哥气候交易所也是根据配额和交易机制进行设计和实施的，其减排额的分配是根据成员的排放基线和芝加哥气候交易所减排时间表来确定的，如果会员减排量超过了本身的减排额，可以将超出的量进行交易或存进账户，如果没有达到承诺减排额就需要在市场上购买碳金融工具合约。会员碳减排承诺分为两个时期，2003~2006 年为减排的第一个承诺期，要求每年排放量比上一年降低 1%，到 2006 年比基准年（1998~2001 年平均排放量）降低 4%；2007~2010年为第二个承诺期，减排量最终达到基准年（1998~2001 年平均排放量或 2000年）的 6%。

芝加哥气候交易所也接受其他项目的减排量，而且是美国唯一认可 CDM 项目的交易体系，但因其价格远远低于欧洲碳排放权交易市场上 CDM 项目的减排额的价格，实际上很难发生交易。

此外，中西部温室气体减排协定（midwestern greenhouse gas reduction accord，MGGRA）制定目标到 2020 年时各成员将碳排放量在 2005 年基础上减少 20%，到 2050 年减少 50%。

5. 加利福尼亚州碳排放交易体系

加利福尼亚州碳排放交易体系（California emissions trading scheme，CAL-ETS）于 2012 年开始实施，覆盖了加利福尼亚州的所有主要行业，包括炼油、发电、工业设施和运输燃料等年排放量至少为 25 375 吨 CO_2 当量的企业。

2013~2014 年覆盖电力供应（包括进口）和工业，主要分配给电力企业（不包括发电厂）（分配基于长期采购计划）、工业企业（分配基于产出和具体行业的排放强度基准），免费分配量逐年递减，占加利福尼亚州总温室气体排放量的35%；其他配额通过季度性的单轮、密封统一价格拍卖。2015 年扩大到天然气供应商和其他燃料分销商，占加利福尼亚州总温室气体排放的 85%。

CAL ETS 制定了三个阶段的减排计划：第一阶段（2013~2014 年）至少 90% 的配额免费分配给所有企业；第二阶段（2015~2017 年）对高泄漏类（high leakage category）企业免费分配所有配额，对中等泄漏类（medium leakage category）免费分配 75% 的配额，对低泄漏类（low leakage category）免费分配 50% 的配额；第三阶段（2018~2020 年）对高泄漏类企业的分配不变，中等泄漏类和低泄漏类企业免费分配的比重分别下降至 50% 和 30%。

CAL ETS 配额分配机制与欧盟近似，其最大的区别是对投资者所有的公用事业（investor-owned utilities，IOU）设计了双重拍卖机制（double auction），让 IOU 企业同时成为买家和卖家，使监管部门能更高效地引导拍卖收益服务于纳税人，避免在能源市场产生扭曲现象，保证了公平竞争。

美国作为率先展开温室气体管制与交易的国家主体，有两点值得借鉴：首先，对 CO_2 排放权的管控工作应该分阶段执行，同时保证跨区域共同协作完成，既不可一蹴而就，又不可故步自封；其次，CO_2 排放权的分配过程应由免费分配作为最初的手段，然后逐步引入拍卖等其他方式。

2.1.3　澳大利亚

澳大利亚新南威尔士温室气体减排计划（greenhouse gas abatement scheme，GGAS）采用的是基准信用强制交易体系。它的关键指标是人均 CO_2 排放量，是一个相对总量，不同于 EUETS 和 RGGI 的绝对总量控制。它根据澳大利亚各省内电力部门的排放量来确定每人年排放量，并逐年递减。GGAS 实行排放处罚。2018 年 7 月后完成对接，与欧盟建立双方互认碳排放配额的制度，碳排放价格也一致。澳大利亚清洁能源管理局主要负责碳排放配置方法和排放许可配额发放、管理，具有编制、管理国家温室效应和能源报告计划、可再生能源目标计划等职能。

澳大利亚一开始是实行三年的过渡性固定碳价机制（carbon pricing mechanism，CPM），排放配额分配首先采取的是免费为主、拍卖为辅的模式。碳排放密集且面临国际竞争压力大的企业，如炼铝、炼锌、钢铁制造、平板玻璃、纸浆/造纸、石油炼化等约 40 类行业企业，可以免费获得其所需碳排放许可总额的 94.5%，碳排放较少的企业可以获得所需碳排放许可总额的 66%。凡是属于碳密集性出口（emissions-intensive trade-exposed，EITE）的企业将获得较高的免费碳排放配额。

从 2015 年 7 月开始，澳大利亚逐渐降低了免费配额比例，增加拍卖比例，最终实现全部行业的完全拍卖。届时超过额定排放的企业必须通过 CPM 和国际碳排放交易市场购买澳大利亚排放单位，或通过海外交易购买国际碳信用额度，包括 CER 和减排单位，为自己的额外排放支付更多的费用，体现了污染者付费原则。

为保障碳排放交易机制的顺利实施，澳大利亚的 CPM 中除了给予企业一定的免费排放许可配额外，还引入了一系列补偿计划，支持就业和保护竞争力、进行清洁能源和气候变化项目的投资、资助家庭。

2.1.4　新西兰

CO_2 是新西兰排放的主要温室气体，增长最快，其温室气体排放主要来源是农业和能源部门。新西兰自 2008 年已将林业部门、液化化石燃料、固定能源和工业加工部门纳入新西兰碳交易体系（New Zealand emissions trading scheme，NZETS）。采取逐步推进的方式，首先，林业部门成为首批进入碳交易体系的产业部门，随后扩展到液化化石燃料、固定能源和工业加工部门，以及废弃物排放和合成气体行业，最后拓展到农业部门。在 2010~2012 年，采取两项重要措施：一是免费发放较大比例排放许可配额，其他部分通过固定价格购买。二是液化化石燃料、固定能源和工业加工部门的企业，只需要履行 50%的减排责任义务，每排放两吨 CO_2 当量温室气体上缴一个新西兰单位配额，相当于 12.5 新西兰元/吨 CO_2 当量（陈洁民，2013）。以 2005 年排放合格的企业排放水平为基准，对碳排放中、高密集型企业按基准的 60%或 90%进行免费发放，出口企业按排放基准的 90%进行免费发放；农业则在 2015~2018 年享有 2005 年排放基准的 90%的免费排放额度，从 2019 年才开始逐年核减免费排放额度。超过额定排放的企业通过购买为自己的额外排放支付更多的费用，体现了污染者付费原则。

新西兰碳交易制度的特点有以下四点：第一，将农业纳入碳排放交易体系；第二，企业既可通过国内市场也可通过京都市场进行碳交易；第三，强制减排和灵活参与相结合；第四，预留了与其他国家、区域碳排放交易体系接轨的相应条款。

2.1.5　日本

日本经历的国内碳排放交易制度根据主管机构进行区分可分为多个系统，包括日本环境省 2005 年提出的日本自愿减排交易计划（Japan voluntary emission trading scheme，JVETS），该系统采用总量控制的方式设计和核证减排计划，包括由日本政府主导的日本试验综合排放交易体系机制、日本减排信用机制和基于国际层面的联合信用机制。JVETS 是一个实验系统,因此不是强制性的,排放上限也是自愿设定的,JVETS 的主要目的是为日后积累碳交易市场的操作经验,以经济手段实现全社会的温室气体减排。该系统所涉及的企业类别主要包括建筑设施、制造业和金属冶金,分别占 25%、20%和 9%。日本环境省在 JVETS 实验中,通过财政补贴的方式为相应企业添置减排装置,为企业的自愿减排活动提供支持。

东京都、埼玉县碳排放交易制度及京都市碳减排制度构成了日本地方碳排放交易体系。东京都碳排放交易体系是世界上第一个以城市楼宇建筑等商业排放源作为主要纳入实体的碳市场类型。针对管辖范围内直接排放源少而间接排放源多的特点,该制度体系以规制能源消费端的设施层面排放为主要特色。东京都碳市场部门的涵盖范围包括商业和工业部门两个组成部分。商业部门是东京都地区最大的温室气体排放源,涵盖设施范围包括办公楼宇、公共建筑、商业建筑和供热设施等,工业部门则包括废水废物管理与工业制造等其他设施。涵盖部门的排放活动主要来自化石燃料消费与电能利用,因此,CO_2 排放量可以依据燃料的含碳量及与电能产生相关的排放估算系数进行计算(潘晓滨,2017)。

东京都碳排放交易体系的纳入门槛为年度能源消耗量超过 150 万升原油当量水平。任何独立建筑或设施的直接或间接排放水平超过门槛值将成为大型排放源,并被强制纳入碳市场涵盖范围内。中小型排放源所隶属的公司实体如果年度能源消耗量超过 300 万升原油当量,不需要纳入碳市场涵盖范围,但必须向主管部门提交年度能效报告。如果一个公司拥有一个大型排放源和多个中小排放源,将只有大型排放源承担强制减排义务。如果纳入碳市场的排放设施年度能源消耗量低于 100 万升原油当量,或者三年的能源消费量低于 150 万升原油当量,或者涵盖设施关闭或暂时停止运转,那么该设施在下一年度将被排除在涵盖范围之外。

综上,国外在碳排放权分配方面做出了巨大努力,如欧盟的免费分配法、美国的拍卖法都在逐步完善;同时,固定价格购买法和混合配额法等新方法的出现,显示当前国际碳交易市场的建设仍处在实践和学习阶段。在国外碳排放实践中,常用的方法有免费分配法、拍卖法、固定价格购买法及混合配额法等,见表 2.1。

表 2.1　各国（地区）碳排放权分配方法

分配方法	碳排放实践	具体操作	特点
免费分配法	EUETS	祖父法：基于国家排放配额分配计划设定碳排放限额，经欧盟委员会批准后生效 标杆法：依据厂商当前产出水平，建立各行业的基准排放率，用基准排放率乘以排放主体的产出水平，这样便得到了分配的配额	祖父法：减弱企业抵制意愿，提高市场主体参与性；碳排放配额能满足企业生产需求；缺乏监管；未充分体现公平和效率原则 标杆法：考虑行业因素，并充分体现公平原则；简化分配方法；数据要求较为严格
拍卖法	RGGI	政府定期举行配额公开拍卖，出价最高者获得排放配额	自下而上确定配额数量；降低购买排放配额成本，提高主动性和积极性；未充分考虑不同行业和企业的排放总额和减排潜力存在的差异
固定价格购买法	GGAS	参与主体通过固定价格向政府购买配额	循序渐进、逐步市场化
混合配额法	NZETS	碳密集型出口工业、林业和渔业可获得政府发放的免费配额；绝大多数的工业生产部门需要从市场购买其所需碳排放配额	充分考虑了各个行业的差异
总量控制法	JVETS	资源减排所涉及的企业类别包括建筑设施、制造业和金属冶金，分别占 25%、20% 和 9%	通过财政补贴的方式为相应企业添置减排装置

2.2　我国碳排放权配置实践进展

2.2.1　碳减排与碳排放权市场状况

我国政府于 2009 年提出了到 2020 年二氧化碳排放强度在 2005 年基础上降低 40%~45% 的自愿减排目标。2017 年底我国发布《全国碳排放权交易市场建设方案（发电行业）》，推动建设全国统一的碳排放交易市场。2016 年 10 月 27 日，国务院印发《"十三五"控制温室气体排放工作方案》，确保完成"十三五"规划纲要确定的低碳发展目标任务，推动我国 CO_2 排放在 2030 年左右达到峰值并争取尽早达峰。碳排放权交易制度的本质是把环境容量或排放权作为一种稀缺资源，在实行总量控制的前提下，通过可交易的排污许可证，使排污资格产权化，通过市场达到高效率的配置。在发展低碳经济的过程中，碳排放权交易制度越来越受国际社会的关注。

为应对与日俱增的减排压力和日益严峻的减排形势，我国政府又提出新的碳约束目标，即 CO_2 排放在 2030 年左右达到峰值，单位 GDP CO_2 排放比 2005 年下降 60%~65%，非化石能源占一次能源消费比重达到 20% 左右，森林蓄积量比

2005 年增加 45 亿立方米。2016 年 4 月，我国签署《巴黎协定》，承诺将积极做好国内的温室气体减排工作，加强应对气候变化的国际合作。

我国碳市场的建设是由七个试点开始起步的。2014 年，七个试点已经全部启动上线交易，根据国家发改委提供的统计数据，共纳入排放企业和单位 1900 多家，分配的碳排放配额总量合计约 12 亿吨。七个碳交易试点完成了数据摸底、规则制定、企业教育、交易启动、履约清缴、抵消机制使用等全过程，并各自尝试了不同的政策思路和分配方法。碳排放权交易试点的实践为我国碳排放权交易体系的建设和运行奠定了坚实的理论和实践基础。为明确全国体系的设计框架及为全国体系的工作推进奠定基础，国家发改委在 2014 年以部门规章的形式发布了《碳排放权交易管理暂行办法》，2015 年向国务院提交了《碳排放权交易管理条例（送审稿）》。为统一和确保全国体系下重点排放单位排放数据的质量，国家发改委发布了 24 个行业的企业温室气体排放核算与报告指南，并下发了《全国碳排放权交易第三方核查机构及人员参考条件》和《全国碳排放权交易第三方核查参考指南》，提出了全国体系配额总量确定和配额分配的原则方案。

我国碳排放权配置的下一步工作主要是强化目标的落地，特别是推动重点地方、重点行业的目标落实，同时研究更长远的目标和任务。全国体系运行所需的四个主要支撑系统包括重点排放单位碳排放数据报送系统、碳排放权注册登记系统、碳排放权交易系统和碳排放权交易结算系统，目前均已在建设过程中。加快碳市场相关法规制度的建设，加快推动碳排放权交易管理暂行条例和相关配套制度的出台，是建立碳市场运行的法律基础。

2.2.2　碳排放试点市场的配置情况

我国作为《京都议定书》非附件 I 国家，在 2012 年之前不需承担温室气体的减排任务，但可以以发展中国家的身份参与 CDM 下的项目开发。目前我国的碳市场主要以《京都议定书》下的 CDM 为主，2011 年 11 月，北京、天津、上海、重庆、湖北、广东、深圳两省五市开展碳排放权交易试点。目前七个试点省、市控排企业涵盖 2100~2200 家，年碳排放量达 7 亿~8 亿吨。各地方案各具特色，如广东第一个试点拍卖配额；北京首先发布了场外交易细则；上海率先出台碳排放核算指南，即采用历史排放法和基准线法；深圳第一个明确允许个人投资者参与，天津也允许个人投资者参与；湖北成为首个拍卖政府预留配额的地区。初始配额分配结束后，政府可以通过向企业拍卖预留碳排放配额调节市场上的碳单位供给，稳定碳价格。表 2.2 为我国七个试点省、市碳排放配置的主要指标比较。

表 2.2 我国七个试点省、市碳排放配置的主要指标比较

试点省、市	推出时间	配额分配方式	配额分配原则	配额储备	创新点	法律依据
深圳	2013 年 6 月 18 日	基准线法为主	免费分配为主，有偿分配为辅	预留年度配额总量的 2%作为新进入者的储备配额	形成具有特色的制造业碳配额分配方法，最优行业碳强度基准线和竞争性博弈分配	《深圳经济特区碳排放管理若干规定》
上海	2013 年 11 月 26 日	历史排放法和基准线法	全部免费，适时推行有偿分配	政府可根据市场运行情况适当储备一部分配额	在国内率先启动企业碳核算试点，开展企业碳核算体系的建设	《上海市碳排放管理试行办法》
北京	2013 年 11 月 28 日	历史排放法和基准线法	免费分配为主，有偿分配为辅	最多年度配额总量的 5%	制定自愿减排标准——熊猫标准	《关于北京市在严格控制碳排放总量前提下开展碳排放交易权交易试点工作的决定》
广东	2013 年 12 月 19 日	历史排放法和基准线法	免费分配为主，有偿分配为辅，3%有偿分配，第一个试点拍卖配额，逐渐增加拍卖比例	2014 年针对新建项目企业配额和市场调节配额储备配额 0.38 亿吨	完成国内首例总量控制下的碳排放配额交易	《广东省碳排放管理试行办法》
天津	2013 年 12 月 26 日	历史排放法和基准线法	免费分配为主，有偿分配为辅	暂无	与美国芝加哥气候交易所合作建立，由于其直接参与，天津排放权交易所有着较为先进的理念	《天津市碳排放权交易管理暂行办法》
湖北	2014 年 4 月 2 日	历史排放法、基准线法和节能减排贡献法	免费分配为主，有偿分配为辅，逐渐增加拍卖比例	配额总量扣除政府预留配额（碳排放配额总量的 8%）与年度初始配额，剩余的为新增预留配额	未交易配额注销机制	《湖北省碳排放权交易试点工作实施方案》
重庆	2014 年	历史排放法	初期全部免费，逐渐增加拍卖比例，最后全拍卖	暂无	森林碳汇纳入交易	《重庆市碳排放权交易管理暂行办法》

综上，按照 2014 年 12 月国家发改委出台的《碳排放权交易管理暂行条例》，我国碳市场配额分配遵循统一行业分配标准、差异地区配额总量、预留配额柔性

调整的原则，即国家发改委根据各地区温室气体排放、经济增长、产业结构、能源结构、控排企业纳入情况等因素确定地区配额总量，并预留部分配额用于有偿分配、市场调节和重大项目建设。地方配额则由地方政府按照发改委设定的分配标准向控排企业分配。

2.3　水、土地、森林资源初始权配置的实践借鉴

2.3.1　初始水权配置实践及借鉴

美国、澳大利亚等一些发达国家的水权水市场建设较早，它们结合本国国情，开展了水权配置实践，建立了相对完善的水权制度体系和水管理体系。智利、斯里兰卡等一些发展中国家有关水权配置用水户协商的做法相对成熟，有效地缓解了户之间的冲突。另外，我国在一些大流域开展了水权配置方面的探索，取得了一定的成效，并积累了一些经验。

1. 国外水权配置实践

受水资源条件及社会、经济、历史、法律及政治制度等的影响，各国都会根据本国特点进行水权的配置。

（1）美国。美国水权管理历史悠久，水权管理经验较为丰富。美国水权法最初为殖民时期的河岸法，到了 19 世纪西部干旱区采用的是优先占用法。用水权的优先次序由各州政府认定。美国西部水权配置以加利福尼亚州为代表，其配置特点主要有以下几方面：第一，设置专门的管理机构，如加利福尼亚州设立水资源控制理事会，负责本州内水资源领域的仲裁和管理工作；第二，取水需要申请，1914 年后，任何人打算从河道内取水，无论是直接用水或是蓄入水库备用都必须向州水资源控制理事会提出申请；第三，水权根据时先权先原则来配置，居民用水最为优先。

（2）日本。日本的《河川法》作为该国创立的第一部有关河川水资源的法规，在经过 100 多年的实践及两次修改后，已形成了较完善的水权法律体系，日本水权配置的特点主要表现为以下几点。第一，河流属于公共财产，不允许将河流水资源归为私有；第二，水权的配置遵循时先权先的总原则；第三，对水资源用途的限定，水权拥有者不能改变取水用途，如需改变，要放弃原有的水权，再重新申请新用途的水权。

（3）智利。智利在实施初始水权分配时，特别强调分配的公平性，在尊重历史用水的基础上，集中实施了水权的重新分配，并由国家公共部门对初始水权

的分配情况进行登记，充分发挥用水户协会的作用。在智利，强大的用水户协会在水资源分配中发挥了重要作用，用水户协会负责管理水利设施，监督水资源的分配，并对一定条件下的水权转让进行审批，为水权转让相关利益各方提供了协商的平台，化解了各类水事冲突。

（4）印度尼西亚。在印度尼西亚的巴厘岛，主要采用协商方式进行水权的配置。Subak 是一个农业团体，负责水资源管理，农作物生产，特别是与稻米种植相关的事务。协商存在于用水竞争的 Subak 之间，协商主要集中在水的配置和分送，以及耕种方式和种植计划等方面。

美国、日本等发达国家在设计水权制度时都考虑到两个基本问题：一是优先权问题。各国都遵循生存、生活、生态到生产的优先顺序，加大关乎民生的公共、安全领域和重点行业部门的水权优先力度，以利于实现水资源的合理、有效利用。二是公平基础上的效率问题。发达国家水权制度都体现了公平性原则，但在水量不能同时满足同等级别的用水需求时，还将用水的有益性和效率纳入考虑范围以确定取舍。例如，日本《河川法》规定对于两个以上相互抵触的用水申请，审批效益大者，不再考虑先提出者优先的传统做法。

从智利、印度尼西亚等发展中国家的水资源分配实践中可以看出：协商是它们的主要配置手段，但协商是一个长期的过程，不可能通过一次会谈就能解决所有问题；协商不仅包括谈判桌上起草的协议、制订交易计划及处理不太明显的取水争议，还包括用水户对国家机关或其他用水户和分水方式的意见。

2. 我国水权配置实践

我国水资源时空分布不均、经济社会发展不平衡产生的水资源供求矛盾，日益成为制约我国经济社会发展的瓶颈（陈艳萍和吴凤平，2008）。2000 年以来，为推进水权配置体制建设，我国修订并新制定了一些关于水权配置的法律政策，包括水权配置基本指导思想、配置原则及水权协商的具体法律政策依据，同时，在黄河流域也展开了相应的水权配置的实践。

1）关于水权配置基本指导思想的法律政策规定

《中华人民共和国水法》对水量分配方案做了明确规定。《中华人民共和国水法》第四十五条规定："调蓄径流和分配水量，应当依据流域规划和水中长期供求规划，以流域为单元制定水量分配方案。跨省、自治区、直辖市的水量分配方案和旱情紧急情况下的水量调度预案，由流域管理机构商有关省、自治区、直辖市人民政府制订，报国务院或者其授权的部门批准后执行。"《水权制度建设框架》中明确提出要按照总量控制和定额管理双控制的要求配置水资源。根据区域行业定额、人口经济布局和发展规划、生态环境状况及发展目标预定区域用水总量，在以流域为单元对水资源可配置量和水环境状况进行综合平衡后，最终确定区域用水总量。区域根据总量控制的要求，按照用水次序和行业用水定额通过取水许可制度的实施对取用水户进行水权的配置。各地在进行水权配置时要留有余地，考虑救灾、医疗、公共安全及其他突发事件的用水要求和地区经济社会发展的潜在要求，建立对各类水使用权配置的规范。建立和完善水能、水温、水体、水面及水运使用权的配置制度，建立健全相关监管制度，规范利用市场机制进行配置的行为。《水量分配暂行办法》为跨省、自治区、直辖市的水量分配和省、自治区、直辖市以下跨行政区域的水量分配工作制定了详细的指导意见。

2）关于水权配置原则的法律政策规定

《水权制度建设框架》提出水权配置要履行以下原则。

（1）公平与效率原则。在水权配置过程中，充分考虑不同地区、不同人群生存和发展的平等用水权，并充分考虑经济社会和生态环境的用水需求。合理确定用水优先次序，提高水资源的效用。

（2）政府调控与市场机制相结合的原则。建立健全水权制度，既要保证政府调控作用，防止市场失效，又要发挥市场机制的作用，提高配置效率。

（3）可持续利用原则。水资源配置要考虑代际间的平衡和生态要求，以水资源承载力和水环境承载力作为水权配置的约束条件，促进水权优化配置和高效利用。

（4）权、责、义统一的原则。清晰界定政府的权力和责任及用水户的权利和义务，并做到统一。

3）关于水权协商的法律政策规定

《中华人民共和国水法》第五十六条规定："不同行政区域之间发生水事纠纷的，应当协商处理；协商不成的，由上一级人民政府裁决，有关各方必须遵照执行。"第五十七条规定："单位之间、个人之间、单位与个人之间发生的水事纠纷，应当协商解决；当事人不愿协商或者协商不成的，可以申请县级以上地方人民政府或者其授权的部门调解，也可以直接向人民法院提起民事诉讼。"[①]

《水权制度建设框架》提出，我国水权制度建设包括建设流域水资源分配的协商机制及区域用水矛盾的协调仲裁机制。建立利益相关者利益表达机制，如听证等，实现政府调控和用水户参与相结合的水权分配的协商制度。

4）黄河流域水权配置实践

1987年国务院批准了正常来水年份黄河可供水量分配方案，该方案制定时主要考虑了黄河最大可能的供水能力、大中型水利工程的调节、河道输沙及河道内生态环境用水量等主要因素，在当时，为协调省、自治区、直辖市用水矛盾提供

---

① 《〈中华人民共和国水法〉（2016年7月修订）》，http://www.yueyang.gov.cn/yyx/37584/38154/38157/38160/38177/38190/40023/content_1361938.html，2018年6月4日。

了依据。1997 年，黄河水利委员会编制了枯水年份黄河可供水量分配方案，提出了丰增枯减原则，并且编制了正常来水年份黄河可供水量年内分配方案，即《黄河可供水量年度分配及干流水量调度方案》。

目前，关于黄河流域内的各省（自治区、直辖市）内部不同行政区域之间的初始水权配置工作，宁夏、内蒙古这两个自治区的做法比较成熟。它们在进行初始水权配置时基本遵循了以下几项原则。

第一，需求优先原则。以人为本，优先满足居民生活的基本用水需求；保障水资源可持续利用和生态环境良性维持，维系生态环境需水优先；重历史和客观现实，现状生产需求优先；遵循自然资源形成规律，在产业布局与发展状况相同的情况下，水资源生成地需求优先。尊重价值规律，在同一行政区域内先进生产力发展的用水需求优先、高效益产业需求优先；维护粮食安全，农业基本灌溉需求优先。

第二，依法逐级确定原则。根据水资源国家所有的规定，按照统一分配与分级管理相结合；兼顾不同地区的各自特点和需求，由各级政府依法逐级确定。

第三，宏观指标与微观指标相结合原则。根据国务院分水指标，逐级进行分配，建立水资源宏观控制指标；根据自治区用水现状和经济社会发展水平，制定各行业和产品用水定额，促进节约用水，提高用水效率。重点关注的指标有生态环境用水、现状用水、水源生成地用水、万元产值耗水量、粮食安全、农业产值。

第四，公开、公平、公正原则。为体现公开、公平、公正原则，流域建立了有效的协调和协商机制。在黄河水量调度中，采取召开年度、月水量调度会议的形式，沟通情况、协调问题、商定调度预案和方案。根据需求，在关键调度期还采取分河段召开协调会议或临时协商会议，协商处理不同河段的用水矛盾或突发紧急事件。

2.3.2　初始土地权配置实践

土地作为具有自然属性和社会经济属性的共同体，是一切资源和环境要素的载体，是人类生存、繁衍和发展的物质基础。土地资源优化配置作为可持续发展研究的一个重要内容，它能够有效缓解土地供需矛盾，实现土地的可持续利用，为土地规划、管理、决策提供重要依据。

1. 国外土地资源规划实践

由于各个国家经济发展水平、政治体制和自然地理条件的差异，各国土地资源优化配置的方式也各不相同。

在资本主义经济发展过程中，有关经济活动空间组织优化的理论得到了较快发展，其中，有关土地利用布局的理论成为土地资源优化配置最原始的理论基础，以德国区位布局理论的形成与发展最具影响力。

第二次世界大战后,世界工业进入一个飞速发展时期,城市扩张和人口增长也进入了一个高峰期,随之而来的是土地退化、环境污染等问题的凸显。在此背景下,适宜土地利用模式逐渐在土地资源的优化配置中占据主导地位,其主要途径是基于对资源的适宜性和可行性分析,按照适地适用的原则将不同土地分配到不同的适宜土地利用类型上。20 世纪 70 年代土地利用研究的一个显著特点是运用遥感、计算机技术手段来解决地域性或某一领域土地利用的一些具体问题。主要包括:①土地利用变化分析与监测;②遥感技术支持土地利用调查与分类研究;③土地利用的空间格局与模式;④土地利用规划与制图。20 世纪 90 年代以来,国外在土地利用与环境变化、土地利用规划模式、可持续土地利用评价方面开展了较深入的研究。

美国通过土地用途分区,明确规定各分区范围、利用方式和允许开发的最大强度,并依法规条例给予实施,限制土地开发和产业发展,并且在充分考虑地区特征和未来发展计划的基础上将城市分为特殊保护区、特殊目的发展区、特别发展区和混合用途区等。美国将土地发展权作为一项独立的可交易的财产权,并且取得了良好的效果,土地发展权于 1961 年在纽约市的分区规划中被引入,以解决在城市发展中对历史地标(landmarks)建筑的保护,美国的可转移发展权(transferable development right,TDR)交易制度是对其分区规划(zoning)制度的重要革新,实际是为了解决由严格的分区规划所带来的土地使用问题,以平衡各地块所有人之间的利益,正是严格的分区规划制度使得可移转土地发展权制度得以产生。欧美各国政府开始在编制规划的时候,初步提出了如何在规划中更多地考虑环境因素。荷兰采用土地整理的方式实现农村土地综合开发利用;德国利用现代化的土地信息采集系统建立了土地管理信息系统,为土地管理和整理提供实时动态的参考;日本以提高农业生产力和高效集约利用土地为目的进行土地资源配置,有效地消除城乡差别,改善人居环境。

2. 我国土地资源规划实践

在我国,土地受到严格的用途管制,国家和地方政府通过土地利用总体规划、年度建设用地规划及控制性详细规划等,将土地的利用指标化,并逐级下放。土地用途的严格控制是为了保护耕地、集约节约用地,在《中华人民共和国土地管理法》《中华人民共和国城乡规划法》的管控下,建设用地一地难求。

在严格的土地管制之下,各地区为了解决用地问题,纷纷求助于市场化运作予以疏导,其中最为典型的是江浙模式和成渝两地的地票交易制度。这两种模式都是以耕地指标的动态平衡为出发点,实现建设用地开发权在空间上的位移以形成所谓的以地换地。不久,江浙模式和成都的地票交易制度都被叫停,但是重庆市的地票交易仍发展良好，得到广泛支持，这无疑有许多值得思考和总结之处。在我国严格的土地管制下，地票交易制度迈出了市场化的重要一步，然而地票交易制度的尝试并非圆满，其中尚有许多亟待完善之处，我国的地票交易制度也产生于我国严格的土地规划制度。

2.3.3 初始林业权配置实践

森林不仅具有经济上的可用性，更具有生态功能。基于森林的经济价值，利用物权制度为森林的市场配置提供制度工具。但是森林的生态价值产生的利益往往为群体占有和享用，故森林又不同于物权法上的物，其生态属性赋予其公共产品属性。

1. 国外森林资源规划实践

1）俄罗斯

俄罗斯的森林资源包括联邦森林资产和非联邦森林资产。根据 1997 年《俄罗斯联邦森林法》，俄罗斯的森林基本上都属于国家所有。

俄罗斯联邦森林的利用是有偿的。根据 1997 年的《俄罗斯联邦森林法》，国家以森林税和租赁费的方式向利用者收取利用费。森林税是联邦森林短期利用应缴纳的费用；租赁费是租赁联邦森林资产应付的费用。森林租赁的方式主要为长期租赁和短期利用，租赁期分别为 1~49 年和 1~5 年。《俄罗斯联邦森林法》还规定，所有的森林利用活动都应缴纳林业税，但是，林场进行间伐和其他林业经营活动所得的木材、森林经理工作中所伐的木材、为林业经营而进行科学研究和设计工作所伐的木材及林场进行次要林产品利用和副业利用时所得的木材不必缴纳林业税（白秀萍，2006）。

2）新西兰

20 世纪 80 年代前，新西兰是以国有林为主的林业大国，林务局是唯一管理、监督、经营国有林的机构。20 世纪 80 年代后期，作为社会改革的一部分，新西兰进行了以国有林为对象的历史性分类改革，重点是将国有商品人工林私营化，将国有商品人工林资源出售给公司经营。

新西兰林业实行的是一套具有自身特点的人工林政策、私有化政策、自由市场政策和可持续发展政策。一是改革林业机构，实现行政权、管理权和经营权分离；二是进行林业分类经营改革，积极推行可持续经营理念；三是将国有商品人工林民营化，将国有商品人工林资产进行拍卖；四是政府采取积极的扶持政策；五是建立林业认证体系。

3）日本

在日本，国有森林作为国民共有财产，国有林管理机构负责行使森林资源资产国家所有者代表的职能，按照计划开展各项国有森林资源资产（包括地产）流转，依照市场规律的要求进行严格的价值评估，并通过公开招投标的方式进行，以确保国有资产价值不出现流失及流转过程的公平、公正。在国有林无偿为国民提供各种服务的前提下，确定了国家公共财政用于国有林经营管理的政策，这就为国有林经营管理在制度和经费上提供了保障（张周忙等，2012）。

2. 我国森林资源规划实践

《中华人民共和国森林法（2016 年修改征求意见稿）》首次明确了林权内容及其流转机制。其中规定，林权表现为由多个民事权利构成的权利束，不仅包括现行《中华人民共和国森林法实施条例》规定的森林、林木、林地的所有权和使用权，还纳入了集体林权制度改革的确权成果——林地承包经营权，并反映了集体林地三权分置的集体林权完善政策指向，从中分离出林地承包权及林地经营权。流转条款对林权流转态度更为开放：在保留现行《中华人民共和国森林法》第十五条规定的流转方式外，将林权抵押从政策导向上升为法律规定，还新增了林权转包与出租流转形式；同时解除了防护林、特用林的流转禁令，仅要求林权流转不改变林地用途和林种性质（裴丽萍和张启彬，2017）。

2003 年试点，2008 年全国推广了我国集体林权制度全面改革。在新一轮集体林权制度改革中，强调社会系统的公平性原则和生态系统中的生态效益优先原则，并在生态、社会、经济三大系统实现了绿色增长和绿色财富、绿色福利积累等改革红利（胡鞍钢和周绍杰，2014）。2016 年国务院出台了《国务院关于全民所有自然资源资产有偿使用制度改革的指导意见》，明确提出建立国有森林资源有偿使用制度的改革目标和相关基本要求；2017 年，湖南、山东等某些国有森林资源充沛的地区已经陆续开始尝试探索构建国有森林资源有偿使用制度，国有森林资源有偿使用的改革工作将在全国铺开。

国有森林按照产权可以分为国有林区和国有林场，其中国有林区又可以进一步分为重点国有林区和非重点国有林区，国有林场按照改革方向又可以分为事业型国有林场和企业型国有林场。在国有森林资源无形资产中，生态服务资产、森林景观资产是可以有偿使用的。科学研究资产由于本身的公益性和森林资源资产不可计量性，在商品林（用材林、薪炭林、经济林）、人工林、企业型国有林场、南方特殊性质林场中可以有偿使用，其他则不可有偿使用。国有森林资源资产有偿使用的主体包括林区（场）主体——国有林业企业、事业单位；林区（场）内部职工；企业及其他主体。国有森林资源资产的有偿使用方式包括划拨、转让、出租、出借、抵押、担保、股份合作、授权经营等（周海川，2017）。

我国于 2001 年首次提出森林使用权证交易制度的框架，该制度是我国林业中一种全新的制度设计，森林使用权证交易制度是一种森林生态服务市场模式，其架构由森林使用权证、规定用户、交易所和政府场外支持四部分组成，其要点是：第一，国家法律规定用户必须购买与其生态环境消费水平相当的森林使用权证，否则其生态消费或其他与生态环境相关的行为将被视作非法而受取缔。第二，国家根据森林面积、蓄积及其他反映生态环境功效的指标，确定相应的森林生态环境当量，以此为据，发给其林主相应的森林使用权证（主证）。第三，国家建立森林使用权证（副证）交易中介机构交易所，进行森林使用权证（副证）及相关产品的交易活动。第四，国家通过政策、法律及其他手段，支持、保障和补充森林使用权证交易制度的运行。

2.3.4 借鉴与启示

纵观上述对初始水权、初始土地权及初始林业权配置实践的梳理，得到的相关借鉴与启示如下。

1. 清晰界定产权归属

国内外水权、土地、森林资源配置实践表明，要实现科学合理的配置权，首先必须清晰界定产权，确认归属，避免界区模糊。如果产权界定不清晰，界区模糊，在配置过程中则会出现更多的摩擦，带来更高的协调成本。例如，英国、法国、澳大利亚等是以河岸权为依据来确定水权的国家，水权原本属于沿岸土地所有者所有，但先后都颁布了水权属于国家所有的法律，进而将对水权的规定从对土地权属的规定中独立出来。美国关于水资源的管理、控制和利用是归属于各州的权力，各州也形成了各自的水权体系。国内外林业资源配置也说明，森林资源仍为国家所有，森林的经营与利用在政府的监督管理下由企业承担；森林资源必须开展合理且有效的经营管理和利用，使森林资源在可持续发展的前提下，既能满足生态需要，又能为国家创造财富。

此外，各国普遍实行水权登记和取水许可制度，还对用水优先顺序、水权登记和用水许可证实施的范围和办法、用户义务、有偿用水原则等方面做出了明确的规定，以强化国家对水权的管理与所有者地位。

2. 尊重现状并结合地区实际情况

无论国外还是国内的水权、土地、森林资源配置实践都坚持尊重现状原则。现状是历史上各种复杂因素共同作用而形成的结果，在一定程度上反映了资源配置的均衡。资源配置与各国各地区的实际情况紧密相关。各国各地区资源配置的变迁都尊重本地区的历史习惯，结合本国本地区地理、气候、水资源等实际情况，并以现实需要为依据。例如，在水资源较为丰富的欧洲、美国东部大多采用河岸权制度，而在干旱缺水、水资源紧张的美国西部地区采用优先占用权制度。我国的黄河、大凌河、黑河等流域现有水权配置都在很大程度上考虑了用水现状。因此，我们在借鉴国外理论与实践经验时，应当因地制宜、实事求是，结合我国的国情与具体实践。

3. 坚持资源利用的可持续性与政府宏观调控

几乎所有国家和地区在进行资源配置时，都会考虑资源利用的可持续性。资源初始权配置属于政策性较强的行为，在配置中坚持政府宏观调控是国家所有权的体现。要实现资源初始权的科学配置，政府应该在配置问题上高度协调，以保证配置的公平合理与顺利实施。尤其要考虑地区开发、水土保持、粮食安全和重要灌区的保护与发展、贫困地区投资承受和公众支付能力等因素，采用必要的政策倾斜，实现政府宏观调控。它关系到人与自然的和谐，关系到经济的可持续发展，关系到落后地区的开发和社会整体协调发展。

水资源是一种具有可再生性和可持续利用的资源，在水资源分配中要有效保护流域生态环境，保护水资源的再生能力，提高水资源的重复利用率，使水资源的利用满足可持续性。例如，新西兰国有林分类经营的成功实践，对我们加大东北国有林区和森林企业的分类经营力度具有借鉴意义。新西兰政府退出国有人工商品林的经营管理，推动了其国有林事业的良性循环，对中国东北、内蒙古重点国有林区的管理体制改革具有重要意义。以贸易为导向的新西兰林业企业的发展，拉动和推动了新西兰森林资源的培育与利用，对于我国林业产业促进生态产业发展具有十分重要的借鉴意义。

4. 确定配置的优先顺序

各国家各地区都对资源初始权配置的优先顺序做出了相关规定。例如，美国、日本等国家确定了水权的时先权先原则，即申请人将根据申请日期的先后，获得水权的优先顺序。但在美国有一种例外情况，即市政府提出的居民生活用水申请，无论这些申请提出的先后顺序如何，都优先于任何其他申请。在我国，各用水行业间进行水权分配时，为了维护社会安定，生活用水部门的基本用水需求具有绝对优先权。另外，生态环境是人类赖以生存的基础，而水资源是维护良好生态环境的一个重要的基本要素。

5. 兼顾公平与效率原则

人人都是资源的主人，人人都有使用资源的权利，不同地区、不同人群都享有生存和发展的平等权。资源初始权配置在优先考虑公平原则的基础上，还要考虑提高资源利用效率和经济效益，效率原则主要考虑各区域经济发展水平和资源利用效率。例如，1963 年英国制定的《水资源法》强调，除了政府所规定的获得使用水的权利外，任何人不得从水管当局管辖范围内的任何水源取水，除非持有经主管当局批准的许可证方可按照许可证上的条款进行取水活动；在美国，1914年以后，任何人打算从河道内取水，无论是直接用水或是蓄入水库备用都必须向州水资源控制理事会提出申请，其目的在于明确新用户水权的同时，保证老用户的水权不受影响。这些都体现了在使用水的权利方面人人平等。

第二篇　区域碳排放初始权和谐配置方法

第3章　基于三对均衡的碳排放初始权和谐配置框架体系

已有碳排放权配置的相关理论与实践为碳排放初始权配置提供了丰富的理论基础与实践借鉴。碳排放初始权和谐配置是针对配置过程中面临的区域、产业、自然供给、需求等不确定因素，构建相应的模型，得到整体和谐的配置方案。本章指明了碳排放初始权和谐配置的原则，提出了基于供给与需求、区域与行业、公平与效率三对均衡关系来配置碳排放初始权，同时搭建了包括区域配置及电力行业配置的碳排放初始权配置框架体系。

3.1　碳排放初始权和谐配置

3.1.1　碳排放初始权和谐配置的内涵

国内外许多学者对碳排放权概念观点不一，从法学、资源与环境学、经济学等多个视角均进行了相关的界定与内涵的解释。基于法学视角，碳排放权是法律赋予相关的碳排放主体向大气环境中排放 CO_2 的权利，该权利具有强制性特征。基于资源与环境学视角，碳排放权则被看作排污权的一种，是碳排放主体对大气环境资源的使用权，该权利具有确定性特征，即该视角下，由于大气环境资源的制约，碳排放权的实质就是确定的排放总量。基于经济学视角下的碳排放权则是一种产权，由于碳排放总量的控制，碳排放权具有稀缺性，从而具有一定的经济价值，可以在市场上进行交易。综合上述三种观点，碳排放权具有稀缺性、强制性、确定性及可交易性等特征。

和谐配置概念是基于和谐管理理论、系统理论提出的。和谐管理理论由西安交通大学席西民教授提出，基于复杂系统问题，在对问题（完全的开放性）认真研究分析的基础上，通过和则、谐则相互作用，不同的组合方式来解决所研究的复杂问题。和谐管理理论与系统理论的结合，最早是在水资源管理与分配中得以应用，随后也应用在了人力资源管理方面。和谐管理理论体现了管理决策中的柔性管理、决策问题，即面对复杂环境、复杂系统时，问题的最优解是难以一步找到的，需要经过和则与谐则的不断交替演化，推动和谐主题的不断变化，从而达到管理的和谐状态。和谐管理理论提倡用以和为贵的理念来处理各种关系，提倡理性地认识各种关系中的矛盾与冲突，坚持以人为本，坚持系统观点，研究多种多样的关系（左其亭，2016）。

　　基于系统角度探讨，和谐是一种关系，反映系统内部分与部分、元素与元素及部分与整体之间的相互关系。和谐系统就是针对某个系统来说，其系统内部、系统外部及系统总体均达到和谐。其中，内部和谐包括构成和谐与组织和谐，构成和谐是系统构成要素的和谐，要求各要素之间具有一定的协调性，不追求要素的最优构成与组合，而是通过要素的和谐构成来实现系统的功能；组织和谐是指如何通过组织手段达到合理确定系统功能并保证其实现；外部和谐是系统与外部环境的和谐；总体和谐是系统内部与外部社会、经济系统综合的和谐。

　　碳排放初始权和谐配置就是基于系统思想，在碳排放总量限额-交易体系下，以系统的整体观点进行碳排放初始权的配置，针对碳排放初始权配置系统，考虑配置过程中供给、需求、区域、行业、公平、效率等不确定因素所导致的各种冲突，设置碳排放初始权配置时处理冲突的各种原则进行演化改进，使得最终配置方案达到和谐均衡的状态，满足碳排放初始权配置系统总体和谐。和谐配置方案代表的具体含义如下。

　　（1）碳排放初始权和谐配置是自然界的供给与人类需求和谐关系的体现。自然界供给是指自然环境所能容忍的碳排放限额，它是一个刚性的约束条件，而且要考虑代内与代际的碳排放限额总量。在限额-交易的配置体制下，以免费发放形式进行碳排放初始权配置，其和谐内涵表现为人类社会对碳排放初始权的需求与自然环境所能容忍的碳排放限额间的和谐关系，即所确定的全国碳排放初始权供给限额能够满足当代本区域社会经济发展的需要，又不影响子孙后代对碳排放权的需求，体现人与自然的和谐。

　　（2）碳排放初始权和谐配置是不同需求主体的多个需求目标和谐关系的体现。由于碳排放初始权的需求方包括不同区域、不同行业，各个需求主体的需求目标各不相同。因此，碳排放初始权和谐配置内涵还表现为所制订的碳排放初始权配置方案可以既满足不同区域之间对碳排放权的公平需求，还满足碳排放权在不同行业间的效率最大化。同时，对于区域与行业的交叉，所配置的方案则能够同时兼顾不同区域不同行业的需求。从系统角度来说，和谐配置表现为碳排放初始权配置系统内部和谐，各子系统间、要素间的相互和谐。

（3）碳排放初始权和谐配置是配置方案动态调整、循环往复过程的表现。碳排放初始权和谐配置的内涵还表现为碳排放初始权配置过程的和谐，各方均对配置方案满意，形成满意解。碳排放初始权配置方案的形成过程其实就是对碳排放初始权限额进行计算—和谐性评判—演化改进—推荐方案循环往复的过程。在这个循环过程中，不断地征求各个需求主体的意见，进行配置方案的和谐性评判，最终给出让需求方、供给方均满意的和谐配置方案。

　　碳排放初始权和谐配置方案的示意图如图 3.1 所示。从图 3.1 中可以看出，碳排放初始权和谐配置方案主要从供给与需求、区域与行业、公平与效率三对均衡关系出发来评判配置方案的和谐性。图 3.1 中的 a 点是满足三对关系均衡的理想最优配置方案。但是现实情况是需求部门对碳配额的需求量始终大于碳交易市场中的供给量；区域之间的资源禀赋差异及行业间的差异导致碳排放初始权配置时公平与效率难以同时兼顾；碳排放初始权在不同区域之间进行配置时，对行业的公平与效率也难以兼顾。因此，理想最优配置方案点难以达到。现实的碳排放初始权配置方案是个配置的区间范围，如图中的 bb' 立方体。对预配置方案的和谐性分析就是分析预配置方案围绕最优配置方案的波动情况，评判预配置方案的和谐性。bb' 立方体为碳排放初始权和谐配置方案所在区域。

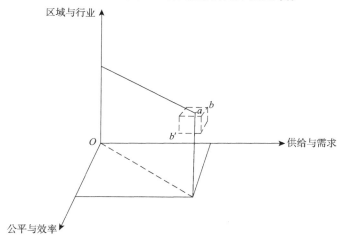

图 3.1　碳排放初始权和谐配置方案的示意图

3.1.2　碳排放初始权和谐配置的原则

　　全国碳排放初始权和谐配置的指导思想以节能减排为目标，以国家社会经济发展规划、行业规划、环境规划为基础，坚持以人为本、人与自然和谐共处的原则，将全国可供分配的碳排放初始权配置到各个省（自治区、直辖市），各个省

（自治区、直辖市）将所得到的碳排放初始权配置到参与碳排放权交易的各个部门与单位，为建立完善的碳排放权交易市场，发挥市场在资源配置中的决定性作用奠定基础，为经济社会的可持续发展提供理论支撑。

通过系统归纳碳排放权配置原则的相关研究成果，根据碳排放初始权配置的指导思想，确定基于三对均衡关系的区域碳排放初始权配置的基本原则。

1. 效率基础上的公平原则

公平原则是全球气候变化谈判的基础，被国际社会所接受，对国际气候体制建立有重要作用。从法律的角度上来看，区域发展权是建立在平等权利之上的自由权。因此，无论是经济发达区域还是经济落后区域，都应平等地承担减排义务。根据公平原则，我国碳排放初始权配置方案设置时，不仅要考虑人口数量问题，还要考虑区域经济发展、资源分布、地理环境等问题。我国各省（自治区、直辖市）之间人口数量、资源禀赋、工业化水平千差万别，地区之间的经济发展差异也较大，各项政策的制定都要考虑到地区差异。

效率原则是指在进行初始权分配时，分配者首先考虑的是经济最大化，即将碳排放初始权优先分配给碳排放绩效高、边际贡献最大的区域或部门，由于我国碳减排任务艰巨，政府部门多次强调要提高碳排放初始权在时间及空间上的调控能力，全面推进节能减排社会的构建，提高碳排放初始权的利用效率。

效率基础上的公平原则则是遵循效率优先、兼顾公平的发展方针。碳排放权二级交易市场是以市场机制的手段来实现碳排放权配置效率的提高，碳排放初始权配置则是以行政手段来保障二级市场效率配置基础上的公平。因此，碳排放初始权配置应在总量控制的条件下，初期选择免费分配方式，待时机成熟后，可适量使用免费分配与有偿分配相结合的分配方式。

2. 可持续发展原则

可持续发展是全球各国在经济、社会、环境、发展问题上达成的共识，标志着知识经济的到来和人类自身的进步。可持续发展不仅是一种发展理念，也是一种新的发展模式，主要思想是希望人类能以友好的态度对待生态环境，重视环境保护，并珍惜自然资源，其物质创造既不威胁现代人的生存发展需要，也能满足后代人的发展需求。现在，可持续发展是应对气候变化的重要思想，并在《京都议定书》中明确提出，碳排放初始权配置方案的制订要坚持走可持续发展之路。

在碳排放权分配方面，将可持续性原则定义为在保持经济增长的前提下，使环境能够健康、和谐地发展，即保持代际间碳排放权分配的公平性，实现近期与远期之间、当代与后代之间对碳排放具有相同的使用权。在碳排放权配置中要有效保护区域生态环境，降低 CO_2 排放量。作为一项人类发展权，全国碳排放初权配置应坚定不移地遵循可持续发展原则，在温室气体排放的分配机制建立方面，应该考虑到各个区域经济发展的情况，既要不威胁现代人的生存发展需要，也要满足后代人的发展需求，这样碳排放初始权配置才科学、合理，同时在一定程度上体现了公平性和效率性原则。将代际公平缩小至省（自治区、直辖市）之间来看，各省（自治区、直辖市）之间发展水平不平衡，对于落后地区首要任务仍然是发展经济，消除贫困，但不能以此为借口而不履行国家总体目标。我们允许经济稍落后省区市的人均碳排放量先略高于其他省区市，通过努力逐步降低碳排放量，到了目标年份达到与发达省区市水平一致，这体现了对经济稍落后省区市的一种保护，也体现了可持续发展的理念，最终共同实现低碳减排的目标。

3. 多目标均衡原则

在全国碳排放初始权配置过程中，需要完成多个目标，遵循多个原则。由于碳排放初始权是有限的资源，多个目标、多个原则往往难以同时满足，则需要遵循均衡原则，对各个目标进行均衡、协调，从而实现满意的配置方案。例如，公平与效率的原则，两者难以兼顾。如果依据公平原则，则需要对西部地区分配较多的碳排放初始权，因为西部地区面积大，经济落后；但如果遵循效率原则，则需要把有限的碳排放初始权多分配给碳排放效率比较高的东部经济发达地区。因此，在进行配置时，需要平衡公平与效率、区域与行业及供给与需求等多个关系。

3.2　和谐配置中的三对均衡关系与核心问题

3.2.1　碳排放初始权配置中的三对均衡关系

碳排放初始权配置受到社会、经济、环境等多方面因素影响，是一个涉及配置主体、层次、目标、准则等的复杂系统工程。碳排放初始权配置就是考虑社会、经济、环境等诸多影响因素，对全国碳交易市场的碳配额，在碳排放初始权配置中，必须从规模、结构、质量三个方面考虑供给与需求、区域与行业、公平与效率三对均衡的关系，具体关系分析如下。

1. 供给与需求均衡是控制全国碳排放规模的关键

供给是指全国碳交易市场所能提供的用于初始配置的碳配额，该配额是在国家的减排承诺下，依据经济发展速度及能源需求情况制定的全国碳排放控制目标；碳排放初始权作为一种大气环境资源的使用权，受制于大气环境容量，该配额有个上限。同时，碳排放初始权供给量又不能配置得太少，太少会阻碍区域社会、经济的发展，因此，碳排放初始权的供给需要结合大气环境容量，国家经济发展需求，以及政府对于碳减排目标的承诺等情况来制定。

需求是指碳排放权需求方为满足自身经济增长需要所要求的碳排放初始权配额。碳排放权需求会在一定程度上影响碳排放权的供给，同时也受到碳排放权供给的约束。碳排放权需求受到本区域的历史排放情况、未来的区域发展规划，以及区域环境等因素的影响。

碳排放权的供给和需求是相互联系、相互影响的，同时决定了全国碳排放权的规模。对于需求主体来说，所获得的碳排放初始权总量越大越有利于碳需求主体的经济发展；对于供给方中央政府来说，设定合理的碳排放初始权限额，并进行合理分配，才能既实现经济发展，又可以保障环境的可持续性。

2. 区域与行业均衡是控制全国碳排放结构的关键

由于中国地域辽阔，中西部、南北部的经济发展差异较大。东部沿海区域经济发达，工业发展迅猛，且经历了由粗放发展到绿色发展的过程，因此，自2004年开始，以江苏省为代表的东部沿海地区的工业碳排放量呈现出先逐年升高，再逐渐稳定，并下降的趋势（Zhang et al., 2014a）。西部地区由于重污染行业与企业不多，碳排放量相对于东部地区来说要少得多。在进行碳排放初始权配置时，可以适当地给西部地区多配置些碳排放权，鼓励其通过与东部地区交易的方式，激励东部地区通过发展节能技术来提高 CO_2 的排放效率，实现碳减排的目标。

各行各业对能源的需求不尽相同，则不同行业的碳排放效率也存在着巨大的差异。对于电力行业、化工行业等重污染行业来说，其所需要的碳排放权较多，而对于商贸业、服务业来说，需要的碳排放权则相对较少。因此，在碳排放初始权配置时，需要考虑行业的因素来进行配置。

碳排放初始权配置本质是对区域及行业发展所需要的经济资源的配置，对区域经济发展及行业发展可以起到调控作用。在碳排放初始权配置时，如何均衡同一区域不同行业、不同区域相同行业碳排放初始权之间合理的匹配关系，以实现既保证关系国家经济命脉行业的合理碳排放空间，又要兼顾不同区域发展差异性的目标，是配置所要关注的关键问题之一。

3. 公平与效率均衡是控制全国碳排放质量的关键

基于哲学视角，黑格尔的《逻辑学》认为质是事物内在规定性，量是事物外在规定性。量的变化会影响事物发展，超过一定限度会改变事物性质。碳排放初始权配置包括初始权量与质两个方面的配置，在配置时必须要同时考虑质与量。这里的碳排放初始权量是指碳排放配额，碳排放初始权质是指排放相同量的 CO_2，对空气质量的影响。不同地区碳排放初始权的量和质是统一的。例如，北京和上海的同等碳排放量,其对空气质量的影响是不一样的。

碳排放初始权配置的公平包括多种类型,有代内公平、代际公平。在代内公平中,碳排放初始权配置公平指的是区域碳排放初始权、行业碳排放初始权配置的公平;代际公平是指不同时代的碳排放权配置公平,是可持续发展的要求。

碳排放初始权配置的效率是指碳排放配置时要满足在有限的环境容量约束条件下,实现产出最大,碳排放量最小的目标。碳排放强度是效率的指标之一,试图达到碳减排成本最小化。美国和新西兰碳减排责任分配都是基于这种原则。单位国内生产碳排放系数在国内被看作衡量减排效率的重要指标,表示单位 GDP 所排放的量,碳排放强度越小表示单位 GDP 碳排放量越少。发达国家拥有较强的技术水平和较合理的经济结构,碳排放强度较低,而发展中国家经济水平低、技术落后,则具有较高的碳排放强度。

因此,在碳排放初始权配置时,不仅要遵循公平原则,兼顾社会的共同进步,还要充分考虑各区域自身资源禀赋优势、经济发展水平、历史排放条件,兼顾配置的效率原则,把握二者的均衡,从而控制全国碳排放初始权的"质量"。

3.2.2　碳排放初始权和谐配置的核心问题

碳排放初始权和谐配置研究的核心问题主要为以下三个方面。

(1)如何设计配置指标体系才能满足三对关系均衡的要求。在进行碳排放初始权分配时务必要做到公平、公正、公开、科学、合理。为设计科学、有效的配置指标体系,全面、细致地提取碳排放初始权配置的影响因素至关重要。通过分析影响因素,确定碳排放初始权配置的指标体系。碳排放初始权配置要充分考虑区域差异因素。首先,我国地理范围辽阔,各区域间能源结构、产业结构和人口数量不同,由此带来 CO_2 排放的历史积累、碳排放现状及碳排放潜力有明显差异。其次,各省(自治区、直辖市)间经济发展水平、居民收入水平和医疗基础设施等方面也有巨大差异,碳排放需求不同。因此,我国碳排放权初始分配应深入分析全国碳排放现状,找出碳排放初始权配置的影响因素。

(2)如何构建初始预配置模型。预配置模型构建的成败影响着后面预配置方案的和谐性评判与改进,如果预配置模型构建得好,则会大大降低和谐性评判与改进的成本,提高碳排放初始权配置的效率。结合区间数理论,描述不确定性问题,并利用动态投影寻踪技术,进行多指标降维处理,构建动态区间投影寻踪配置模型,得到不同碳配置效率控制约束情景下各省(自治区、直辖市)的碳排放初始权预配置方案。

(3)如何进行预配置方案的和谐性评判与改进。若碳排放初始权配置方案不和谐,可能致使分配方案难以推行,甚至引发区域间的碳减排冲突。针对通过预配置模型所得到的碳排放初始权预配置方案，需要经过和谐性评判，对未通过和谐性评判的方案进行改进，改进后的方案再次进行和谐性评判，直到通过和谐性评判为止。和谐性评判可以通过方向维和程度维两个方面来进行。

综上所述，碳排放初始权和谐配置实际上是一个具有不确定性、多情境约束的多指标混合、动态配置问题，需要多方面的理论和技术支撑，主要包括情景分析理论、区间数理论、博弈理论、和谐理论、投影寻踪技术等。

3.3　碳排放初始权和谐配置框架

3.3.1　碳排放初始权和谐配置框架总体设计

本书遵循理论研究—模型研究—实证研究的技术路线，首先，对碳排放初始权配置的相关理论与实践进行梳理，得出碳排放初始权配置的关键问题及关注焦点，分别从区域配置与行业配置（电力行业）两个方面，构建相应的和谐配置模型，包括预配置模型、和谐性评判及演化改进三个部分。其次，以江苏省碳排放初始权配置及华东电网的碳排放初始权配置为案例，进行了相应的实证研究，并提出一定的政策建议。具体技术路线图如图3.2所示。

3.3.2　碳排放初始权区域和谐配置框架

碳排放初始权区域和谐配置主要用来解决如何配置全国碳交易市场的碳配额问题。碳排放初始权和谐配置技术框架搭建通过三个模型来进行，基本思路如下。首先，基于碳排放总量控制，以市场化需求为导向，兼顾各地区、重点行业及重点企业的实际需要，考虑影响碳排放初始权配置的各种因素，设置碳排放初始权配置原则，提炼区域碳排放初始权配置的指标体系，建立碳排放初始权预配置模型，以获得碳排放初始权预配置方案。其次，对获得的碳排放初始权预配置方案进行和谐性评判。和谐性评判要重点考虑供给与需求、区域与行业、公平与效率三对关系的均衡，从程度性和效应性两个维度建立碳排放初始权预配置方案的和谐性评判模型，判断预配置方案的和谐性。最后，针对未能通过和谐性评判的配置方案，基于演化博弈分析，建立碳排放初始权配置方案和谐性进化模型，对预配置方案进行演化改进后，重新进行和谐性评判，最终获得和谐性配置方案。整体技术框架如图3.3所示。

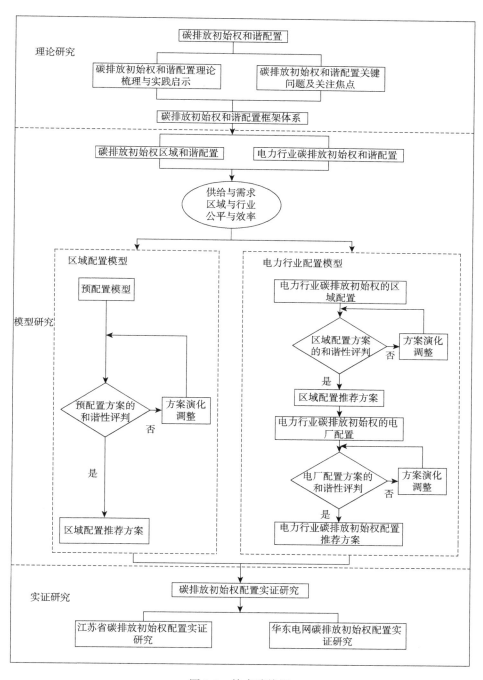

图 3.2　技术路线图

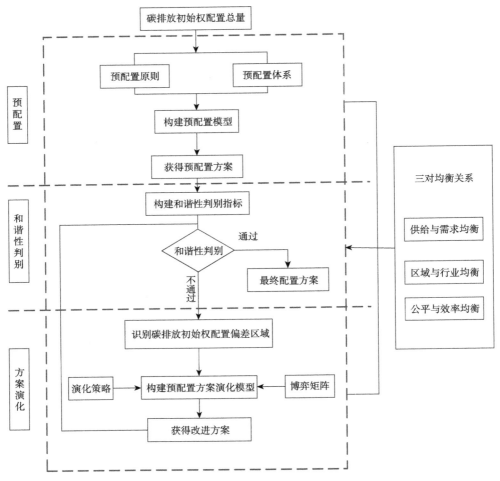

图 3.3   区域碳排放初始权和谐配置技术框架图

1. 碳排放初始权预配置技术

在全国范围内的碳排放初始权预配置中，需要全面考虑影响碳排放初始权配置的各种因素，结合全国碳交易市场的碳配额总量要求，考虑各省级区域、重点行业、重点项目及企业的碳排放实际状况，注重配置结果的公平性及满足社会经济发展要求的目标，设立碳排放初始权配置原则，设计指标体系，建立碳排放初始权预配置模型，以获得各省级区域的碳排放初始权配置量。碳排放初始权预配置技术主要包括以下三个步骤。

（1）计算碳排放初始权限额，即根据国家碳排放减排指标测算出目标年份需要配置的碳排放初始权限额。

（2）确定碳排放初始权预配置的指标体系。在分析省级区域的经济水平、发展潜力、社会状况、地缘要素、技术能力和环境因素等各种影响碳排放初始权配置因素的基础上，首先设计出初步的指标体系后，再通过专家调研及相关技术分析，充分考虑不同区域间环境容量供给与能源需求情况、各个产业的区域分布问题、公平与效率关系，构建出碳排放初始权预配置的指标体系。

（3）基于区间数学方法与投影寻踪模型，构建碳排放初始权预配置模型，计算得到各区域所获得的碳排放初始权配置比例。

2. 碳排放初始权预配置方案和谐性评判技术

碳排放初始权预配置方案的和谐性评判是对预配置方案的和谐性进行评判。和谐性评判的目的就是基于配置系统的整体来评判预配置方案是否满足供给与需求、行业与区域及公平与效率三对均衡关系的要求。和谐性评判不仅要求配置方案满足上述三个均衡条件，还要求配置方案能够满足自然与人类的和谐，满足各个需求企业的多个目标之间的和谐。因此，在和谐性评判阶段，主要是设计和谐性评判指标体系，构建碳排放初始权配置方案和谐性评判模型，对预配置方案中各个区域所获得的碳排放初始权是否满足区域碳排放需求、区域之间是否兼顾公平与效率、区域发展与行业布局是否和谐等方面进行判别。

和谐性评判的主要内容如下。

（1）设计和谐性判别指标。基于程度维、方向维两个维度设计和谐性评判指标来科学度量预配置方案在促进区域与行业均衡、区域之间均衡发展的和谐性。程度维主要考虑碳排放初始权预配置方案的区域差异；方向维主要体现"奖优罚劣"原则。所设计的多层次、多属性的碳排放初始权预配置和谐性评价指标体系，主要试图达到以下基本目的：一是能够协调区域的全局利益和局部利益，使得全局的综合满意度最大；二是能够刻画描述和度量整个区域系统发展状态和发展趋势；三是能够公平、公正反映相关利益方的利益诉求。

（2）进行和谐性评判。衡量任意两个区域之间的碳排放初始权与其评判指标值之间的匹配程度，构建基于方向维和程度维的和谐性评判准则，对方案进行和谐性评判。方向维是对"区域对"配额大小合理性的评判维度；程度维是对各区域的配额差异程度进行评判的维度。

（3）若配置方案均通过公平性与效率性的方向维和程度维评判，则认为该方案通过了和谐性评判，否则认为该方案未通过和谐性评判。

3. 碳排放初始权进化配置技术

碳排放初始权预配置方案的进化是针对未通过和谐性评判的方案，采用进化配置技术对该预配置方案进行演化改进。因此，该技术是通过反向追踪方法来找出不和谐因素及不和谐区域,同时采用演化博弈模型来调整各区域的碳排放初始权,从而得到改进后的碳排放初始权进化配置方案,并对该方案再次进行和谐性评判,直到进化方案通过和谐性评判为止,即获得了碳排放初始权配置推荐方案。这是一个由不和谐到和谐的多阶段进化过程。主要内容包括:①识别不和谐因素及不和谐区域。针对未通过和谐性评判的碳排放初始权配置方案,分别针对预配置方案的公平性不和谐、效率性不和谐两种情况,通过反向追踪不和谐区域,识别出碳排放过少区和碳排放过多区。②预配置方案的演化改进。基于各博弈方的有限理性,构建各博弈方的损益函数,建立碳排放过少区和碳排放过多区之间的演化博弈模型,分析各区域在碳排放权调整策略上的复制动态方程和演化稳定策略。③基于演化稳定策略,调整各博弈方的碳初始排放权,改善各博弈方的综合效益,获得碳排放初始权进化方案。

3.3.3 电力行业碳排放初始权和谐配置框架

电力行业是碳排放大户,但是电力行业同时也是社会经济发展的重要支柱,不断增长的电力需求与国家制定的碳减排目标形成了一对尖锐的矛盾。因此,电力行业碳排放初始权配置作为碳交易的前提和基础,是运用市场化手段提高碳减排效率的先决条件。

电力行业碳排放初始权是指某区域在一定时间段内电力行业获得的允许最大的碳排放权利。电力行业碳排放初始权总量具有三个维度:时间维度、区域维度、数量维度。一定时间段(通常为一年)内,区域内各个发电企业获得的碳排放初始权加总量不应超过电力行业的碳排放初始权总量,这是一个硬性约束条件。

电力行业碳排放初始权和谐配置是指为实现区域内电力行业碳减排目标,在政府的宏观调控下,在遵循效率基础上的公平原则、可持续发展原则、多目标均衡等原则基础上,以系统视角进行电力行业碳排放权初始配置,使得供给与需求、区域与行业,以及公平与效率三对关系在电力行业最终碳排放初始权配置方案中均达到和谐状态,实现电力行业碳排放初始权配置的总体和谐。

电力行业碳排放初始权和谐配置的目标是实现区域内电力行业碳减排目标,提高发电企业的减排积极性,减少发电企业之间的排放冲突和矛盾,实现电力低碳经济的健康、稳定发展。

电力行业碳排放初始权和谐配置的范围为将一定时间段内全国电力行业获得的碳排放初始权总量配置给各个发电企业。电力行业碳排放初始权配置包括三大步骤:首先,由政府部门确定全国电力行业碳排放初始权总量;其次,将全国电力行业碳排放初始权总量配置到各个行政区域;最后,各个行政区域将自己获得的电力行业碳排放初始权配置给该区域下的各个电厂，即各个发电企业。电力行业碳排放初始权和谐配置的框架体系如图 3.4 所示。

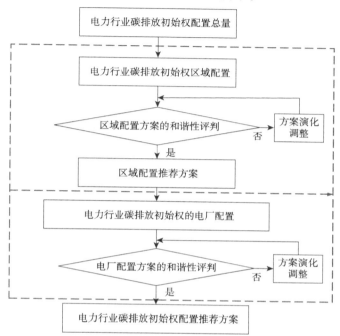

图 3.4　电力行业碳排放初始权和谐配置技术框架图

1. 电力行业碳排放初始权区域配置技术

电力行业碳排放初始权的区域配置是将电力碳排放总额度在全国各个区域之间进行的分配，包括预配置、和谐性评判及演化改进三个步骤。

（1）预配置过程中，首先是确定全国电力行业可供分配的碳排放初始权总量；其次是明确电力碳排放权区域配置的指标体系，通过采集各地区各指标的历史数据，设计确定各指标属性值的下限和上限；最后，基于区间数相离度的思想来确定各指标的权重，基于投影的区间多目标分配模型，得到电力碳排放初始权配置方案。

（2）预配置方案的和谐性评判，即设立相应的指标体系，从程度维和方向维两个方面对预配置方案开展和谐性评判。通过和谐性评判的预配置方案即为最终的推荐配置方案；如果预配置方案没有通过和谐性评判，则需要进入下一步，方案的演化改进。

（3）预配置方案的演化改进采用逆向追踪法，基于演化博弈理论来调整电力行业区域碳排放初始权配置量，对预配置方案进行演化改进。

2. 电力行业碳排放初始权电厂配置技术

每个区域将其获得的电力碳排放初始权再次分配到该区域的各个电厂集团，该过程即为电力行业碳排放初始权的电厂集团分配。电力行业碳排放初始权电厂配置时也包括预配置、和谐性评判及演化改进三个步骤。

（1）电厂集团级别预配置方案的制订需要综合考虑效益原则、优化点源结构原则、有利于国家政策实施原则等，构建优化模型，首先对火电、水力发电、风力发电、核能发电、太阳能发电及生物质发电等不同类型的发电机组进行碳排放初始权配置；其次，将各种发电机组获得的碳排放初始权配置到不同的电厂集团。

（2）电厂集团预配置方案的和谐性评判，即是对预配置方案，根据区域发展对电力需求、电厂集团间配置的不和谐因素等来设置和谐性评判指标，进行和谐性评判。

（3）电厂集团预配置方案的演化改进，是通过对碳排放配置过多区域与过少区域的反向追踪来改进预配置方案，最终得到推荐的预配置方案。

第4章 基于三对均衡关系的碳排放初始权预配置模型

本章将基于前述碳排放初始权和谐配置技术框架,主要研究碳排放初始权的预配置模型,具体工作如下。首先,对影响碳排放初始权的各类因素进行分析和筛选;其次,基于供给与需求、区域与行业、公平与效率三对均衡关系处理的视角,构建碳排放初始权配置指标体系;最后,针对未来总量控制条件下各区域的碳排放初始权约束份额的分配问题,建立基于区间投影的区域碳排放初始权配置模型。

4.1 基于三对均衡关系的碳排放初始权配置框架分析

在全国范围内的碳排放初始权预配置中,需要全面考虑影响碳排放初始权配置的各种因素,结合全国碳交易市场的碳配额总量要求,考虑各省级区域、重点行业、重点项目及企业的碳排放实际状况,注重配置结果的公平性及满足社会经济发展要求的目标,设立碳排放初始权配置原则,设计指标体系,建立碳排放初始权预配置模型,以获得各省级区域的碳排放初始权配置量。碳排放初始权预配置技术思路如图 4.1 所示。

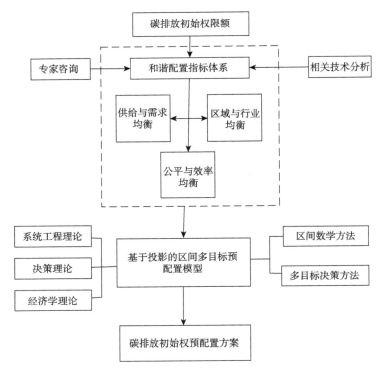

图 4.1   碳排放初始权预配置技术思路图

4.2   碳排放初始权配置影响因素分析

4.2.1   碳排放初始权配置影响因素分析基本思路

影响碳排放初始权区域分配的因素范围广、层次多，为了在分析影响因素时做到内容全面、重点突出，首先，通过文献分析法提取出影响因素，并基于一定的原则对影响因素进行初步甄选，再运用德尔菲法对碳排放初始权区域分配影响因素进行筛选，最终确定出碳排放初始权区域分配的主要影响因素。具体如图4.2所示。

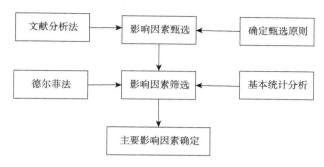

图 4.2　影响因素分析基本思路图

4.2.2　碳排放初始权配置影响因素甄选

1. 影响因素提取

主要采用文献分析法提取我国碳排放初始权区域分配影响因素。首先，收集和鉴别在研究碳排放初始权区域分配的过程中起到参考作用的文献，并对它们进行分类整理；其次，通过阅读、研究和分析这些文献中的方法与过程，从而形成对此研究课题的一个全面的了解与掌握；最后，融会贯通，结合自己研究的课题，将这些文献中可以参考的部分运用起来。

在文献梳理时采用的是关键词法，将能表现研究核心的词汇抽出，作为检索词汇，由此筛选出有价值的参考文献。首先，结合主题选择关键词"碳排放权区域分配""碳排放权""初始权分配""碳排放权分配""权分配""区域分配"；其次，由于碳排放权最初产生于"排污权"，故将"排污权""排污权分配""排污权区域分配"作为关键词进行检索；最后，由于目前关于水权的研究更为成熟，可以在研究碳排放权时加以借鉴，故将"水权分配""水权区域分配"作为关键词在此进行检索，从而得到了较为全面、完善的文献储备。

在文献检索时需要选择文献来源，为了保证来源的权威性及研究结果的可靠性，课题组选择中国知网、国际会议、SCI 数据库、EI（engineeering village）数据库等作为文献来源。

陈艳艳等（2011）在对碳排放权初始分配的原则问题进行研究时认为，强调"效率"的分配方案中要关注碳排放系数；体现"平等主义"的分配方案中要关注人均原则即人均排放与人均累计排放；优先保证"基本需求"的分配方案中要关注历史排放和各地区基本情况；追究"罪责"的分配方案中要关注人均累计排放；依据"支付能力"分担责任的分配方案中要关注人均 GDP 和减排成本及高收入人数在所有高收入人群中的比例等，该研究为我国碳排放权分配实践整理了思路。唐建荣和王清慧（2013）在研究碳排放初始权分配机制时认为减排潜力、碳排放总量、碳排放强度、人均碳排放、第二产业比重对碳排放初始权分配会产生较大影响，并且认为经济发展水平、碳减排技术应用规模、产业结构升级速度、碳减排合作交流平台、区域碳排放政策变化等因素对结果的影响也不容忽视，它们正是碳排放区域分配差异的成因。

李寿德和黄桐城（2003）研究了排污权分配，将此分配问题定义为一个多目标决策的问题，构建了多目标决策模型，构建模型时依据积极性、公平性及可行性三个方面的原则，旨在保证经济发展水平的同时体现分配的公平性。雷玉桃和周雯（2013）在对排污权分配进行研究时，构建了二氧化硫分配的指标体系，具体指标体系由四个子目标构成子目标层，又由十三个具体指标组成指标层，二氧化硫指标体系构建完毕后，又在此基础上构建了分配模型，最终得到了二氧化硫初始排污权的分配结果。另外，吴凤平等（2010）在研究水权分配时提出弱势群体保护度这一要素，他认为这一要素会对水权分配的合理性产生重要的影响。

同时，结合课题组已有关于国家自然科学基金"基于三对均衡关系的碳排放初始权配置方法研究"的相关研究方法、思路和成果，可以认为大型企业的碳排放是温室气体排放增加的主要因素，在进行我国碳排放初始权区域分配时融入行业因素，从企业减排入手降低区域碳排放，才能更快、更好地实现国家节能减排的目标，有利于碳排放初始权分配中区域和行业之间的均衡。结合行业因素，提取出所有影响因素，如表4.1所示。

表 4.1　碳排放初始权区域分配影响因素初步汇总表

序号	影响因素	序号	影响因素
1	人均历史累计碳排放量	14	高收入群体比重
2	人均碳排放量增速	15	支付能力
3	碳排放强度	16	经济活动能力
4	工业产值	17	地方财政收入
5	企业碳减排潜力	18	人均可支配收入
6	企业碳减排技术水平	19	GDP
7	企业碳减排技术应用规模	20	人均GDP
8	企业碳减排合作交流平台	21	GDP净流出
9	常住人口数量	22	经济增长
10	人口增速	23	经济发展速度
11	人口发展趋势	24	区域面积
12	劳动力人口	25	森林覆盖面积
13	人口老龄化	26	城市化率

续表

序号	影响因素	序号	影响因素
27	区域 CO_2 容量	39	国家低碳政策因素
28	产业结构	40	能源和环保政策
29	产业布局	41	碳排放交易市场发展水平
30	第二产业所占比重	42	碳排放监管水平
31	产业结构演变	43	弱势企业保护度
32	产业结构升级比例	44	分配机制
33	能源消费结构	45	分配模式
34	企业清洁能源消耗率	46	分配原则
35	企业能源消费强度	47	分配模型
36	企业能源利用效率	48	分配标准
37	能源消费总量	49	分配指标
38	碳排放政策变化		

2. 因素初步甄选

针对表 4.1 初步汇总出的碳排放初始权区域分配影响因素，建立如下甄选原则进行初步甄选：①合并表达方式不同但其实质内容相同的影响因素；②合并经修正后内容相同的影响因素；③若两因素意义相同，保留更具代表性和科学性的影响因素；④若影响因素与其他影响因素不在同一层级上，应予以删除。

由此，表 4.1 中人均历史累计碳排放量和人均碳排放量增速表达的都是碳排放水平，故合并为人均碳排放水平；GDP 和人均 GDP 都是用来表达经济发展水平的，但人均 GDP 表达的意思更加精准，故保留人均 GDP，删除 GDP；企业碳减排技术水平和企业碳减排技术应用规模表达的都是企业碳减排技术发展水平的某一方面，故合并为企业碳减排技术发展水平；人口发展趋势表达的是人口增长情况，与人口增速表达意思相同，故可删除人口发展趋势，只保留人口增速；人口老龄化代表劳动力人口的减少，与劳动力人口表达的意思相同，故删除人口老龄化保留劳动力人口；地方财政收入、人均可支配收入、高收入群体比重、支付能力都是经济活动能力的表现，故可只保留经济活动能力；经济增长和经济发展速度表达意思相同，故合并为经济增速；第二产业所占比重才是对碳排放量产生直接影响的因素，故删除产业布局，保留第二产业所占比重；产业结构演变和产业结构升级比例所表达的意思相同，都是第二产业向第三产业转变的情况，故合并为产业结构升级比例，而第二产业所占比重和产业结构升级比例可合并为产业结构。企业能源消费强度是企业能源利用效率的体现，由于企业能源消费强度表达含义较为狭窄，故将其删除，保留企业能源利用效率；碳排放政策变化、国家低碳政策因素、能源和环保政策、碳排放监管水平表达意思相似，故可合并为碳排放相关政策法规；企业碳减排合作交流平台可在碳排放相关政策法规中体现，故删掉。

另外，分配机制、分配模式、分配原则、分配模型、分配标准、分配指标主要代表的是碳排放初始权的分配方法，这六个影响因素与其他影响因素并不在一个层面上，将其删除。经过初步甄选后的影响因素如表 4.2 所示。

表 4.2　碳排放初始权区域分配影响因素甄选结果

序号	影响因素	序号	影响因素
1	人均碳排放水平	13	区域面积
2	碳排放强度	14	森林覆盖面积
3	工业产值	15	城市化率
4	企业碳减排潜力	16	区域 CO_2 容量
5	企业碳减排技术发展水平	17	产业结构
6	常住人口数量	18	能源消费结构
7	人口增速	19	企业清洁能源消耗率
8	劳动力人口	20	企业能源利用效率
9	经济活动能力	21	能源消费总量
10	人均 GDP	22	碳排放相关政策法规
11	GDP 净流出	23	碳排放交易市场发展水平
12	经济增速	24	弱势企业保护度

4.2.3　基于德尔菲法的碳排放初始权配置影响因素筛选

1. 研究方法简介

利用德尔菲法筛选碳排放初始权区域分配的影响因素。德尔菲法是一种常用的"背靠背"式专家咨询方法，其目的是借助于咨询专家由于长期从事某一领域的研究而积累的知识和经验，采用匿名、多轮的方式开展相关的咨询活动，从而对某一分析问题获得专家的咨询意见。向咨询专家发放问卷后匿名回收，根据专家反馈的意见对项目进行增减后，再次向专家发放问卷，多次反复进行，直至获得较为一致的结果。

德尔菲法起源于专家会议预测，并且是在此基础上的发展与延伸。德尔菲法给予专家充分的时间思考，结合自己的知识和经验系统地处理问题，并且由于德尔菲法是匿名进行的，消除了"跟随领导"的现象，专家可以将自己的想法进行充分地表达而不需要有所顾忌。Riggs 认为德尔菲法在准确度方面十分具有优势且通过多轮德尔菲法得出来的结果更加客观、合理。不仅如此，针对不同的专家群体，德尔菲法都能够得出较为一致的结论，具有大多数研究方法所不具有的等同的可靠性。Kennedy 通过一组实验验证了这种方法的科学有效性，她选取一组护士和一组被护理的人作为专家咨询群体，经过几轮德尔菲法，发现这两组专家最终的回答极其相似。

Dalkey 及其伙伴是德尔菲法的发起人，在后来漫长的研究与运用过程中，德尔菲法已经较为成熟，一般将它的步骤分为四步：组建预测组、挑选专家、多次反复咨询、处理结果。

（1）组建预测组。组建的预测组需要确定德尔菲法主题，编制完善的专家咨询表，并负责咨询表的发放、回收及结果的处理。预测组需要由对咨询主题较为了解且运用德尔菲法较为娴熟的人组成。

（2）挑选专家。德尔菲法的一个核心步骤就是挑选专家，挑选专家是否成功直接影响着结果的准确性，一般来说在某一领域工作三年以上才符合要求。

（3）多次反复咨询。历史上的研究者们最常进行四轮德尔菲法。但现在一般可以通过提供给专家完善的资料而将咨询次数降低到 2~3 次。

（4）处理结果。最终的专家咨询表反馈回来之后，需要经过统计，计算出专家积极系数、专家意见集中程度、专家意见协调系数及权威程度。

2. 影响因素筛选过程

1）组建预测组

挑选出包括两位正高职称、一位副高职称和五位中级职称组成的八位专家预测组，这八位专家长期从事学术研究，对德尔菲法非常熟悉并且能够熟练运用。

2）挑选专家

经过预测组内部讨论及与专家进行确认，最终将本次研究的专家挑选标准确定如下：公开在本领域核心期刊上发表论文两篇以上，指导或自身撰写过本领域硕、博毕业论文，或从事本领域相关管理工作两年以上；对研究感兴趣，愿意参与本书研究。最后，选择了来自不同地方和单位的专家 30 名。

3）编制专家函询表

根据甄选出的 24 个碳排放初始权区域分配影响因素，编制专家函询表并发放给各位专家，由专家来对这 24 个影响因素进行评判。

预测小组共同商议编制了第一轮专家函询表，函询表由三个部分组成。首先是对各位专家的基本情况有一个大概的掌握，其中包括年龄、学历情况、从事的职业、所属的行业、工作时间及职称状况，并且依据这些将不符合专家函询条件的人剔除。其次是针对前文甄选出的 24 个碳排放初始权区域分配影响因素，由专家对它们进行评分，"极其重要"赋 5 分；"很重要"赋 4 分；"重要"赋 3 分；"有点重要"赋 2 分；"不重要"赋 1 分。函询表最后是专家对自己是否熟悉这一因素进行打分，同样分为五个熟悉度，"很熟悉"赋 5 分；"熟悉"赋 4 分；"一般"赋 3 分；"不熟悉"赋 2 分；"很不熟悉"赋 1 分。

编制好专家函询表之后，将函询表及本项研究的背景和意义等相关资料一并放入电子邮件中发送给各位专家，并且提醒专家在何时返回函询表。

待截止时间到时，将专家返回的函询表进行收集汇总并就专家打分情况进行统计分析，分析结果出来之后预测组在内部进行讨论，形成第二轮函询表，并按照第一次的方式发送给各位专家，同样提醒专家回收的时间。

4）结果处理

收集了第二轮专家函询表，并且对专家的评分情况进行统计分析，运用 SPSS 17.0 软件进行统计分析。

（1）专家积极系数。积极系数值越高说明各位专家总体对此次碳排放初始权区域分配影响因素的研究较为关心，积极系数值低说明各位专家总体上对此次研究并不感兴趣。

$$专家积极系数 = \frac{回复函询表的专家数}{发放函询表的专家数}$$

（2）专家意见集中程度。用所有参与评分并及时反馈的专家给出的重要性评分的满分比和均值来表示。

$$满分比 = \frac{某指标给满分的专家数}{参加评分的专家数}$$

$$均值 = \frac{某指标所有专家评分和}{参加评分的专家数}$$

（3）专家意见协调程度。专家意见协调程度主要用于确定专家函询要进行几次，本书关于碳排放初始权区域分配影响因素的研究最终进行了两次。专家意见协调程度可以用变异系数的大小来表示，变异系数越大，说明意见越分散；相反，变异系数越小，说明意见越集中。另外，也可以用专家协调系数来表示，计算公式如下：

$$变异系数 = \frac{标准差}{均值}$$

$$专家协调系数 W = \frac{12\sum_{j=1}^{k} R_j^2 - 3b^2 k(k+1)^2}{b^2 k(k^2-1)}$$

其中，b 为专家人数；k 为影响因素的个数；R_j 为每一个影响因素被评价的等级之和。

3. 影响因素筛选结果分析

1）信息反馈专家构成情况

德尔菲法主要是选取长期从事某一领域的研究而具备关于这方面知识和经验的专家，对某一研究问题进行价值判断。可见，专家的选择至关重要，专家的水平直接影响研究结果的准确度。本项研究共选择专家 30 名，发放专家函询表 30 份，最终收到 22 位专家的反馈意见，专家的个人情况如下。

（1）年龄情况。22 名咨询专家中，处于 21~30 岁的有 10 人（45.45%），处于 31~40 岁的有 11 人（50.00%），处于 51~60 岁的有 1 人（4.55%），如表 4.3 所示。

表 4.3　专家年龄分布

年龄	频数/人	百分比	累计百分比
21~30 岁	10	45.45%	45.45%
31~40 岁	11	50.00%	95.45%
51~60 岁	1	4.55%	100.00%

（2）最高学历。22 名咨询专家中，最高学历为硕士研究生并取得硕士学位的有 10 人（45.45%），最高学历为博士研究生并取得博士学位的有 12 人（54.55%），如表 4.4 所示。

表 4.4　专家学历分布

最高学历	频数/人	百分比	累计百分比
硕士研究生	10	45.45%	45.45%
博士研究生	12	54.55%	100.00%

（3）职业。22 名咨询专家中，企业员工 11 人（50.00%），高校研究人员 11 人（50.00%），如表 4.5 所示。

表 4.5　专家职业分布

职业	频数/人	百分比	累计百分比
企业员工	11	50.00%	50.00%
高校研究人员	11	50.00%	100.00%

（4）所属行业。22 名咨询专家中，贸易类行业 2 人（9.09%），发电行业 4 人（18.19%），科研类行业 8 人（36.36%），其他行业 8 人（36.36%），如表 4.6 所示。

表 4.6　专家行业分布

所属行业	频数/人	百分比	累计百分比
贸易类行业	2	9.09%	9.09%
发电行业	4	18.19%	27.28%
科研类行业	8	36.36%	63.64%
其他行业	8	36.36%	100.00%

（5）工作时间。22名咨询专家中，本领域工作5年及以下的有12人（54.54%），工作6~10年的有7人（31.81%），工作11~15年的有1人（4.55%），工作16~20年的有1人（4.55%），工作20年以上的有1人（4.55%），如表4.7所示。

表4.7　专家工作时间分布

工作时间	频数/人	百分比	累计百分比
5年及以下	12	54.54%	54.54%
6~10年	7	31.81%	86.35%
11~15年	1	4.55%	90.90%
16~20年	1	4.55%	95.45%
20年以上	1	4.55%	100.00%

（6）职称。22名咨询专家中，教授1人（4.55%），副教授1人（4.55%），讲师9人（40.91%），高级工程师1人（4.55%），中级工程师5人（22.72%），助理工程师2人（9.09%），其他3人（13.63%），如表4.8所示。

表4.8　专家职称分布

职称	频数/人	百分比	累计百分比
教授	1	4.55%	4.55%
副教授	1	4.55%	9.10%
讲师	9	40.91%	50.01%
高级工程师	1	4.55%	54.56%
中级工程师	5	22.72%	77.28%
助理工程师	2	9.09%	86.37%
其他	3	13.63%	100.00%

2）专家积极系数

首先向30位专家通过电子邮件的方式发放了第一轮专家函询表，具体内容见附录A。两周后收到22位专家的回复，经分析22份问卷全部有效，回收率即专家积极系数为73.33%。接着向这22位专家同样通过电子邮件的方式发放第二轮专家函询表，具体内容见附录B，这22位专家在两周内全部给予了反馈，回收率为100.00%。具体如表4.9所示。

表4.9　专家积极系数

项目	第一轮咨询	第二轮咨询
专家积极系数	73.33%	100.00%

一般情况下，70%的问卷回收率就可以说明专家比较积极，对此研究课题比较感兴趣，本项研究两次专家函询的专家积极系数均在 70%以上，并且第二次达到 100%，说明专家对碳排放初始权区域分配影响因素这一研究课题较为看重。

3）专家熟悉系数

咨询中专家的熟悉系数 C_s 为 4.04，如表 4.10 所示。

表 4.10　专家熟悉系数统计

指标	熟悉系数
人均碳排放水平	3.91
碳排放强度	3.73
工业产值	3.86
企业碳减排潜力	3.82
企业碳减排技术发展水平	3.86
常住人口数量	4.36
人口增速	4.18
劳动力人口	4.14
经济活动能力	4.05
人均 GDP	4.64
GDP 净流出	3.73
经济增速	4.14
区域面积	4.09
森林覆盖面积	3.95
城市化率	3.91
区域 CO_2 容量	3.91
产业结构	4.09
能源消费结构	4.32
企业清洁能源消耗率	3.91
企业能源利用效率	4.09
能源消费总量	4.14
碳排放相关政策法规	4.23
碳排放交易市场发展水平	4.05
弱势企业保护度	3.82
均值	4.04

由表 4.10 可知，22 位专家对 24 个指标熟悉系数的均值为 4.04，说明专家对 4.2.3 小节初步甄选出来的 24 个碳排放初始权区域分配影响因素较为熟悉，能够

做出比较清晰、可信的判断。

4）专家意见集中程度和协调程度

在德尔菲法的基础统计分析中，一般用均值和满分比来反映专家意见的积极系数，用标准差和变异系数来反映专家给出的评价是否协调。具体分析结果如表4.11所示。

表 4.11　专家意见集中程度和协调程度统计

指标	第一轮咨询				第二轮咨询			
	均值	标准差	变异系数	满分比	均值	标准差	变异系数	满分比
人均碳排放水平	4.23	0.69	0.16	36.36	4.32	0.57	0.13	36.36
碳排放强度	3.91	0.97	0.25	31.82	4.09	0.53	0.13	18.18
工业产值	3.86	0.99	0.26	31.82	3.91	0.61	0.16	13.64
企业碳减排潜力	4.00	0.87	0.22	36.36	4.23	0.69	0.16	36.36
企业碳减排技术发展水平	4.00	0.98	0.24	36.36	4.09	0.68	0.17	27.27
常住人口数量	3.32	0.99	0.30	13.64	3.32	0.57	0.17	0.00
人口增速	3.18	0.91	0.29	9.09	3.09	0.61	0.20	0.00
劳动力人口	2.68	0.99	0.37	0.00	2.41	0.67	0.28	0.00
经济活动能力	3.23	1.02	0.32	4.55	3.05	0.65	0.21	0.00
人均GDP	4.00	0.87	0.22	36.36	4.09	0.75	0.18	31.82
GDP净流出	3.05	0.84	0.28	0.00	3.05	0.65	0.21	0.00
经济增速	3.41	0.96	0.28	4.55	3.45	0.67	0.19	0.00
区域面积	2.86	1.08	0.38	9.09	2.86	0.71	0.25	0.00
森林覆盖面积	3.86	0.99	0.26	31.82	3.73	0.83	0.22	13.64
城市化率	3.50	1.14	0.33	22.73	3.32	0.65	0.19	0.00
区域CO_2容量	4.27	0.70	0.16	40.91	4.32	0.48	0.11	31.82
产业结构	3.82	0.96	0.25	27.27	3.95	0.65	0.17	18.18
能源消费结构	4.64	0.58	0.13	68.18	4.73	0.55	0.12	77.27
企业清洁能源消耗率	4.05	0.90	0.22	36.36	4.09	0.61	0.15	22.73
企业能源利用效率	4.23	0.87	0.21	50.00	4.27	0.77	0.18	45.45
能源消费总量	4.14	0.89	0.21	40.91	4.05	0.79	0.19	31.82
碳排放相关政策法规	4.27	0.83	0.19	45.45	4.27	0.70	0.16	40.91
碳排放交易市场发展水平	3.82	1.05	0.28	27.27	3.73	0.55	0.15	4.55
弱势企业保护度	4.05	1.09	0.27	40.91	3.91	0.68	0.17	18.18

由表 4.11 可知，由第二轮回收回来的 22 份专家函询表计算出来的满分比和变异系数相比第一轮均有一定程度的下降，而且每一项影响因素的评分都在向均值靠近。这一现象说明，第一轮函询的结果引起了专家的思考，并且他们据此对

自己原本的想法进行了调整，使得调查结果更加可信。

通过统计第二轮专家函询表，可以得出：能源消费结构、区域 CO_2 容量、人均碳排放水平、企业能源利用效率、碳排放相关政策法规、企业碳减排潜力、碳排放强度、企业碳减排技术发展水平、人均 GDP、企业清洁能源消耗率、能源消费总量评分均高于 4.00 分，说明专家一致认为这些指标在碳排放初始权分配方面有着突出地位，必须予以高度重视。

相反地，经济增速、常住人口数量、城市化率、人口增速、经济活动能力、GDP 净流出、区域面积、劳动力人口评分均低于 3.50 分，说明专家对这些因素在碳排放初始权分配过程中的作用并不是特别关注。

相比之下，工业产值、弱势企业保护度、产业结构、森林覆盖面积、碳排放交易市场发展水平的得分在 3.50~4.00。由此可见，专家认为，这些因素在碳排放初始权分配过程中也应该有所体现，体现权利分配的完整性和系统性。

5）专家协调系数

专家协调系数一般用肯德尔系数 W 来表示，W 可以反映出一致性程度。肯德尔系数代表多人对多指标的协调系数，其最小不小于 0，最大不大于 1。由前文进行的两轮专家函询得出专家协调系数（用肯德尔系数表征）W，如表 4.12 所示。其中，N 为参与的专家数量；χ^2 和 p 分别为肯德尔系数检验的卡方值与对应的显著性水平 p 值。

表 4.12　两轮咨询的专家协调系数

轮次	N	W	χ^2	p
第一轮	22	0.283	155.774	0.000
第二轮	22	0.487	267.878	0.000

第二轮的专家协调系数大于第一轮，第二轮专家意见协调程度更高。这可以看出第二轮专家咨询中，专家的评分更加谨慎，思考更加深入，使得结果更加合理、可信，并且协调系数显著性水平 p 值均小于 0.05，说明专家协调程度较高，调查结果可取。

4.2.4　碳排放初始权区域分配主要影响因素确定

经过评估小组研究讨论决定，以第二轮专家打分平均值 3.8 为临界值，依照专家打分情况及结合评估小组讨论结果，对相关因素进行删除，最终确立碳排放初始权区域分配主要影响因素，如表 4.13 所示。

表 4.13　碳排放初始权区域分配主要影响因素

序号	影响因素	序号	影响因素
1	能源消费结构	7	人均 GDP
2	区域 CO_2 容量	8	企业清洁能源消耗率
3	人均碳排放水平	9	能源消费总量
4	企业能源利用效率	10	产业结构
5	碳排放相关政策法规	11	工业产值
6	碳排放强度	12	森林覆盖面积

4.3　碳排放初始权指标体系构建

影响碳排放初始权区域分配的因素很多，在 4.2 节经过多轮筛选，最终得出了 12 个影响碳排放初始权区域分配的主要因素。在此研究基础上，按照碳排放初始权配置原则建立碳排放初始权区域分配指标体系。

4.3.1　指标选取原则

指标选取的好坏直接影响到后续分析是否合理，结果是否可行，所以指标选取需谨慎，一般的研究中主要遵循以下四个原则。

（1）完整性原则。指标选取时注重完整性，要按照一定的思路进行指标提取，确保指标能够全面反映研究问题。

（2）简明性原则。指标选取时注重简明性，所选取的指标要有较为清晰的概念界定，方便后续数据的获取。

（3）重要性原则。指标选取时注重重要性，选取指标时要避免因为出现含义相同的指标而造成工作量的增加。

（4）可比性原则。指标选取时注重可比性，各个指标之间要求能够在一个层级上，否则没有办法进行比较分析，也就不可能得出合理的结论。

4.3.2　指标体系构成及解释

基于国家整体的碳减排目标，设置合理的碳排放初始权配置指标体系，从公平与效率角度出发进行地区间碳排放初始权配置研究，具有现实意义。根据图 4.1，在碳排放初始权配置中需要将供给与需求均衡、区域与行业均衡、公平与效率均衡体现到配置指标准则层中。碳排放初始权配置指标准则层设置如下。

1. 供给与需求均衡准则

供给与需求均衡准则主要表现为我国承诺的碳减排目标和既定的碳排放量作为碳排放初始权的供给与各排放主体为满足发展所需要的碳排放初始权作为碳排放初始权的需求之间的均衡。从供给与需求的角度考虑，本部分设置的指标主要包括区域面积（平方千米）、森林覆盖率（%）和能源消费总量（万吨）。

（1）区域面积 X_1。区域面积在一定程度上体现了"区域对"碳排放量的需求，从碳排放初始权需求的角度出发，区域面积越大，所需要分配的碳排放初始权越多。区域面积在 4.2.3 小节碳排放初始权配置影响因素筛选中并未筛选出，但考虑到供给与需求的均衡，故将此指标仍然纳入考量范围。

（2）森林覆盖率 X_2。森林覆盖率是指区域森林面积占区域土地总面积的比例，它体现了一个区域的绿化程度和森林资源丰富程度。森林系统是应对气候问题的一个重要因素，森林植物可以吸收大气中的 CO_2，将 CO_2 固定于植被或土壤中，降低大气中的 CO_2 浓度，能有效缓解温室效应。因此，作为一种鼓励措施，森林覆盖率越高，所分配的碳排放权也就越多，其属于越大越优型指标，具体数据来源于国家统计局。

（3）能源消费总量 X_3。经济发展是社会进步的基础，近几十年，我国一直在集中精力发展经济，因此消耗了大量的能源，从而排放了大量的 CO_2 等温室气体。国家也正积极研发新能源，以代替高耗能的传统能源，转变能源消费结构，严格控制能源消费总量，提高能源利用率，走可持续发展道路。因此，能源消费量越大，碳排放量越多，区域所分配的碳排放权就越多，其属于越大越优型指标，具体数值来源于国家统计局，单位为万吨。

2. 区域与行业均衡准则

本书认为配置碳排放初始权需要充分考虑同一区域不同行业、不同区域相同行业碳排放初始权之间合理的匹配关系，既要保证关系国家经济命脉行业的合理的碳排放空间，又要兼顾不同区域发展的差异性，在设置碳排放配置指标时，考虑区域差异性，设置常住人口数量（万人）、工业产值（亿元）等指标进行表征。

（1）常住人口数量 X_4。常住人口数量指常居住在某地区一定时间（半年以上，含半年）的人口。研究表明常住人口数量对地区碳排放量影响较大，该指标在一定程度上体现了区域间的差异，进一步影响了该区域对碳排放初始权的需求量。常住人口数量在 4.2.3 小节碳排放初始权配置影响因素筛选中并未筛选出，但考虑区域间的差异性，故将此指标仍然纳入考量范围。

（2）工业产值 X_5。工业产值是指工业企业在报告期内以货币形式表现的工业生产活动的最终成果。工业产值在一定程度上反映了地区对能源的消耗及对碳排放初始权的需求，能够综合反映区域与行业的差异性。

（3）能源结构 X_6。能源结构指煤炭消费量占能源消费总量的比值。能源消费是现代社会发展的重要环节，随着经济的增长，我国一次能源和二次能源的消费逐年扩张，一次能源仍然是消耗的主要能源构成，主要包括煤炭、石油、天然气等。本书采用 IPCC 提出的能源碳排放量模型，利用系数法对能源消费碳排放量进行测算。

（4）产业结构升级比例 X_7。产业结构升级是指产业结构从低级形态向高级形态转变的过程或趋势。随着技术进步和经济发展，要求对产业结构进行调整，并在条件成熟的情况下，实现产业结构升级。具体来说是指随着生产力的发展，在产业结构中，第三产业相对于第一产业、第二产业，产业比重升高的过程。因此，产业结构升级速度越快，分配的碳排放权就越多，属于越大越优型指标，用第三产业增加值与生产总值的比值来表示。

3. 公平与效率均衡准则

由于不同地区、产业发展的不平衡性，不同地区的减排压力是不尽相同的，在碳排放初始权配置时，既要充分考虑各区域自身资源禀赋优势、历史排放条件，又要兼顾到社会共同进步，提高减排指标配置的公平性。在设置碳排放初始权配置指标时，考虑代际公平设置人均历史累计碳排放量（吨/人）指标，考虑效率性设置碳排放强度（吨/万元）、人均地区生产总值（万元/人）指标进行表征。

（1）人均历史累计碳排放量 X_8。人均历史累计碳排放量是指某一区域在过去一定年限内人均碳排放累计量的平均值。我国碳排放量居世界首位，节能减排压力巨大。促进减排工作最关键的是科学合理地分配碳排放权，设定一个减排标准，其中最重要的标准就是人均历史累计碳排放量。因此，人均历史累计碳排放量越大，所分配的碳排放权就越多，属于越大越优型指标，单位为吨/人。

（2）碳排放强度 X_9。碳排放强度是指每增加一单位的地区生产总值所带来的 CO_2 排放量的增加，用碳排放总量与地区生产总值总量的比值来表示。它是衡量区域经济增长与碳排放量之间关系的重要指标。例如，某区域在稳定发展的情况下，碳排放强度呈现下降趋势，这就表明该区域正在开启低碳发展模式。因此，碳排放强度越大，所分配的 CO_2 排放量越小，其属于越小越优型指标，单位为吨/万元。

（3）人均地区生产总值 X_{10}。人均地区生产总值是指某一区域生产总值与人口的比例，是衡量区域居民生活水平的标准。人均地区生产总值代表某区域经济发展水平。在经济发展过程中，需要消耗大量的含碳资源，使得空气中 CO_2 浓度明显升高，随机推动了温室效应、低碳经济等相关概念的普及。因此，人均地区生产总值与碳排放量存在线性关系，人均地区生产总值越大，碳排放量越多，所分配的碳排放权也就越多，其属于越大越优型指标，单位为万元/人。

综上所述，在充分考虑三对均衡关系的处理基础上，设置碳排放初始权配置指标，如表 4.14 所示。

表 4.14　碳排放初始权配置指标体系构建

配置准则	表征指标	符号	指标解释	属性
供给与需求均衡	区域面积（平方千米）	X_1	指所辖区域面积	效益型
	森林覆盖率（%）	X_2	指区域森林面积占区域土地总面积的比例，体现区域的绿化程度和森林资源丰富程度	效益型
	能源消费总量（万吨）	X_3	指区域能源消费总量	效益型
区域与行业均衡	常住人口数量（万人）	X_4	指地区常住人口的数量	效益型
	工业产值（亿元）	X_5	指地区工业产值	效益型
	能源结构（%）	X_6	指煤炭消费量占能源消费总量的比值	成本型
	产业结构升级比例（%）	X_7	指第三产业增加值占区域生产总值的比重，体现为高级形态产业结构的升级	效益型
公平与效率均衡	人均历史累计碳排放量（吨/人）	X_8	指区域在过去一定年限内人均碳排放量的平均值	效益型
	碳排放强度（吨/万元）	X_9	指二氧化碳排放量与区域地区生产总值的比值	成本型
	人均地区生产总值（万元/人）	X_{10}	指某一区域生产总值与人口的比例	效益型

4.4　研究模型构建

4.4.1　研究模型比较与选择

伴随全球气候变化的压力及碳排放权配置在各国的实践情况，国外学者逐步对碳排放权配置方法展开了研究。目前对于碳排放初始权配置模型可以归纳为以下几种。

（1）基于公平视角构建基础模型。目前统一的为世界各国所接受的碳排放权分配制度尚未建立，而国内对如何分配省际碳排放权，基于公平视角提出了多种分配原则，如世袭制、平等主义等，具体如表 4.15 所示。

表 4.15　基于公平视角相关原则的碳排放分配计算

基于公平视角所提出的分配原则	基本定义	操作规则	计算公式
世袭制原则	所有国家（地区）拥有平等的碳排放权	按排放量比例分配碳排放权	$P_i = \dfrac{E_i^r}{\sum\limits_{j=1}^{n} E_j^r} P_w$
平等主义原则	所有人拥有平等的碳排放权	按人口比例分配碳排放权	$P_i = \dfrac{\text{POP}_i^r}{\sum\limits_{j=1}^{n} \text{POP}_j^r} P_w$
支付能力原则	减排费用因国家（地区）经济福利差异而不同	减排费用占地区生产总值的比例在国家（地区）均等	$P_i = \dfrac{\text{POP}_i^r (\text{GDP}_i^r / \text{POP}_i^r)^{-\alpha}}{\sum\limits_{j=1}^{n} \text{POP}_j^r (\text{GDP}_j^r / \text{POP}_j^r)^{-\alpha}} P_w$

表 4.15 中，P_i 为区域 $i(i=1,2,\cdots,n)$ 获得的碳排放总量配额；P_w 为可分配的碳排放总量；E_i^r 为区域 i 在基准年 r 的排放量；E_j^r 为区域 j 在基准年 r 的排放量；POP_i^r 和 POP_j^r 分别为区域 i 和区域 j 在基准年 r 的人口规模；GDP_i^r 和 GDP_j^r 分别为区域 i 和区域 j 在基准年 r 的地区生产总值；α 为系数，取值小于 1。

在公平视角方面，还有 Yi 等（2011）基于公平和发展的角度，将人均地区生产总值、单位工业产值消耗的能源量、碳排放量等作为衡量指标，对中国 2020 年的碳减排目标分配进行了研究。陈文颖和吴宗鑫（1998）提出了四种人均碳排放限额分配模式，并用其计算了全球九大区域及中国 2050 年的碳排放限额。

（2）零和收益 DEA 模型。郑立群（2012）、林坦和宁俊飞（2011）基于分配效率视角，探讨了在分配总量固定的条件下，利用投入导向的零和收益 DEA 模型进行碳减排责任分摊。零和收益 DEA 模型的构建思路如下。以投入导向规模报酬可变的 BCC 模型为例，DEA 中的 BCC 模型如下：

$$\min_{\varphi,\delta} \varphi$$

$$\text{s.t.} \begin{cases} \sum\limits_{i=1}^{N} \delta_n y_{nm} \geqslant y_{mi} \\ \sum\limits_{n=1}^{N} \delta_n x_{kn} \leqslant \varphi x_{ki} \\ \sum\limits_{n=1}^{N} \delta_n = 1 \\ \delta_n \geqslant 0 \end{cases} \qquad (4.1)$$

其中，n 为决策单位；m 为产出变量；k 为投入变量；φ 为第 i 个决策单位的相对效率；$\sum_{n=1}^{N}\delta_n=1$ 为凸性限制条件。在零和收益 DEA 模型中，定义 ρ 为零和收益 DEA 模型下的距离函数，也是 DMU_i 的效率值，具体如式（4.2）所示。

$$\min_{\rho,\delta} \rho$$

$$\text{s.t.}\begin{cases} \sum_{i=1}^{N}\delta_n y_{nm} \geqslant y_{mi} \\ \sum_{n=1}^{N}\delta_n x_{kn} \leqslant x_{ki} \\ \sum_{n=1}^{N}\delta_n x'_{jn} \leqslant \rho x_{ji} \\ \sum_{n=1}^{N}\delta_n = 1 \\ \delta_n \geqslant 0 \end{cases} \quad (4.2)$$

由于投入要素 x_j 的总量既定，DMU_i 为提高效率而减少对 x_{ji} 的投入，必然会使得其他 DMU 对该项的投入增加，x'_{jn} 即为其他决策单位对要素 x_j 的新投入量。DMU_i 距离边界越远，x_{ji} 的调整对于其他 DMU 造成的影响就越大，因此 x'_{jn} 是 ρ 的函数，$x'_{jn}=f(\rho)$。

为满足 DMU_i 减少 x_j 投入量的目的，比例增加原则要求其他 $N-1$ 个 DMU 按照各自对 x_j 的投入量等比例增加 x_j 的使用量，对 x_j 的使用量越多，增加量也越多。具体改进如下：

$$\min_{\rho,\delta} \rho$$

$$\text{s.t.}\begin{cases} \sum_{i=1}^{N}\delta_n y_{nm} \geqslant y_{mi} \\ \sum_{n=1}^{N}\delta_n x_{kn} \leqslant x_{ki} \\ \sum_{n=1}^{N}\delta_n x'_{jn}\left[1+\dfrac{x_{ji}(1-\rho)}{\sum_{n\neq i}x_{jn}}\right] \leqslant \rho x_{ji} \\ \sum_{n=1}^{N}\delta_n = 1 \\ \delta_n \geqslant 0 \end{cases} \quad (4.3)$$

根据式（4.3）中的 ρ 值和相关参数，可以调整在各 DMU 之间的分配方式，不仅可以使 x_j 的总量保持不变，还可以使得各 DMU 的效率改进。经过多次迭代调整，各决策单位的效率值均为 1，此时没有进一步调整的必要，即可作为公平的碳排放权分配方式。

通过对碳排放初始权配置方法分析可以看出，现有模型构建角度多集中于关注碳排放初始权配置中的一个方面，如分配效率视角、公平与效率兼顾视角，但缺少对总体碳排放指标的构建和考量。同时，在对未来碳排放目标分配中，多基于某一年数据进行预测，对数据的不确定性考虑欠缺。

综上考虑，为实现碳排放初始权总量一定下的区域碳排放初始权配置，本项研究将采用基于投影的区间多目标配置模型予以实现。采用该模型的主要理由有三点：一是碳排放初始权的配置是一个多目标、多层次的决策问题，涉及社会、经济、环境等多个方面，适合采用多目标决策模型对碳排放初始权进行有效配置；二是在碳排放初始权预配置中，由于各个地区的发展变化不同，采取某一年的数值作为评价指标的属性值具有片面性，利用区间数表示属性值，反映了不同地区的可能发展水平，更具有客观性和贴近于现实状况；三是由于碳排放初始权的配置涉及各个地区的经济利益，基于投影值的决策方法从矢量投影的角度探讨决策问题，排除主观性的影响，使得碳排放初始权预配置方案更加客观、公正。

4.4.2　基于区间投影的碳排放初始权配置模型

基于区间多属性决策的思想，构建基于区间投影的配置模型，模型构建的基本思路是基于碳排放初始权总量控制的要求，结合碳排放的实际需求情况，根据设计的指标体系，建立预配置模型。该模型的主要目的是将碳排放初始权总量 $C_{总}$ 配置到各区域 $i(i=1,2,\cdots,n)$，获得地区 i 的碳排放初始权配置量 C_1^0，从而得到预配置方案 $C^0=(C_1^0, C_2^0, \cdots, C_n^0)$。

具体设计步骤如下。

（1）规范化处理基础数据。假设 n 个区域参与碳排放的初始分配，根据碳排放初始权分配原则，设置 m 个分配指标。地区 i 对应的分配指标的属性值为区间数 a_{ij}，其中 $a_{ij}=[a_{ij}^L, a_{ij}^U]$，$i=1,2,\cdots,n$，$j=1,2,\cdots,m$，$a_{ij}^L$、$a_{ij}^U$ 分别为该属性值的下限和上限，从而构成决策矩阵 $A=(a_{ij})_{n\times m}$。将指标分为效益型指标和成本型指标。

对于效益型指标，利用式（4.4）进行规范化处理：

$$r_{ij}^L = \frac{a_{ij}^L}{\sqrt{\sum_{i=1}^{n}(a_{ij}^U)^2}}$$

$$r_{ij}^U = \frac{a_{ij}^U}{\sqrt{\sum_{i=1}^{n}(a_{ij}^L)^2}} \tag{4.4}$$

对于成本型指标，利用式（4.5）进行规范化处理：

$$r_{ij}^L = \frac{1/a_{ij}^U}{\sqrt{\sum_{i=1}^{n}(1/a_{ij}^L)^2}}$$

$$r_{ij}^U = \frac{1/a_{ij}^L}{\sqrt{\sum_{i=1}^{n}(1/a_{ij}^U)^2}} \tag{4.5}$$

（2）确定各指标权重。各地区发展水平不同，区间数属性值体现了各地发展的差异水平，因此这里基于区间数相离度的思想，利用式（4.6），确定各指标的权重：

$$\omega_j = \frac{\sum_{i=1}^{n}\sum_{k=1}^{n}d(r_{ij}, r_{kj})}{\sum_{j=1}^{m}(\sum_{i=1}^{n}\sum_{k=1}^{n}d(r_{ij}, r_{kj}))} \tag{4.6}$$

其中，$d(r_{ij}, r_{kj}) = \sqrt{(r_{ij}^L - r_{kj}^L)^2 + (r_{ij}^U - r_{kj}^U)^2}$，$i \in N$，$j \in M$。

（3）构造加权规范化矩阵，并进一步计算投影值。基于上一步得到的权重，构造矩阵 $Z = (z_{ij})_{n \times m}$，其中 $z_{ij} = [z_{ij}^L, z_{ij}^U]$，且 $z_{ij} = \omega_j r_{ij}$，$i \in N, j \in M$。定义区间型理想点 $z_j^+ = [z_j^{+L}, z_j^{+U}] = [\max z_{ij}^L, \max z_{ij}^U]$，$i \in N, j \in M$。根据区间型理想点及投影定义，建立式（4.7），计算投影值。

$$Pz^+(z_i) = \frac{\sum_{j=1}^{m}(z_{ij}^L z_j^{+L} + z_{ij}^U z_j^{+U})}{\sqrt{\sum_{j=1}^{m}[(z_j^{+L})^2 + (z_j^{+U})^2]}} \tag{4.7}$$

其中，$z_i = \{z_{i1}, z_{i2}, \cdots, z_{im}\}^T$，$i \in N$。

（4）确定各地区初始权分配量。对 $Pz^+(z_i)$ 进行归一化处理，获得各地区碳排放初始权分配比例 C_i：

$$C_i = Pz^+(z_i) \bigg/ \sum_{i=1}^{n} Pz^+(z_i) \qquad (4.8)$$

将配置比例与碳排放初始权配置的总量相乘，即可获得各地区的碳排放初始配置量。

第5章 碳排放初始权预配置方案的和谐性评判模型

在预配置的基础上，研究碳排放初始权的和谐性评判模型，具体工作如下：首先，建立和谐性诊断指标体系；其次，基于方向维和程度维判别准则构建和谐性评判模型，以期望实现识别不和谐配置方案的目标。

5.1 预配置方案和谐性诊断的基本思想和基本流程

和谐性诊断的基本特征是和谐配置方案并不等于平均分配，它允许各区域间因实际情形不同而存在碳排放初始权的差异，但这种差异必须限制在各区域可接受的范围内，这与落实区域间碳减排共同但有差别责任的思想不谋而合，充分体现了公平与效率双重原则的指导作用。

5.1.1 预配置方案和谐性诊断的基本思想

在碳排放总量控制的约束下，我国各区域经济发展水平、自然资源禀赋、能源消费结构、历史排放条件和减排成本的差异，导致各"区域对"碳排放初始权的需求有很大差异。若碳排放初始权预配置方案不和谐，分配方案可能难以推行，甚至引发区域间的碳减排冲突。因此，对碳排放初始权预配置方案进行和谐性诊断十分必要。在对预配置方案进行诊断时，首先应剖析可能导致碳排放初始权预配置结果不和谐的因素，然后从公平、效率、可行性与可持续原则的角度进行判别，诊断和谐性预配置方案，以促进国家与区域碳减排目标的实现。

和谐性诊断从方向维和程度维对碳排放初始权预配置方案进行诊断，包括两方面内容。

1. 方向维判别

碳排放初始权的预配置差异因各地区的实际情况而不同,和谐性诊断的方向维判别保证配额多的地区确实存在一定比例的较优指标,比较的是配置方案的大小是否合理。

2. 程度维判别

程度维判别是在方向维判别之后进行的,它保证了各地区的碳排放初始权预配置的差异不能过大,必须在各区域可接受的范围内,比较的是预配置方案的大小程度是否合理。

5.1.2 预配置方案和谐性诊断的基本流程

根据和谐管理思想,碳排放初始权预配置方案的和谐性诊断流程如下。

步骤 1:分析区域特点,包括区域经济发展水平、自然资源禀赋、能源消费结构、历史排放量和减排成本等,剖析历年来各区域在碳减排责任分摊中的焦点问题及可能导致不和谐的因素,构建一套和谐性诊断指标,并收集基础数据,得到指标特征值。

步骤 2:对碳排放初始权配置方案进行方向维判别。首先对区域集 $D = \{d_1, d_2, \cdots, d_n\}$ 中的两两区域进行方向维判别。只要有任意两区域未通过方向维判别,则碳排放初始权预配置方案不和谐,结束;否则认为碳排放初始权预配置方案通过了方向维判别,进入下一步。

步骤 3:对碳排放初始权预配置方案进行程度维判别,若不通过,则碳排放初始权预配置方案不和谐,结束;若通过,则碳排放初始权预配置方案通过和谐性诊断,结束。

具体见图 5.1。

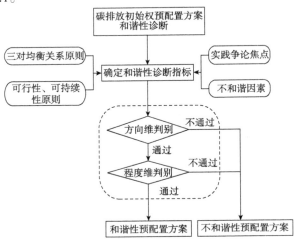

图 5.1 碳排放初始权配置方案和谐性诊断逻辑框架

5.2　和谐性诊断指标体系的构建

5.2.1　和谐性诊断指标体系构建的基本思路

各地区碳排放初始权配置结果与各区域经济发展水平、自然资源禀赋、能源消费结构、历史排放条件和减排成本等因素密切相关。碳排放初始权配置方案和谐性诊断的目的就是要识别出地区碳排放初始权配置量与社会经济等指标是否匹配，从而为改善配置方案提供依据。构建碳排放初始权和谐性诊断评价模型必须首先要构建评价指标体系。

结合前述碳排放的驱动因素及和谐性诊断研究目标，按照以下基本思路构建诊断指标体系。

（1）从结构上设计由"目标—准则—指标"组成的三层次碳排放初始权配置和谐性诊断指标体系框架。

（2）考虑公平和效率的双向互动关系，把公平性与效率性作为碳排放初始权配置方案和谐性诊断指标体系中的准则层。

（3）围绕公平和效率两个准则层，根据诊断目标需要，结合前文碳排放驱动因素分析，初步拟定诊断指标。

（4）选择粗糙集属性约简方法，剔除初拟指标体系中存在交叉和冗余的指标，形成最终的诊断指标体系。

5.2.2　和谐性诊断指标体系构建的基本原则

碳排放初始权配置方案诊断研究关系到经济社会发展与自然环境保护两方面的平衡，涵盖的范围十分广泛，设计一个既全面又有针对性的诊断指标体系是得到和谐性诊断结果的基本前提，故构建碳排放初始权配置和谐性诊断指标体系应该遵循以下基本原则。

1. 全面性

全面性原则是指可以全面展现碳排放初始权配置方案诊断研究所涉及的方方面面。若只从某一个维度或方面出发，那研究的结论难免会有所片面、有失偏颇，严重时甚至出现以点概面的错误，不能体现事物的完整性。碳排放初始权配置和谐性诊断研究涉及的内容很多，需要全面反映社会经济发展状况、自然条件、资源禀赋、能源消费结构、减排成本及历史碳排放情况，每一个方面都必须有相应的指标来表征，这样构建的指标体系才能完整地、真实地反映碳排放初始权配置方案诊断的实际情况。

2. 代表性

代表性原则是指可以有针对性、有代表性地反映碳排放初始权配置方案诊断研究的各个方面。毋庸置疑的是，配置方案涉及多个方面，而每个方面都可以用许多类型的指标来表征衡量。如果只是单纯罗列所有相关指标，那不仅会大大增加数据搜集的工作量，还会使单纯罗列的指标存在多重共线性问题，指标的重叠选择会加重结果的偏差，不利于得出科学合理的结论。所以，在诊断碳排放初始权配置方案是否和谐时，每个准则下都必须筛选出最有代表性的指标，不仅要最大程度上反映诊断内容，还要避免指标的冗余、重叠。

3. 适用性

适用性原则是指可以适用于碳排放初始权配置方案诊断、识别研究。目前国内外碳排放初始权配置研究的重点集中在配置方案的产生方面，虽然碳排放初始权配置原则和指标对我国碳排放初始权配置方案的诊断研究有重要的借鉴意义，但不能完全体现出哪些方案能被区域广泛接受，推行阻力最小。因此，所建立的和谐性评价指标体系应适用于碳排放初始权配置方案的诊断、识别和优选，使得每个配置方案都能被普遍接受，为后续管理提供决策支撑。

4. 可得性

可得性原则是指可以通过当前的技术和渠道低成本获得。关于碳排放初始权配置方案诊断，以往的定性研究不多且难以保证结论的客观性和科学性，而定量研究又不能够只停留在理论分析和指标构建层面，还需要用具体数据分析来验证模型的可行性和有效性。因此，每个指标的具体数据需要通过各种渠道低成本获得，如统计年鉴、国家数据等公开的信息。保证数据的真实性，避免人为捏造，定量分析工具和方法才能真正发挥作用。

5. 独立性

独立性原则是指筛选出的指标间应尽量相互独立，互不交叉。若指标之间的相互关联或重叠的内容过多，则容易造成研究结果的偏差过大。当然完全独立不切实际，所以诊断指标的选择应该尽可能做到指标内容明确、边界明晰，指标之间各有代表性，体现相互独立性。

5.2.3 碳排放初始权和谐性诊断指标体系初步设计

2014 年 12 月 10 日，国家发改委颁布《碳排放权交易管理暂行办法》，在第二章第八条中规定："综合考虑国家和各省、自治区和直辖市温室气体排放、经济增长、产业结构、能源结构，以及重点排放单位纳入情况等因素，确定国家以及各省、自治区和直辖市的排放配额总量。"本书参照这一规定的总体构思，结合公平与效率视角，分析提出碳排放初始权和谐性诊断指标体系。

1. 诊断指标体系的初步设计

碳排放初始权配置方案和谐性诊断指标体系分为目标层—准则层—指标层三层次。

1）目标层

目标层是指诊断指标体系的顶层，也是整个诊断研究的最终目标，即碳排放初始权配置方案和谐性诊断。

2）准则层

准则层确定了碳排放初始权配置方案和谐性诊断的角度和具体内容，是对评价目标的进一步细分。在文献阅读的基础上，结合实践中碳减排责任分摊中的焦点问题及潜在不和谐因素，借鉴已有的碳排放初始权配置方法研究成果，这里确立了公平性和效率性两个准则层。

公平性准则指政府相关管理部门按照平等、合理、无偏的标准将碳排放权分配给各地区，具体表现在两方面：一是人人平等，即碳排放初始权分配应该体现人类生存、发展和利用自然资源的平等权利，而且保障人民生存的碳排放初始权应该首先得到满足；二是发展平等，即每一个地区的经济发展都会经历从落后到先进的阶段，如今发达地区的经济发展是建立在其早期的工业化进程中已经消耗了大量化石能源、排放了大量温室气体的基础之上的，对于欠发达地区而言，其现阶段工业化进程所需的碳排放初始权应给予满足，以保证其有追赶发达地区的权利。广义的公平原则体现了历史责任原则。

效率性准则指资源配置最优原则，表示在有限投入的条件下获取最大可能的产出或总减排成本最小化的基础上达到整体效率最大化。理论上碳减排资源应该向利用效率最大、减排成本最低的方向流动，碳排放初始权配置方案的诊断也应"奖优罚劣"，鼓励以最小的投入带来最大的产出，提高碳减排效率。

公平性准则和效率性准则是碳排放初始权配置方案诊断研究的基础，因此这里从公平与效率视角出发，综合选择碳排放初始权诊断指标。

3）指标层

指标层是指准则层的进一步分解和细化。在碳排放驱动因素分析文献阅读的基础上，结合实践中碳减排责任分摊中的焦点问题及潜在不和谐因素，借鉴已有的碳排放初始权配置方法研究成果，围绕公平性和效率性两个准则，按照频次统计方法，初步设计了碳排放初始权配置方案和谐性诊断研究的指标体系，共计20

个指标，如表 5.1 所示。

表 5.1　和谐性诊断研究的指标体系初步设计

目标层	准则层	指标层	指标符号	单位
和谐性诊断	公平性准则 A	年末常住人口数	A_1	万人
		人均历史累计碳排放	A_2	吨
		土地面积	A_3	平方千米
		地区生产总值总量	A_4	亿元
		地区生产总值增长率	A_5	%
		区域工业总产值	A_6	亿元
		能源消费总量	A_7	吨标准煤
		城市化率	A_8	%
		建成区绿化覆盖率	A_9	%
	效率性准则 B	碳排放强度	B_1	吨碳/万元
		人均地区生产总值	B_2	元
		第三产业增加值占地区生产总值比重	B_3	%
		工业化率	B_4	%
		煤消耗占比	B_5	%
		工业单位增加值能耗	B_6	吨标准煤/万元
		R&D 经费投入强度	B_7	%
		实际利用外资	B_8	%
		环境规制政策	B_9	
		碳消费观念	B_{10}	
		企业清洁能源消耗情况	B_{11}	

2. 诊断指标含义的具体说明

现对评价指标体系各指标含义作如下说明。

1）公平性准则

针对碳排放初始权和谐性诊断研究的需要，将主要从年末常住人口数、人均历史累计碳排放、土地面积、地区生产总值总量、地区生产总值增长率、区域工业总产值、能源消费总量、城市化率、建成区绿化覆盖率九方面考量公平性准则。

A_1——年末常住人口数：指每年截至 12 月 31 日 24 时所在区域的人口数。按照人人平等的原则，地区的人口规模是评判碳排放初始权配置方案是否和谐的重要依据之一。一般情况下，年末常住人口越多，碳排放初始权的配置越大。年末常住人口为定量指标，能够从政府公布的年度统计年鉴中获取。

A_2——人均历史累计碳排放：历史碳排放量较大的地区理应承担更多的减排责任，而历史碳排放量相对较小的地区则相反，体现了责任分配问题中的历史平等。为更好地衡量碳排放的历史责任，使该原则更具操作性，学者们提出了几种人均历史累计碳排放的算法，但为了保证每个人在每年都拥有相同的碳排放权，基于"人年"概念的算法接受度更广，相对更好地融合了人际公平、代际公平和区域公平的原则，其计算公式如下

$$人均历史累计碳排放 = \frac{区域一定时期累计的碳排放总量}{区域一定时期累计人口数} \tag{5.1}$$

其中，利用煤炭、石油、天然气三种主要能源物质终端消费量 E_j 和三种物质的碳排放系数 μ_j 计算碳排放初始权总量，碳排放初始权总量的测算公式为

$$C = \sum_{j=1}^{3} E_j \cdot \mu_j \tag{5.2}$$

碳排放系数 μ_j 综合了美国能源情报署、日本能源经济研究所、联合国政府间气候变化专门委员会等提出的碳排放系数，求取算数平均值，得出煤炭、石油和天然气的碳排放系数分别为 0.7329、0.5547、0.4226。

A_3——土地面积，指一宗地权属界线范围内的面积，土地面积的差异会带来碳排放初始权的需求差异，反映各地区拥有平等的发展权。区域土地面积为定量指标，可从各省（自治区、直辖市）统计年鉴中获得。

A_4——地区生产总值总量，指一个地区内所有常驻单位，在一定时期内生产的全部最终产品和服务价值的总和，是国民经济核算和衡量地区经济状况的重要指标。作为发展中国家，经济发展和消除贫困是我国目前的重要任务，在面对碳减排巨大挑战时依然遵循发展优先的原则，人类的生产、生活活动不可避免地需要消耗能源并由此产生大量 CO_2 排放，因此地区生产总值总量越高，所需的碳排放初始权越多，体现了发展公平原则。该指标为定量指标，具体数据可从统计年鉴中获得。

A_5——地区生产总值增长率，体现一定时期经济发展水平变化程度的动态指标。任何地区的发展变化都是从落后到先进，对于地区生产总值增长率保持高涨的欠发达地区来说，它有追赶发达地区的权利，应该给予其现阶段工业化进程所需的碳排放初始权。地区生产总值增长率为定量指标，计算公式为

$$地区生产总值增长率 = \frac{后一年的地区生产总值总量 - 前一年的地区生产总值总量}{前一年的地区生产总值总量} \times 100\%$$

$$\tag{5.3}$$

A_6——区域工业总产值，反映一定时间内工业生产的总规模和总水平。研究表明，第二产业尤其是工业的飞速发展在很大程度上需要以大量的碳排放为代价，因此区域工业总产值也是影响碳排放初始权的重要指标。该指标属于定量指标，具体数据可从统计年鉴中获得。

A_7——能源消费总量，指一定时期内全国物质生产部门、非物质生产部门消费的各种能源的总和，是反映能源消费水平、构成和增长速度的总量指标，其与碳排放之间存在正相关关系，能源消耗多，将带来更多的碳排放。该指标为定量指标，可从国家统计局获得。

A_8——城市化率，指的是一个地区城镇常住人口与该地区全部常住人口的比率，反映人口城镇化的程度。城市化率越高，城镇人口越多，对碳排放权消耗越多。城市化率为定量指标数值，能够从政府公布的年度国民经济和社会发展统计公报中获取。

A_9——建成区绿化覆盖率，指的是城市建成区中绿化覆盖面积占建成区面积的比例。一般来说，当城市的经济发展水平越高，生态环保工作做得越好时，城市建成区绿化覆盖率越高，碳汇也越多，体现了地方的资源禀赋条件。建成区绿化覆盖率为定量指标，可以从政府公布的年度统计年鉴中获取。

2）效率性准则

效率性准则是指为了实现碳减排目标、兑现我国的国际承诺，按照"奖优罚劣"的资源配置原则，鼓励各地区通过各种途径提高资源投入产出效率。效率性准则下共有 11 个指标：碳排放强度、人均地区生产总值、第三产业增加值占地区生产总值比重、工业化率、煤消耗占比、工业单位增加值能耗、R&D 经费投入强度、实际利用外资、环境规制政策、碳消费观念、企业清洁能源消耗情况。

B_1——碳排放强度，指每单位国民生产总值的增长所带来的 CO_2 排放量，代表了区域经济增长与碳排放量之间的关系。通常情况下，由地区生产总值保持增长而碳排放量不变或下降而引发的碳排放强度下降，表明该区域的经济效率提高，实现了低碳的发展。拥有越大碳排放强度的地区应该承担更多的减排义务，即该指标越大，所需分配的碳排放权越少，计算公式为

$$碳排放强度 = \frac{碳排放总量}{地区生产总值总量} \qquad (5.4)$$

B_2——人均地区生产总值，指地区一年内实现的地区生产总值与区域年末常住人口的比值，反映了居民生活水平的标准。人均地区生产总值是衡量区域内碳减排能力和减排意愿的重要指标，其计算公式为

$$人均地区生产总值 = \frac{地区生产总值}{区域年末常住人口} \qquad (5.5)$$

B_3——第三产业增加值占地区生产总值比重，指的是区域第三产业增加值与区域地区生产总值总量的比值，反映的是区域产业结构情况。如果第三产业增加值占地区生产总值比重超过第一产业、第二产业，即该区域的经济正在向服务主导型经济转变。该指标为定量指标，计算公式为

$$第三产业增加值占地区生产总值比重 = \frac{区域第三产业增加值}{区域地区生产总值总量} \times 100\% \quad (5.6)$$

B_4——工业化率，指工业增加值占全部地区生产总值的比重，衡量的是区域产业结构情况。工业化率达到 20%~40%，为正处于工业化初期的国家；40%~60%为半工业化国家；60%以上为工业化国家。该指标为定量指标，具体数据可从统计年鉴中获得。

B_5——煤消耗占比，指煤炭消耗与区域能源消费总量的比值，反映了地区能源消费结构和能源消费发展的方向。化石能源燃烧消耗是 CO_2 排放的主要来源，其燃烧所排放的 CO_2 占 95%以上，结合我国当前化石能源消耗主要为煤炭的这一国情，降低煤消耗占比，能够有效降低温室气体排放量，保护生态环境。该指标为定量指标，具体数据可从统计年鉴中获得。

B_6——工业单位增加值能耗，指一定时期内，一个地区每生产一个单位的工业增加值所消耗的能源，说明了一个地区工业产出对能源的利用程度，面板数据下能够反映能源利用效率的变化。中国仍处于工业化阶段，工业 CO_2 排放仍是大气中温室气体的主要来源，因此工业部门仍具有很大的减排义务。

$$工业单位增加值能耗 = \frac{工业能源消费量}{工业增加值} \times 100\% \quad (5.7)$$

B_7——R&D 经费投入强度，指全社会研究与试验发展经费支出与地区生产总值之比，是测度区域研发活动规模、评价区域科技实力和创新能力的重要指标，也是地区经济增长方式和综合实力的体现。积极通过技术创新和变革以推动绿色低碳发展，是促进经济转型的重要举措。该指标为定量指标，可从科技经费投入统计公报中获取。计算公式为

$$R\&D 经费投入强度 = \frac{R\&D 经费支出}{地区生产总值总量} \quad (5.8)$$

B_8——实际利用外资，指一定时期内收到的用于固定资产建造和购置投资的境外资金，包括外商直接投资、对外借款及外商其他投资，是衡量区域对外开放程度的重要指标。合理利用外资，不仅可以解决资金、设备不足的问题，还可以引进国外先进的生产技术、管理知识和经验等，提高生产技术水平以促进低碳发展。该指标为定量指标，可以从区域统计年鉴中获取。

B_9——环境规制政策，指由于环境污染外部不经济性，政府、行业协会等组织通过制定行政、市场等手段来对破坏环境的经济活动进行约束、限制，从而实现环境保护和经济发展相平衡的目标，背后的原理是形成环境规制对能源生产力的倒逼机制。通过促进对落后产能的淘汰、对技术工艺的创新、改进，从而改善生态环境。该指标为定性指标。

B_{10}——碳消费观念，指通过引导区域内社会公众树立正确的碳消费观（即通

过转变自身生活消费模式，朝向简约适度、绿色低碳的生活方式努力），减少人均碳排放。碳消费观念反映了区域内社会公众对碳减排的态度，该指标为定性指标。

B_{11}——企业清洁能源消耗情况，指区域中企业对绿色清洁能源的利用意识、倾向和实际开展情况，反映企业主动进行节能降耗工作的积极性和社会责任感，该指标为定性指标。

3. 基于粗糙集属性约简的指标体系筛选

碳排放初始权配置方案的形成是一个综合性与复杂性交织的系统工程，意味着在诸多方案中识别和诊断出那个接受度高的和谐配置方案面临相应的综合性和复杂性。根据碳排放初始权配置方案和谐性诊断的公平性和效率性准则，初步拟定了20个初始指标。由表5.1可知，两个准则层下的细分指标数量都较多。如此面面俱到，尽管可以全面诊断碳排放初始权配置方案的和谐性，但这种情况也易引发两个问题：其一，指标相关性、独立性不够，不排除部分指标定义有交织的情况，使得该指标的诊断结果被夸大，影响结果的可靠性；其二，操作性不够强，考虑过指标选取的可得性，但在资料搜集过程中仍然会遇到有关指标数据部分年份统计情况缺失或部分地区统计口径不一致的情况，导致数据的完整性受到限制。为避免上述问题对碳排放初始权配置方案和谐性诊断的科学性、客观性及准确性造成负面影响，在通过模型做碳排放初始权配置方案诊断之前，对初步拟定的指标体系进行筛选必不可少。在确保指标体系不丢失有效诊断信息的前提下，去除重叠的、冗余的和不必要的指标，减少数据搜集、整理时间，提高和谐性诊断工作的效率。

关于指标筛选和确定的方法，包括德尔菲法、AHP等依赖专家主观评价的定性方法，也包括多元回归、主因子分析等需要以大量数据为支撑的定量统计方法。考虑到海量数据搜集难度和对定量化客观数据的需求，本书在进行配置方案诊断指标选择时，选择了基于粗糙集的属性约简方法，这种方法目前已经相当成熟，被广泛应用于经济、管理、工程决策等研究领域。在众多的指标筛选方法中有独特的优势：其一，在保证分类和决策所需的基本信息时，能够删除冗余指标，仅保留真正有用的部分；其二，能够缩小数据搜集范围并减少数据整理时间，可以显著提高效率；其三，可以不受先验知识和额外信息的约束，只需依据系统本身所提供的数据而不需要附加任何其他辅助信息。属性约简方法能够使诊断指标体系的层次结构更加简单、清晰、明了，保证了和谐性诊断研究结果的可靠性。

1）粗糙集的属性约简方法

粗糙集理论由波兰科学家Pawlak于1982年提出，是一种数据的表达、学习、归纳的理论和方法。属性约简（知识约简）的本质是指在保持知识库分类能力不变的情况下，删除其中不必要的、重复的或不重要的属性，目的是使系统内部结构更加简明、清晰。

在粗糙集理论中，信息系统 S 是知识数据库的抽象描述，可以表达为

$$S = \{U, A, V, F\} \tag{5.9}$$

其中，$U = \{x_1, x_2, \cdots, x_n\}$ 为对象的集合，为全体样本集；$A = \{a_1, a_2 \cdots, a_m\} = C \cup D$，$C \cup D \neq \varnothing$，是属性集合，子集 C 和 D 分别称为条件属性和决策属性；$V = U_{P \in A} V_P$ 是属性值的集合，为 $P \in A$ 的范围，也称为值域；$f: U \times A \to V$ 是一个信息函数，它指定 U 中的每一个对象 x 的属性值。

波兰学者 Skowron 在粗糙集研究的基础上于 1991 年提出利用差别矩阵来表达知识和进行属性约简。差别矩阵表达知识具有许多优点，特别是能够容易地进行知识约简。$|U| = n$，$a(x)$ 是对象 x 在属性 a 上的值，a_{ij} 是能够区分对象 x_i 和 y_j 的所有简单属性组成的集合。因为 $a_{ij} = a_{ji}$，所以差别矩阵是关于主对角线对称的矩阵。

$$M_{n \times n} = (a_{ij})_{n \times n} = \begin{bmatrix} a_{11} & a_{12} & \cdots & a_{1n} \\ a_{21} & a_{22} & \cdots & a_{2n} \\ \vdots & \vdots & & \vdots \\ a_{n1} & a_{n2} & \cdots & a_{mn} \end{bmatrix} \tag{5.10}$$

规定若决策属性 D 不同且条件属性 C 也不相同，则元素值是互不相同的属性组合；若决策属性 D 相同，则元素值为 $\varnothing$；若决策属性 D 不同而条件属性 C 却完全相同，则意味着此时提供条件属性不足或数据有误，在进行属性约简时则不予考虑，即

$$C = \begin{cases} a \in A, a(x_i) \neq a(x_j); D(x_i) \neq D(x_j) \\ \varnothing, \end{cases} \tag{5.11}$$

2）基于差别矩阵的属性约简步骤

步骤 1：明确属性集 A。在广泛阅读文献的基础上结合实际需要，初步拟定所搜集到的全面指标集，即条件属性，明确决策属性。属性集 $A = C \cup D$，其中，条件属性集 $C = \{$碳排放初始权配置方案和谐性诊断指标$\}$，记为 $C = \{A_1, A_2, A_3, \cdots, A_9, B_1, B_2, B_3, \cdots, B_{11}\}$；决策属性集 $D = \{$和谐性诊断结果$\}$，记 $D = \{a\}$。展开来说，$A = \{$年末常住人口数，人均历史累计碳排放，$\cdots\cdots$，碳消费观念，企业清洁能源消耗情况；和谐，不和谐$\}$。

步骤 2：收集数据。通过公开、可信的渠道如政府公开资料获取所需数据。对于某些定性指标若没有现成的数据，可以通过实地调研或专家打分法等来补充数据。

步骤 3：界定各属性的语义值。对每个属性进行分级，每个等级的赋值要根据实际属性的状况而定，明确各属性的属性值，即为步骤 1 中的属性 A 进行赋值，选择四级制 1, 2, 3, 4。根据研究需要并结合每个属性的实际情况对其进行赋值。例

如，对于指标 A_1——年末常住人口数，分为四档 1,2,3,4，分别对应：年末常住人口数大于 700 万人、年末常住人口数为 500 万~700 万人、年末常住人口数为 300 万~500 万人、年末常住人口数小于 300 万人，其他指标以此类推。

步骤 4：构建属性约简决策表。搜集 r 个样本组成样本集 U，$U=\{y_1,y_2,\cdots,y_{10}\}$，用列表示样本对象，用行表示属性集合，其中决策属性放在最后一行。输入在步骤 3 中定义的每个样本对象所对应的属性值，形成决策表。

步骤 5：建立差别矩阵 M。通过样本对象之间的两两比较建立下三角（或上三角）差别矩阵，矩阵 M 的每一个取值按照式（5.11）来确定，当对象 $x_i = x_j$ 时，规定 $a_{ij} = \varnothing$。

步骤 6：筛选指标。在差别矩阵 M 的基础上，根据式（5.12）计算每个属性的重要性和累计百分比，再根据研究的实际情况咨询该领域的专家学者，确定累计重要性的阈值，最后实现指标筛选。

$$f(x) = \sum_{i=1}^{r} \sum_{j=1}^{r} \frac{\lambda_{ij}}{|m_{ij}|} \qquad (5.12)$$

其中，$\lambda_{ij} = \begin{cases} 0, x \notin m_{ij} \\ 1, x \in m_{ij} \end{cases}$；$|m_{ij}|$ 表示 m_{ij} 包含指标的个数。

5.2.4 碳排放初始权配置方案和谐性诊断指标体系构建

考虑到碳排放初始权配置方案和谐性诊断的需要，这里将差别矩阵的属性约简方法应用于配置方案和谐性诊断的指标体系筛选中，删除掉冗余的或不重要的指标，从而简化指标集，优化系统内部层次结构。针对初步拟定的属性集，搜集的 10 个关于碳排放初始权配置方案和谐性诊断的结果，组成样本集 U，依据研究实际需要并结合有关专家学者的经验和意见，将累计重要性达到 80%以上的指标剔除，将筛选后的指标重新编号，如表 5.2 所示。

表 5.2 和谐性诊断指标选择

决策层	表征指标	序号	属性
和谐性诊断	年末常住人口数/万人	H_1	效益型
	人均历史累计碳排放/吨	H_2	效益型
	土地面积/平方千米	H_3	效益型
	第三产业增加值占地区生产总值比重/%	H_4	效益型
	城市化率/%	H_5	效益型
	地区生产总值增长率/%	H_6	效益型
	绿化率/%	H_7	效益型

其中，年末常住人口数（H_1）表明区域内所有居民拥有同等的碳排放权；人均历史累计碳排放（H_2）强调对碳排放历史的尊重；土地面积（H_3）、第三产业增加值占地区生产总值比重（H_4）、城市化率（H_5）反映各地区拥有平等的发展权；地区生产总值增长率（H_6）体现了地区经济发展潜力；绿化率（H_7）体现了地区资源禀赋条件，即生态环境容量。

对于不同类型的指标，应选择不同的规范化处理方法，具体如下。

（1）效益型指标（越大越优）规范化处理过程如下：

$$H'_{ij} = \frac{H_{ij} - \min_{j=1,2,\cdots,m}\left\{H_{ij}\right\}}{\max_{j=1,2,\cdots,m}\left\{H_{ij}\right\} - \min_{j=1,2,\cdots,m}\left\{H_{ij}\right\}} \times 0.8 + 0.2 \qquad (5.13)$$

其中，$H_{ij}(i=1,2,\cdots,n; j=1,2,\cdots,m)$ 为第 j 个评价对象的第 i 个指标的属性值；$\max_{j=1,2,\cdots,m}\left\{H_{ij}\right\}$ 为 m 个评价对象中第 i 个指标的最大值；$\min_{j=1,2,\cdots,m}\left\{H_{ij}\right\}$ 为 m 个评价对象中第 i 个指标的最小值。

（2）成本型指标（越小越优）规范化处理过程如下：

$$H'_{ij} = \frac{\max_{j=1,2,\cdots,m}\left\{H_{ij}\right\} - H_{ij}}{\max_{j=1,2,\cdots,m}\left\{H_{ij}\right\} - \min_{j=1,2,\cdots,m}\left\{H_{ij}\right\}} \times 0.8 + 0.2 \qquad (5.14)$$

其中，$\max_{j=1,2,\cdots,m}\left\{H_{ij}\right\}$ 为 m 个评价对象中的最大值；$\min_{j=1,2,\cdots,m}\left\{H_{ij}\right\}$ 为 m 个评价对象中的最小值。

5.3 配置方案和谐性诊断模型构建

设 D 为区域集，$D=\{d_1, d_2,\cdots, d_n\}$ 区域碳排放初始权配置结果为 $C = \{C_1, C_2,\cdots,C_n\}$，即区域 d_j 分配的碳排放初始权为 C_j（C_j 简称为区域 d_j 的碳配额）。为描述方便，本节把配置方案中两区域间的碳配额比较用"区域对"表示，如"区域对"(d_j, d_k) 表示对区域 d_j 和区域 d_k 的碳配额进行比较。和谐性诊断涵盖两条主线，即方向维和程度维耦合判别，基本思路如下。

5.3.1 方向维判别准则

方向维判别的目的是判断区域间碳配额的大小关系是否合理。假设区域 d_j 的碳配额比区域 d_k 的碳配额多，即有 $C_j > C_k$，并不意味着要求区域 d_j 的所有指标

值都优于区域 d_k 的对应指标值，只要 d_j 中有一定比例的指标值优于 d_k，就认为这些较优的指标能够补偿那些较劣的指标，此时认为两区域间的这种碳配额的大小关系是合理的，即 $C_j > C_k$ 是成立的，也就是说"区域对" (d_j, d_k) 通过了方向维判别。方向维判别就是要寻求区域 d_j 中是否存在一定比例较优的指标。

碳排放初始权配置方案 $C = \{C_1, C_2, \cdots, C_n\}$ 和谐性诊断的方向维判别步骤如下。

步骤 1：请碳交易管理机构或领域专家给出 7 个和谐性诊断指标的相对重要性，用一组权重表示其相对重要性。设 7 个和谐性诊断指标的权重分别为 $w_1, w_2, \cdots, w_7$。

步骤 2：对于碳排放初始权配置方案 $C = \{C_1, C_2, \cdots, C_n\}$ 中的"区域对" (d_j, d_k)，其对应的碳配额为 (C_j, C_k)，如果存在 $C_j \geqslant C_k$，构造相对和谐性指数集：

$$I^+(C_j, C_k) = \{i \mid 1 \leqslant i \leqslant 7, H_{ji} > H_{ki}\}$$
$$I^=(C_j, C_k) = \{i \mid 1 \leqslant i \leqslant 7, H_{ji} = H_{ki}\} \quad （5.15）$$
$$I^-(C_j, C_k) = \{i \mid 1 \leqslant i \leqslant 7, H_{ji} < H_{ki}\}$$

步骤 3：构造相对和谐性指数 I_{jk} 和 $\hat{I}_{jk}$，分别为

$$I_{jk} = \sum_{i \in I^+(C_j, C_k)} w_i + \sum_{i \in I^=(C_j, C_k)} w_i \quad （5.16）$$

$$\hat{I}_{jk} = \frac{\sum_{i \in I^+(C_j, C_k)} w_i}{\sum_{i \in I^-(C_j, C_k)} w_i} \quad （5.17）$$

步骤 4：给定方向维判别的阈值 β，β 可以依据区域特点预先给定，一般可取 $0.5 \leqslant \beta \leqslant 0.8$，如果有

$$C_j \geqslant C_k \quad （5.18）$$

$$I_{jk} \geqslant \beta \quad （5.19）$$

$$\hat{I}_{jk} \geqslant 1 \quad （5.20）$$

即当式（5.18）~式（5.20）同时成立时，则认为"区域对" (d_j, d_k) 通过了和谐性诊断的方向维判别。当所有"区域对"都通过了方向维判别，则认为碳排放初始权配置方案 $C = \{C_1, C_2, \cdots, C_n\}$ 通过了和谐性评判的方向维判别，反之，只要有一个"区域对"没有通过方向维判别，就认为配置方案是不和谐的。故碳排放初始权配置方案的方向维判别准则 a 如下：

$$\begin{cases} C_j \geqslant C_k \\ I_{jk} = \sum_{i \in I^+(C_j, C_k)} w_i \quad + \sum_{i \in I^=(C_j, C_k)} w_i \\ \hat{I}_{jk} = \dfrac{\sum\limits_{i \in I^+(C_j, C_k)} w_i}{\sum\limits_{i \in I^-(C_j, C_k)} w_i} \geqslant 1 \\ j, k = 1, 2, \cdots, n; i = 1, \cdots, 7 \end{cases}$$

5.3.2　程度维判别准则

程度维判别的目的是判断区域间的碳配额大小程度是否合理，其在方向维判别通过后进行判别。无论是从心理承受能力还是从客观需求来看，即使区域 d_j 的指标值总体上超过了区域 d_k 的指标值，那么区域 d_j 的碳配额 C_j 与区域 d_k 的碳配额 C_k 相比，也应该控制在一定的范围内。借鉴吴凤平等（2010）的和谐配置思想，本小节从单指标和综合指标进行程度维判别。

1. 基于单指标的程度维判别准则

单指标程度维判别准则的目的是评判预配置方案与阈值的差异程度，即所有的"区域对" $\left(d_j, d_k \right)$，如果有 $C_j \geqslant C_k$，且存在两区域的同一指标 H_i 的差异超过了一定的阈值范围，即 $\dfrac{H_{ki} - H_{ji}}{H_{ji}} > \alpha_i$，则认为区域 d_j 的其他指标补偿不了这个差异，不能接受 $C_j \geqslant C_k$ 的事实，即区域 d_j 和 d_k 的碳排放初始权配置方案存在不和谐性。这里 α_i 称为程度维判别的阈值，可根据区域及具体指标特征确定。

碳排放初始权配置方案 $C = \{ C_1, C_2, \cdots, C_n \}$，单指标的程度维判别步骤如下。

步骤 1：确定 7 个和谐性诊断指标的权重 $w_1, w_2, \cdots, w_7$。

步骤 2：构造不和谐集 D_i，它是区域中的任意"区域对"，如 $\left(d_j, d_k \right)$，其对应的指标值的差值大到不能被其他指标值所补偿，由这些指标 $\left(H_{ji}, H_{ki} \right)$ 所构成的集叫作不和谐集。

对于"区域对" $\left(d_j, d_k \right)$，如果存在 $C_j \geqslant C_k$，则令不和谐集 D_i 为

$$D_i = \left\{ H_{ji}, H_{ki} \left| \dfrac{H_{ki} - H_{ji}}{H_{ji}} > \alpha_i; k, j = 1, 2, \cdots, n; j \neq k \right. \right\}, \quad i \in I^-\left(C_j, C_k \right) \quad （5.21）$$

如果公式 $\dfrac{H_{ki} - H_{ji}}{H_{ji}} > \alpha_i$，$i \in I^-\left(W_j, W_k \right)$ 成立，则不管 d_j 的其他指标值多么

优越，我们都不承认区域 d_j 的碳配额应该超过区域 d_k，即不应该 $C_j \geqslant C_k$。式（5.21）表示区域 d_k 中指标 H_i 的值 H_{ki} 超过了区域 d_j 相应的指标值 H_{ji} 的 α_i 倍。α_i 是一个临界点，在 α_i 之内接纳区域 d_j 其他较优指标的补偿，否则不接纳。其中 7 个程度维判别指标对应着 7 个阈值。

步骤 3：对于任意"区域对" (d_j, d_k)，如果总有 $D_i = \varnothing$，则认为所有"区域对"均通过了基于单指标的程度维判别，即碳排放初始权预配置方案 $C = \{C_1, C_2, \cdots, C_n\}$ 通过了基于单指标的程度维判别；反之，只要有一个"区域对"未通过，就认为碳排放初始权配置方案是不和谐的。故基于单指标的程度维判别准则 b 为

$$\begin{cases} C_j \geqslant C_k \\ D_i = \left\{ H_{jk}, H_{ki} \left| \dfrac{H_{ki} - H_{ji}}{H_{ji}} > \alpha_i; k, j = 1, 2, \cdots, n; j \neq k \right. \right\} = \varnothing \\ i \in I^-(C_j, C_k) \end{cases}$$

2. 基于综合指标的程度维判别准则

综合指标的程度维判别，其目的在于判断"区域对" (d_j, d_k) 的碳排放初始权的配额与其综合指标值之间是否具有良好的匹配关系。

步骤 1：记"区域对" (d_j, d_k) 的加权综合指标系数为

$$\gamma_{(d_j, d_k)} = \sum_{i=1}^{12} w_i \times \frac{H_{ji}}{H_{ki}} \tag{5.22}$$

步骤 2：区域 d_j 的碳配额 C_j 与区域 d_k 的碳配额 C_k 之比应该与 $\gamma_{(d_j, d_k)}$ 之间保持一定的匹配关系，将这种关系描述为

$$\frac{C_j}{C_k} \in \left[\eta_{\min} \gamma_{(d_j, d_k)}, \eta_{\max} \gamma_{(d_j, d_k)} \right] \tag{5.23}$$

这里 w_i 的含义同前，$\eta_{\min} \gamma_{(d_j, d_k)}$ 和 $\eta_{\max} \gamma_{(d_j, d_k)}$ 分别为"区域对" (d_j, d_k) 中的两个区域的碳配额比值的下限和上限，简称下限系数和上限系数，可以依据区域特点来综合确定。

对于任意"区域对" (d_j, d_k) 均满足式（5.23），则认为碳排放初始权配置方案 $C = \{C_1, C_2, \cdots, C_n\}$ 通过了基于综合指标程度维判别。反之，只要有一个"区域对"未通过基于综合指标的程度维判别，就认为该配置方案是不和谐的。故基于综合指标的程度维判别准则 c 为

$$\begin{cases} \eta_{\min}\gamma_{(d_j,d_k)} \leqslant \dfrac{C_j}{C_k} \leqslant \eta_{\max}\gamma_{(d_j,d_k)} \\[2mm] \gamma_{(d_j,d_k)} = \displaystyle\sum_{i=1}^{12} w_i \times \dfrac{H_{ji}}{H_{ki}} \\[2mm] j,k = 1,2,\cdots,n; i = 1,2,\cdots,7 \end{cases}$$

既通过了方向维判别，又通过了程度维判别的配置方案，即为和谐性碳排放初始权方案。

5.3.3　判别准则的组合运用

若碳排放初始权配置方案未能通过和谐性诊断，则需要利用第 6 章碳排放初始权预配置方案的演化模型对配置方案进行改进，并再次进行和谐性诊断。上述模型构建的准则 a 用于方向维判别，构建的准则 b、c 用于程度维判别，对碳排放初始权配置方案组合运用准则 a、b、c 进行和谐性诊断的工作步骤见图 5.2。

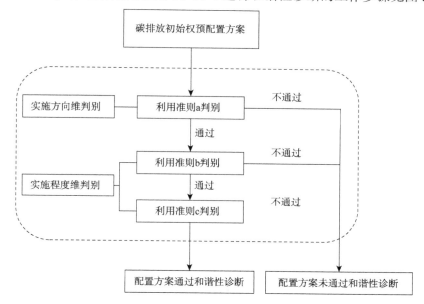

图 5.2　基于判别准则的和谐性方法诊断图

第6章 碳排放初始权预配置方案的演化模型

针对未通过和谐性评判的碳排放初始权预配置方案，反向追踪碳配置不和谐的区域，可以确定哪些区域是碳配额过多区，哪些区域是碳配额过少区及相应的差额量。运用演化博弈理论建立碳配额过多区群体和碳配额过少区群体的碳排放初始权调整策略的 Friedman 动态方程、演化博弈系统方程组，从而得出系统的演化稳定策略，实现面向区域的碳排放初始权和谐配置。整体来说，这是一个由不和谐到和谐的多阶段动态演化过程，通过各博弈方不断修正自身的碳配额量，碳排放初始权预配置方案不断进化改进，从而通过和谐性诊断，实现区域碳排放初始权和谐配置，从而促进碳排放初始权在全国范围内的合理配置。

6.1 碳排放初始权预配置方案和谐性演化分析框架

6.1.1 演化博弈理论的适用性分析

1. 演化博弈理论的核心概念

演化博弈理论最早源于生物学领域，进行对生态现象的解释与描述，其理论核心是获取演化的稳定策略，是近年来博弈论的新发展。随着研究的不断深入，演化博弈理论的研究重点逐渐拓展到资源配置等相关领域，目前在经济学、证券学、金融学等领域均有应用。

演化博弈的基本原理是：在由有限理性（理性程度可以很低）博弈方组成的群体中，结果比平均水平高的策略会逐步被更多博弈方采用，从而群体中采用各种策略的博弈方群体的比例会随着博弈次数的增加而发生变化。演化博弈理论认为，具有有限理性的主体无法准确判断自身的利益，但通过对最有利策略的逐渐模仿，可以逐渐达到均衡状态。在现实中，参与者需要通过一个非常复杂的模仿、实验、学习和创新的过程来做出相应决策。演化博弈的均衡就是整体系统的均衡，需要参与人在博弈的过程中不断进行优化调整，即在动态博弈中达到均衡。当然，均衡状态即使达成了，也不是稳定不变的，而是随着环境的变化，均衡会发生偏离，需要在博弈的过程中不断调整来适应系统和环境。

与传统博弈理论建立在"完全理性"的前提下不同，演化博弈理论突破了传统博弈理论的局限性，以参与者有限理性为假设，以不完全信息为条件，注重研究参与者的动态均衡。演化博弈理论的研究对象倾向种群，注重分析种群结构的变迁。演化博弈理论中最重要、最基本、最核心的两个概念是演化稳定策略和复制动态方程，前者表示演化博弈的稳定状态，后者描述了收敛于这种稳定状态的动态过程。

（1）演化稳定策略。演化稳定策略的核心思想是：假设在某个大群体中均以某种策略为群体策略，而在该群体中有个别个体却选择了另外一种策略，若这些个别个体能够在大群体博弈中博取更多的利益，这些个别个体将会设法进入大群体，否则，将不会进入大群体且会在演变过程中逐渐消散。假设大群体拥有吞噬这些个别个体的能力，那么该群体将会保持稳定，而此刻该群体策略就是演化稳定策略。

Smith 和 Price（1973）对单群体或多群体演化稳定策略的定义如下。

假设一个群体中每个个体的原策略为 x，变异个体采取的变异策略为 y，变异策略 y 所占比例为 ε，$\varepsilon \in (0,1)$，则原策略 x 所占比例为 $(1-\varepsilon)$。假设群体中的成员进行随机竞争，如果存在某个 $\overline{\varepsilon} \in (0,1)$，使得不等式

$$u[x, \varepsilon y + (1-\varepsilon)x] > u[y, \varepsilon y + (1-\varepsilon)x] \tag{6.1}$$

对所有的 $\varepsilon \in (0, \overline{\varepsilon})$ 都成立，那么 x 是一个演化稳定策略。其中，$u(x, y)$ 为效应函数，即博弈主体采取一定策略时的预期收益。

（2）复制动态方程。1978 年 Taylor 和 Jonker 在研究生物进化现象时创新性地提出了复制动态方程这一概念，其核心思想是：生态环境中的全部物种被看成一个大群体，大群体中任意小群体都拥有某种策略，而群体在不同时候所呈现的状态则称为混合策略。复制动态方程可以较好地呈现有限理性个体群体行为的演化方向，且对个体群体行为的预判较为正确（Taylor and Jonker，1978）。

Taylor 和 Jonker（1978）对单群体或多群体演化稳定策略的定义如下：

$$\frac{\mathrm{d}x_i}{\mathrm{d}t} = [u(s_i, x) - u(x, x)]x_i \tag{6.2}$$

其中，$u(s_i, x)$ 为群体中成员进行随机竞争时，选择纯策略 s_i 的成员的期望收益；$u(s_i, x) = \sum x_i u(s_i, x)$ 为群体中所有成员选择不同策略的平均期望收益；t 为时间；

$\dfrac{\mathrm{d}x_i}{\mathrm{d}t}$ 为 x_i 对时间 t 的导数。由复制动态的微分方程可知：如果群体中一个采取纯策略 s_i 的个体期望收益大于群体的平均期望收益，那么采取纯策略 s_i 的个体数量增长率为正值；否则，该增长率为负值或零。

2. 演化博弈理论的基本模型

目前，根据群体的数量可以将演化博弈理论模型分为单群体模型（monomorphic population model）、多群体模型（polymorphic population model）和有限群体模型（limited population model）三种类型。

（1）单群体模型。单群体模型假设原群体规模无穷大，同时原群体由不同种群组成，种群中的个体都随机地采用某一特定的纯策略或混合策略，在博弈的过程中，选定同样策略的个体组成群体中的某一特定种群。在博弈过程中，不同种群间的个体随机进行对称博弈，而博弈的实质是群体中的个体与群体状态之间的博弈。

单群体模型直接来源于生态学家对生态环境中所有种群视作一个无限大群体的假设研究，如鹰鸽博弈就属于典型的单群体模型，由唯一混合策略 $\sigma^* = \left(\dfrac{v}{c}, 1 - \dfrac{v}{c} \right)$ 可以看出，单群体模型中的表象是博弈主体间随机对称博弈，而实质则是每个个体与整个群体状态的博弈行为，从而计算该状态下选择不同策略的期望支付，进而确定策略的决策行为。

（2）多群体模型。多群体模型与单群体模型是相对的，多群体模型中有若干无穷大的群体，任何一个大群体中又包含不同种群，不同种群中个体的策略集、平均期望支出和演化速率均具有差异性。Ritzberger（1996）进一步证明，在多群体模型中，当且仅当一个策略组合式满足纳什均衡时，这个策略组合才是渐进稳定的。

（3）有限群体模型。Schaefer 于 1988 年在其论著中首次提出有限群体模型。此后，Cressman（1992）对有限群体模型进行了深入研究，他指出，有限群体模型主要指有限两群体在非对称情况下进行博弈，且当群体中突变者的平均支付少于群体的期望支付时，群体行为才能趋向稳定，并随后于 1996 年进一步对所做的定义进行证明，认为在复制动态概念中，至少存在一个群体突变者所得到的平均支付少于群体期望支付，才可以保证系统的渐进稳定性。这一模型理论的提出，也成为本章构建碳排放初始权预配置方案和谐演化模型的重要理论基础。

3. 演化博弈理论的适用性

在碳排放初始权预配置方案演进过程中，各区域作为博弈方，要通过多次重复的博弈，不断改进自己和其他区域的策略，直到找到一个能使各区域均满意的均衡解。因此，可把演化博弈理论应用于碳排放初始权预配置方案演化过程中。

在碳排放初始权被配置过程中，各区域博弈方基于完全理性，会期望通过获得更多的碳排放分配额，以达到自身综合效益的最大化。但在实际情况下，区域各博弈方的完全理性是很难达到的，所表现的都是在信息不对称情形下的有限理性，因此无法获得一次性博弈的纳什均衡解。演化博弈理论超越以往个体行为推理意义上的有限理性博弈分析，从群体行为特征动态变化和稳定性角度研究理性博弈规律，其分析的核心是模仿导致优势策略比重增长的复制动态动力学机制，关键是复制机制的定态(steady state)，以及定态的收敛性和稳定性问题，Friedman提出，一个由微分方程系统描述的群体动态，其局部均衡点的稳定性可由该系统雅可比（Jacobi）矩阵的局部稳定性分析得到。因此，可以通过多轮博弈提高各区域博弈方的理性程度来相应调整碳排放权分配策略，最终达到一种动态平衡，即演化稳定策略。

6.1.2　和谐性演化分析框架

供分配的碳排放初始权总量是一定的，因此在预配置方案中，各个区域获得的碳排放初始权是此消彼长的关系。如果在和谐性评判中，预配置方案不通过，则需要对该方案进行演化改进，因此，碳排放初始权演化配置技术针对的是未通过和谐性评判的碳排放初始权配置方案。首先，利用反向追踪确定哪些区域是碳配额过多区，哪些区域是碳配额过少区及相应的差额量；其次，运用 Friedman动态方程及演化博弈模型来调整各区域的碳排放初始权，得出系统的演化稳定策略，实现面向区域的碳排放初始权和谐配置；最后，反馈利用和谐性评判准则重新判别方案的和谐性，直至通过和谐性评判。整体来说，这是一个由不和谐到和谐的多阶段动态演化过程，通过各博弈方不断修正自身的碳配额量，使碳排放初始权预配置方案通过和谐性诊断，实现区域碳排放初始权和谐配置，从而促进碳排放初始权在全国范围内的合理配置。

和谐性诊断工作演化分析框架如下。

（1）针对未通过和谐性评判的碳排放初始权配置方案，反向追踪不和谐区域，识别出碳排放过多区和碳排放过少区。

（2）基于各博弈方的有限理性，构建各博弈方的损益函数，建立碳排放过多区和碳排放过少区之间的演化博弈模型，分析各区域在碳排放权调整策略上的复制动态方程和演化稳定策略。

（3）基于演化稳定策略，调整各博弈方的碳排放初始权，改善各博弈方的综合效益，获得碳排放初始权进化方案。对碳排放初始权进化方案需重新进行和谐性评判，直到预配置方案通过和谐性评判为止，即获得了碳排放初始权配置推荐方案。

具体思路如图 6.1 所示。

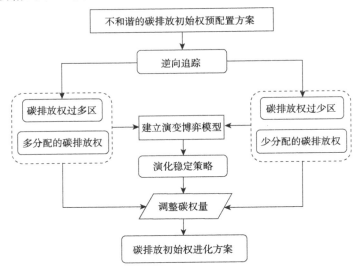

图 6.1　碳排放初始权预配置方案和谐性进化模型研究逻辑框架

6.2　预配置方案演化改进的基本前提及判别准则

6.2.1　基本前提——识别碳配置偏差区域

考虑到碳配置不和谐区域是碳排放初始权预配置方案进化改进的前提条件，因此，在演化改进前需要首先识别碳配置偏差区域，主要有以下三种情形。

1. 未通过方向维判别的偏差区域

根据碳排放初始权配置方案的方向维判别准则 a（第 5.3.1 节），只要有一个"区域对"$(d_j, d_k), (j, k = 1, 2, \cdots, n, j \neq k)$ 没有通过方向维判别，就认为配置方案是不和谐的，说明该"区域对"碳配额数量的大小关系不合理，即该"区域对"为碳配置偏差"区域对"。

2. 未通过单指标判别的偏差区域

根据碳排放初始权配置方案的程度维判别准则 b（第 5.3.2 节），即使通过方向维判别，但只要有一个"区域对"$(d_j, d_k), (j, k = 1, 2, \cdots, n, j \neq k)$ 没有通过程度维单指标判别，就认为配置方案是不和谐的，说明该区域对应指标值的差值大到不能被其他指标值所补偿，即为碳配置偏差区域。

3. 未通过综合指标判别的偏差区域

根据碳排放初始权配置方案的程度维判别准则 c（第 5.3.2 节），即使通过方向维判别、单指标判别，但只要有一个"区域对"(d_j, d_k)，$(j,k=1,2,\cdots,n, j \neq k)$ 没有通过程度维综合指标判别，就认为配置方案是不和谐的，说明该区域碳配额与其综合指标值之间不具有良好的匹配关系，即为碳配置偏差区域。

6.2.2　判别准则

在以上三种情形下，进一步诊断出哪些区域的碳配额大小不公平，用 ΔC_{jk} 表示区域 d_j 相对于其他所有区域 $d_k(k=1,2,\cdots,n, k \neq j)$ 的碳配额关系，ΔC_{jk} 有下列两种情况。

（1）$\Delta C_{jk} > 0$，表明区域 d_j 相对于区域 d_k 多 ΔC_{jk} 的碳配额，应减少 ΔC_{jk} 的碳配额。

（2）$\Delta C_{jk} < 0$，表明区域 d_j 相对于区域 d_k 少 ΔC_{jk} 的碳配额，应增加 $|\Delta C_{jk}|$ 碳配额。

根据 ΔC_{jk} 调整各区域的碳配额，可以得到一种新的配置方案，并再次进行和谐性诊断，直到通过为止，即可得到碳排放初始权配置方案。

6.3　碳排放初始权预配置方案和谐演化模型的构建

6.3.1　符号说明和基本假设

设 D 为区域集，$D=\{d_1,d_2,\cdots,d_n\}$，区域碳排放初始权预配置的一种方案为 $C=\{C_1,C_2,\cdots,C_n\}$，即区域 d_j 分配的碳排放初始权额为 C_j（C_j 简称为区域 d_j 的碳配额）。通过区域碳排放初始权预配置方案的程度维诊断方法，诊断该配置方案不能令所有区域满意，且可以诊断出区域 d_j 相对于其他所有区域 d_k 的碳配额关系，记为 ΔC_{jk}，区域 d_j 的碳配额与其他所有区域相比较后的净调整量为 ΔC_{jk}，且

$$\Delta C_{jk} = \sum \Delta C_{jk}, \ j,k=1,2,\cdots,n ; \ k \neq j \quad (6.3)$$

此时存在以下两种情况：当 $\Delta C_{jk} \geqslant 0$，表明区域 d_j 相对于区域 d_k 多 ΔC_{jk} 的碳配额，应减少 ΔC_{jk} 的碳配额，则所有 $\Delta C_{jk} \geqslant 0$ 的区域为碳配额过多区，多分配的碳配额为 ΔC；当 $\Delta C_{jk} < 0$，表明区域 d_j 相对于区域 d_k 少 ΔC_{jk} 的碳配额，应

增加 $\left|\Delta C_{jk}\right|$ 碳配额，则所有 $\Delta C_{jk} < 0$ 的区域为碳配额过少区，少分配的碳配额为 ΔC。其中 ΔC 的确定需考虑单位地区生产总值排放量、预配置模型指标体系区间数、判别指标体系区间数等因素。

由上述分析可知，区域碳排放初始权配置的利益相关方主要包括政府、碳配额过多区群体及碳配额过少区群体，它们的策略空间和收益支付函数不同，基于此，本书先进行两大群体间的非对称博弈，分别在两大群体中反复随机各抽取一个个体进行非对称博弈，博弈双方通过不断学习、交流和反复试错来调整其碳排放权分配策略，最终达到一种博弈平衡。

假设 1：假设碳排放初始权预配置方案未通过和谐性评判，则在碳排放初始权预配置方案的二维非对称博弈中，博弈主体分别为碳配额过多区、碳配额过少区两类群体，策略集分别为{同意放弃 ΔC 碳配额、不同意放弃 ΔC 碳配额}、{接受配置结果、不接受配置结果}。当碳配额多的博弈方 1 同意削减 ΔC 的碳配额，碳配额少的博弈方 2 期望增加 ΔC 的碳配额时，则为两博弈方合作；当碳配额多的博弈方 1 期望维持现状的碳配额时，碳配额少的博弈方 2 期望增加比 ΔC 更多的碳配额时，则为两博弈方不合作。

假设 2：碳配额过多区博弈方选择同意放弃 ΔC 碳配额策略的概率为 x，选择不同意放弃 ΔC 碳配额的概率为 $1-x$；碳配额过少区博弈方选择接受配置结果的概率为 y，选择不接受配置结果的概率为 $1-y$，$x, y \in (0,1)$，均为时间 t 的函数，概率也可以理解为该群体选择该策略的区域个数与群体总数的比值。

假设 3：博弈双方在初始权预配置下的碳配额分别为 C_1 和 C_2，单位碳配额产出为 α，则预配置方案碳排放权收益分别为 αC_1 和 αC_2，由于有限理性，当对方不合作时将给合作方带来一定的风险，这种风险应与碳配额过少区群体少分配的 ΔC 占其实际分配到的碳配额 C_2 的比重 $\mu (\mu = \Delta C / C_2)$ 成正比，设风险成本系数为 λ，包括由此减少的经济效益风险和内部冲突风险。此外，任一不合作方也将受到一定的惩罚，设惩罚成本系数为 β，它与 μ 成正比。

根据演化均衡策略调整各区域的碳配额，可以得到一种新的配置方案，并再次进行和谐性诊断，直到通过为止，即可得到碳排放初始权配置方案。

6.3.2 不和谐区域调整量的逆向追踪与确定

（1）对于未通过方向维判别准则的区域，需要调整碳排放初始权预配置模型中的部分指标权重，再进行配置方案的重新修正。

（2）对于未通过程度维判别准则的区域，需要进行逆向追踪，即区域 d_j 和区域 d_k 需要进行程度维判别，分为单指标和综合指标判别两种情形。

第一种情形，即未通过程度维单指标判别准则的区域，对"区域对"(d_j, k_k)，

$(j,k=1,2,\cdots,n,d\neq j)$ 在指标 $i\in I^{-}(C_j,C_k)$ 上进行调整，则区域 d_j 相对于区域 d_k 应减少或增加的碳排放初始权量为

$$\begin{cases} \Delta C_{jk}=\sum\limits_{i\in I^{-}(C_j,C_k)}(C'_{jki}-C_j) \\ C'_{jki}=\dfrac{1}{\alpha_i}\cdot\dfrac{H_{ki}-H_{ji}}{H_{ji}}>\alpha_i \end{cases} \tag{6.4}$$

第二种情形，即未通过程度维综合性指标判别准则的区域，如果"区域对" $(d_j,k_k),(j,k=1,2,\cdots,n,d\neq j)$ 的碳排放权分配比例突破了比值上限或者未达到比值下限，即 $\eta_{\max}\gamma(d_j,d_k)<\dfrac{C_j}{C_k}$ 或 $\eta_{\max}\gamma(d_j,d_k)>\dfrac{C_j}{C_k}$，则由此可知区域 d_j 相对于区域 d_k 应减少或增加的碳排放权初始量为

$$\Delta C_{jk}=C'_{jk}-C_j \tag{6.5}$$

当 $\eta_{\max}\gamma(d_j,d_k)<\dfrac{C_j}{C_k}$ 时，$C'_{jk}=\eta_{\max}\gamma(d_j,d_k)C_k$；当 $\eta_{\max}\gamma(d_j,d_k)>\dfrac{C_j}{C_k}$ 时，$C'_{jk}=\eta_{\min}\gamma(d_j,d_k)C_k$。

由上述可得各区域应在总量控制的前提下，调整预配置的碳排放权量（调整量总和为 0），则区域 d_j 需要调整的碳排放初始权量为

$$\begin{cases} \Delta C_j=\sum\limits_{k=1,k\neq j}^{n}\Delta C_{jk} \\ \sum\limits_{j=1}^{n}\Delta C_j=0 \end{cases} \tag{6.6}$$

其中，ΔC_{jk} 为区域 d_j 相对于区域 d_k 应减少或增加的碳排放初始权量，$j,k=1,2,\cdots,n,j\neq k$。

6.3.3　区域碳排放初始权配置方案的修正

基于区域各博弈方的碳排放初始权预配置结果，为了对未通过和谐性诊断的预配置方案进行优化，必须对各博弈方的碳配额量进行调整，而此时各博弈方为保障自身综合效益的最大化，期望在预配置方案的基础上获得更多的碳配额，从而导致无法实现和谐配置。因此，在区域各博弈方之间的动态演化博弈过程中，当采取"同意"或"接受"策略时，考虑该博弈方面临的风险成本系数 λ，采取"不同意"或"不接受"策略时，管理机构可引入惩罚成本系数 β 来改变区域碳排放初始权配置策略，具体调整方案如下。

（1）若博弈双方都采取"同意"或"接受"策略时，可将碳配额过多区的

一部分 ΔC 分配给碳配额过少区，以提高整体区域碳排放权的利益诉求，提高综合利用效益。

（2）若碳配额过多区博弈方采取"同意"策略，愿意削减 ΔC 分配给碳配额过少区，而碳配额过少区博弈方采取"不接受"策略，期望获得更多的 ΔC 增量，此时管理机构可引入惩罚成本系数 β 以削减一部分碳配额 $\beta\mu$，也意味着采取"同意"策略的博弈方会付出 $\lambda\mu$ 的风险成本。

（3）若碳配额过多区博弈方采取"不同意"策略，不愿意削减 ΔC 分配给碳配额过少区，而碳配额过少区博弈方采取"接受"策略，期望获得 ΔC 增量，此时管理机构可引入惩罚成本系数 β 对碳配额过多区博弈方进行惩罚，也意味着采取"接受"策略的博弈方会付出 $\lambda\mu$ 的风险成本。

（4）若双方均采取"不同意"或"不接受"策略时，则对碳配额过多区的博弈方削减碳配额 $\beta\mu$，碳配额过少区的碳配额不予以调整。

6.3.4 模型构建与演化策略求解

根据上述假设描述，构建碳配额过多区和碳配额过少区的博弈收益矩阵，如表 6.1 所示。

表 6.1　两群体的博弈收益矩阵

博弈方 1 的策略	博弈方 2 的策略	
	接受（y）	不接受（$1-y$）
同意放弃（x）	$(\alpha C_1 - \alpha\Delta C, \alpha C_2 + \alpha\Delta C)$	$(\alpha C_1 - \alpha\Delta C - \lambda\mu, \alpha C_2 + \alpha\Delta C - \beta\mu)$
不同意放弃（$1-x$）	$(\alpha C_1 - \alpha\Delta C - \beta\mu, \alpha C_2 + \alpha\Delta C - \lambda\mu)$	$(\alpha C_1 - \beta\mu - \alpha\Delta C, \alpha C_2)$

表 6.1 中博弈方 1 为碳配额过多区，博弈方 2 为碳配额过少区。

碳配额过多区选择"同意放弃 ΔC 碳配额"策略的期望收益函数为

$$u_{11} = y(\alpha C_1 - \alpha\Delta C) + (1-y)(\alpha C_1 - \alpha\Delta C - \lambda\mu) \tag{6.7}$$

碳配额过多区选择"不同意放弃 ΔC 碳配额"策略的期望收益函数为

$$u_{12} = y(\alpha C_1 - \alpha\Delta C - \beta\mu) + (1-y)(\alpha C_1 - \beta\mu - \alpha\Delta C) \tag{6.8}$$

碳配额过多区的平均期望函数为

$$\overline{\mu}_1 = xu_{11} + (1-x)u_{12} \tag{6.9}$$

碳配额过少区选择"接受配置结果"策略的期望收益函数为

$$u_{21} = x(\alpha C_2 + \alpha\Delta C) + (1-x)(\alpha C_2 + \alpha\Delta C - \lambda\mu) \tag{6.10}$$

碳配额过少区选择"不接受配置结果"策略的期望收益函数为

$$u_{22} = x(\alpha C_2 + \alpha\Delta C - \beta\mu) + (1-x)\alpha C_2 \tag{6.11}$$

碳配额过少区的平均期望函数为

$$\overline{\mu}_2 = yu_{21} + (1-y)u_{22} \tag{6.12}$$

碳配额过多区的复制动态方程为

$$F(x) = \frac{\mathrm{d}x}{\mathrm{d}y} = x(u_{11} - \overline{u}_1) = x(1-x)(u_{11} - u_{12}) = x(1-x)[y\lambda + (\beta - \lambda)]\mu \tag{6.13}$$

令 $F(x) = 0$，可得 $x_1 = 0, x_2 = 1, y^* = \dfrac{\lambda - \beta}{\gamma}$。

通过复制动态方程来描述博弈策略演化过程。

当 $y = y^* = \dfrac{\lambda - \beta}{\gamma}$ 时，$F(x) = 0$，所有 x 值都是稳定解。但此时，$F^*(x) = 0$，因此意味着该博弈系统无演化稳定策略，此时碳配额过多区群体的复制动态如图6.2（a）所示，即当碳配额过少区的"接受配置结果"概率达到 $\dfrac{\lambda - \beta}{\gamma}$ 时，碳配额过多区选择"同意放弃 ΔC 碳配额"与"不同意放弃 ΔC 碳配额"策略的比例是稳定的。

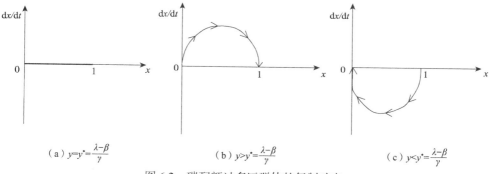

图 6.2　碳配额过多区群体的复制动态

当 $y > y^* = \dfrac{\lambda - \beta}{\gamma}$ 时，$x_1 = 0, x_2 = 1$ 均为 x 的稳定解。$F'(0) = [y\lambda + (\beta - \lambda)]\,\mu > 0$，$F'(1) = -[y\lambda + (\beta - \lambda)]\mu < 0$，因此，$x_2 = 1$ 为演化稳定策略。此时碳配额过多区群体的复制动态如图 6.2（b）所示，即当碳配额过少区以高于 $\dfrac{\lambda - \beta}{\gamma}$ 的概率水平采取接受配置结果策略时，"碳配额过多区"由"不同意放弃 ΔC 碳配额"向"同意放弃 ΔC 碳配额"策略转移，"同意放弃 ΔC 碳配额"策略成为演化稳定策略。

当 $y < y^* = \dfrac{\lambda - \beta}{\gamma}$ 时，$x_1 = 0, x_2 = 1$ 均为 x 的稳定解。$F'(0) = [y\lambda + (\beta - \lambda)]\,\mu < 0$，$F'(1) = -[y\lambda + (\beta - \lambda)]\mu > 0$，故 $x_1 = 0$ 为演化稳定策略。此时碳配额过多区群体的复制动态如图 6.2（c）所示，即当碳配额过少区采取"不接受配置结果"策略

的概率低于 $\dfrac{\lambda - \beta}{\gamma}$ 时，碳配额过多区由"同意放弃 ΔC 碳配额"向"不同意放弃 ΔC 碳配额"策略转移，"不同意放弃 ΔC 碳配额"策略成为演化稳定策略。

对于碳配额过少区，其采取"接受配置结果"策略的复制动态方程如下：

$$
\begin{aligned}
F(y) = \frac{\mathrm{d}y}{\mathrm{d}t} &= y(u_{21} - \bar{u}_2) = y(1-y)(u_{21} - u_{22}) \\
&= y(1-y)[x(\beta\mu - \alpha\Delta C + \lambda\mu) + (\alpha\Delta C - \lambda\mu)]
\end{aligned}
\tag{6.14}
$$

令 $F(y) = 0$ ，可得 $y_1 = 0, y_2 = 1, x^* = \dfrac{\lambda\mu - \alpha\Delta C}{\lambda\mu - \alpha\Delta C + \beta\mu}$ 。

当 $x = x^* = \dfrac{\lambda\mu - \alpha\Delta C}{\lambda\mu - \alpha\Delta C + \beta\mu}$ 时，$F(y) = 0$ ，所有 y 值都是稳定解。

但由于 $F'(y) = 0$ ，博弈系统无演化稳定策略，即当碳配额过多区的"同意放弃 ΔC 碳配额"概率达到 $\dfrac{\lambda\mu - \alpha\Delta C}{\lambda\mu - \alpha\Delta C + \beta\mu}$ 时，碳配额过少区选择"接受配置结果"与"不接受配置结果"策略的比例是稳定的，此时，碳配额过少区群体的复制动态如图 6.3（a）所示。

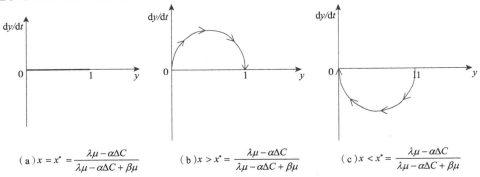

图 6.3　碳配额过少区群体的复制动态

当 $x > x^* = \dfrac{\lambda\mu - \alpha\Delta C}{\lambda\mu - \alpha\Delta C + \beta\mu}$ 时，$y_1 = 0, y_2 = 1$ 均为 y 的稳定解。

$$
\begin{aligned}
F'(0) &= x(\beta\mu - \alpha\Delta C + \lambda\mu) + (\alpha\Delta C - \lambda\mu) > 0 \\
F'(1) &= -[x(\beta\mu - \alpha\Delta C + \lambda\mu) + (\alpha\Delta C - \lambda\mu)]\mu < 0
\end{aligned}
\tag{6.15}
$$

因此 $y_2 = 1$ 为演化稳定策略。此时碳配额过少区群体的复制动态如图 6.3（b）所示，即当碳配额过多区以高于 $\dfrac{\lambda\mu - \alpha\Delta C}{\lambda\mu - \alpha\Delta C + \beta\mu}$ 的概率水平采取"同意放弃 ΔC 碳配额"策略时，碳配额过少区由"不接受配置结果"向"接受配置结果"策略转移，"接受配置结果"策略成为演化稳定策略。

当 $x < x^* = \dfrac{\lambda\mu - \alpha\Delta C}{\lambda\mu - \alpha\Delta C + \beta\mu}$ 时，$y_1 = 0, y_2 = 1$ 均为 y 的稳定解。

$$F'(0) = x(\beta\mu - \alpha\Delta C + \lambda\mu) + (\alpha\Delta C - \lambda\mu) < 0$$
$$F'(1) = -[x(\beta\mu - \alpha\Delta C + \lambda\mu) + (\alpha\Delta C - \lambda\mu)]\mu > 0$$

故 $y_1 = 0$ 为演化稳定策略。此时碳配额过少区群体的复制动态如图 6.3（c）所示，即当碳配额过多区采取"不同意放弃 ΔC 碳配额"策略的概率低于 $\dfrac{\lambda\mu - \alpha\Delta C}{\lambda\mu - \alpha\Delta C + \beta\mu}$ 时，碳配额过少区由"接受配置结果"向"不接受配置结果"策略转移，"不接受配置结果"策略成为演化稳定策略。

6.3.5 均衡点稳定性与演化结果分析

根据已经求得的碳配额过多区和碳配额过少区的复制动态方程组可得雅可比矩阵为

$$J = \begin{bmatrix} \dfrac{\partial f}{\partial x} & \dfrac{\partial f}{\partial y} \\ \dfrac{\partial g}{\partial x} & \dfrac{\partial g}{\partial y} \end{bmatrix} \qquad (6.16)$$

$$= \left\{ \begin{matrix} (1-2x)[yx + (\beta - \lambda)]\mu, & x(1-x)\lambda \\ y(1-y)(\lambda\mu - \alpha\Delta C + \beta\mu, & (1-2y)[x(\lambda\mu - 2\Delta C + \beta\mu) + (\alpha\Delta C - \lambda\mu)] \end{matrix} \right\}$$

依次计算各局部均衡点雅可比矩阵对应的行列式 $\det(J)$ 和 $\mathrm{tr}(J)$，根据符号判断各均衡点的稳定性，当 $\lambda > \beta > 0$ 时，始终有 $10 < \dfrac{\lambda - \alpha C_2}{\lambda - \alpha C_2 + \beta} < 1$，因此只有一种情形，即 $0 < x^* = \dfrac{\lambda\mu - \alpha C_2}{\lambda\mu - \alpha C_2 + \beta} < 1, 0 < y^* < \dfrac{\lambda - \beta}{\gamma} < 1$。

此时，$O(0,0)$，$A(0,1)$，$B(1,0)$，$C(1,1)$，$D(x^*, y^*)$ 这五个点为演化模型对应的均衡解，均在碳配额过多区和碳配额过少区双方演化博弈的解域范围内，即 $\{(x,y)|0 \leqslant x \leqslant 1; 0 \leqslant y \leqslant 1\}$，该情况下，均衡点的局部稳定性分析结果如表 6.2 所示。

表 6.2 均衡点类型及稳定性

平衡点	$\mathrm{tr}(J)$	$\det(J)$	平衡点类型	稳定性
$O(0,0)$	不确定	<0	鞍点	不稳定
$A(0,1)$	不确定	<0	鞍点	不稳定
$B(1,0)$	>0	>0	不稳定焦点	不稳定
$C(1,1)$	<0	>0	稳定退化节点	稳定
$D(x^*, y^*)$	$=0$	>0	中心	不稳定

当 $\lambda > \beta > 0$ 时，博弈中碳配额过多区和碳配额过少区的演化稳定策略 ESS 为 $C(1,1)$，即具有有限理性的博弈双方通过长期反复博弈、学习和调整，策略选择在绝大部分情况下会收敛于策略组合{同意放弃 ΔC 碳配额，接受配置结果}，依赖于初始状况而围绕中心点 $D(x^*, y^*)$ 处于有规律的演化中，博弈的演化路径图如图 6.4 所示。

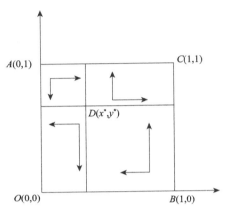

图 6.4　博弈的演化路径图

当 $0 \leqslant x \leqslant x^*$，$0 \leqslant y \leqslant y^*$ 时，即碳配额过多区同意放弃 ΔC 碳配额和碳配额过少区接受配置结果的概率低于均衡点 D 相应的概率值时，在 $x \to 0$，$y \to 0$ 这种情况下，由于碳配额过多区同意放弃 ΔC 碳配额意愿（概率）过低且有趋向于不同意放弃的趋势，碳配额过少区的"不接受配置结果"意愿逐渐提升。

当 $0 \leqslant x \leqslant x^*$，$0 < y^* < y$ 时，即碳配额过少区接受配置结果的概率高于均衡点 D 相应的概率值时，在 $x \to 1$，$y \to 0$ 这种情况下，碳配额过多区同意放弃 ΔC 碳配额意愿（概率）提升且有趋向于 1 的趋势，而碳配额过少区接受配置结果的意愿却逐步降低且有趋向于"不接受配置结果"的趋势。

当 $0 < x^* < x$，$0 \leqslant y \leqslant y^*$ 时，即碳配额过多区同意放弃 ΔC 碳配额的概率高于均衡点 D 相应的概率值时，在 $x \to 0$，$y \to 1$ 这种情况下，碳配额过少区接受配置结果的意愿（概率）提升且有趋向于 1 的趋势，而碳配额过多区同意放弃 ΔC 碳配额意愿（概率）却逐步降低且有趋向于"不同意放弃"的趋势。

当 $0 < x^* < x$，$0 < y^* < y$ 时，即碳配额过多区同意放弃 ΔC 碳配额和碳配额过少区接受配置结果的概率高于均衡点 D 相应的概率值时，在 $x \to 1$，$y \to 1$ 这种情况下，由于碳配额过多区不同意放弃 ΔC 碳配额意愿（概率）过低且有趋向于同意放弃的趋势，碳配额过少区的"接受配置结果"意愿逐渐提升，并逐渐收敛于演化稳定策略组合{同意放弃 ΔC 碳配额，接受配置结果}。

第三篇　电力碳排放初始权和谐配置方法

电力行业是国民经济发展的重要基础产业，承担着提供社会经济需求的电力，以及保障电力供应稳定、可靠的任务。我国电力行业是一次能源的主要消耗者，是碳排放大户。因此，需要对电力行业的碳排放初始权进行合理、科学的分配，需要界定清楚碳排放权、碳排放权初始分配等基本概念，梳理电力碳排放初始权配置的相关理论基础，对比国内外碳排放实践中的经验与教训，构建中国电力碳排放初始权和谐配置的整体理论框架。在和谐配置框架下，电力碳排放初始权配置也需要供给与需求、区域与行业、公平与效率三对均衡关系，通过探讨和谐配置的影响因素，构建和谐配置的指标体系，从而提出电力碳排放初始权二次和谐配置模型，包括电力碳排放初始权区域和谐配置模型与电厂和谐配置模型。

第7章 电力碳排放初始权和谐配置思路 与影响因素研究

在当前节能减排、减少污染、构建低碳社会的大背景下，电力行业作为我国控制 CO_2 排放的重要领域，必须承担更多的责任。2017 年，国家发改委印发了《全国碳排放权交易市场建设方案》，当年 12 月纳入全国统一碳市场交易的是电力行业的相关企业，电力碳排放初始权是用于在电力行业分配的碳排放初始权，其配置的合理性关系到电力行业的发展。基于和谐管理理论，提出电力碳排放初始权和谐配置范围、对象、原则及配置思路。运用文献分析、归纳演绎、问卷调查等方法研究电力碳排放初始权配置的影响因素，并最终筛选出影响电力碳排放初始权配置的 11 个影响因素。

7.1　电力碳排放初始权和谐配置思路

7.1.1　中国电力碳排放初始权和谐配置的范围

电力行业的碳排放初始权配置主要是指将一国内的电力系统碳排放初始权在本国内的各个电厂集团之间进行分配。针对中国而言，考虑到电力系统的行政区划因素，站在政府视角，电力碳排放初始权配置包括两个步骤：一是将电力碳排放初始权配置给每个行政区域；二是每个行政区域将其所获得的电力碳排放初始权配置给各个行政区域内的电厂集团，从而完成电力碳排放初始权的和谐配置过程。

电力系统主要包括发电、输变电、配用电三个环节，世界常规的电力系统企业依据三个业务环节分为发电企业和输变配电企业，也有部分国家分为发电企业、输变电企业和配用电企业。中国的电力系统企业分为发电企业和输变配电企业，前者是发电公司，后者是电网公司。在全国范围内，主要包括两大电网公司和五大发电集团（也称五大电力集团）。电网公司的主要职责为从事电力购买与销售业务，负责所辖各区域电网之间的电力交易和调度，参与投资、建设和经营相关的跨区域输变电和联网工程。两大电网公司包括国家电网有限公司和中国南方电网公司。国家电网有限公司总部设在北京，管理五大区域电网公司，包括华北电网公司、华中电网公司、华东电网公司、西北电网公司和东北电网公司，以及 24 家省（自治区、直辖市）电力公司。中国南方电网公司总部设在广州，所辖区域为广东、贵州、广西、海南和云南。国家电网有限公司与中国南方电网公司主要是管理的区域不同。为了便于研究，本书将电网边界统一划分为东北、华北、华东、华中、西北和中国南方区域电网。上述区域电网边界包括的地理范围如表 7.1 所示。

表 7.1　区域电网边界范围

电网名称	覆盖省（自治区、直辖市）
华北区域电网	北京市、天津市、河北省、山西省、山东省、内蒙古自治区
东北区域电网	辽宁省、吉林省、黑龙江省
华东区域电网	上海市、江苏省、浙江省、安徽省、福建省
华中区域电网	河南省、湖北省、湖南省、江西省、四川省、重庆市
西北区域电网	陕西省、甘肃省、青海省、宁夏回族自治区、新疆维吾尔自治区、西藏自治区
中国南方区域电网	广东省、广西壮族自治区、云南省、贵州省、海南省

五大发电集团分别为中国华能集团有限公司（以下简称华能集团）、中国大唐集团有限公司（以下简称大唐集团）、中国华电集团有限公司（以下简称华电集团）、中国国电集团公司（以下简称国电集团）、中国电力投资集团公司（以下简称中电投集团）等五家发电集团。五大发电集团在全国各地都设有下属电厂。五大发电集团是生产电的企业，它们将发出来的电卖给电网公司，因此五大发电集团是 CO_2 的产生与排放者，对碳排放权具有极大的需求。电力碳排放权的初始分配，就是依据公平原则、效率原则及可持续发展原则，将电力行业获得的总碳排放量分配给生产 CO_2 的各个发电集团。电力碳排放初始权配置的范围是每个区域的各个发电集团。

7.1.2　中国电力碳排放初始权配置的对象

在碳排放初始权和谐配置方案中，需要确定碳排放初始权配置的对象。根据国内外的各种碳减排分配方案，碳排放初始权配置的对象有三类：一是碳排放总量，即绝对减排量的区域分解。《京都议定书》要求发达国家强制实行绝对碳减排，因此绝对减排量是当前国际上温室气体排放区域分解方案的分配对象。二是碳排放强度下降目标。中国作为发展中国家，提出碳减排目标是在保证经济持续发展的情况下控制碳排放强度。据此，国内一些学者将下降40%或45%的强度减排作为区域分配的对象，并分析实现强度减排目标下中国不同省（自治区、直辖市）的碳减排目标和分担率，探讨实现碳减排目标的可能性、实现的路径及难度。但是各省（自治区、直辖市）碳排放水平和排放强度差异很大，强度目标直接分解较难操作，并且各省（自治区、直辖市）强度下降和国家强度下降之间难以建立明确的对应关系，因而强度目标很难公平、公正、合理地分解下去，可操作性较弱。三是在碳排放强度约束下，碳排放总量增量的区域分解。强度减排实质上是 CO_2 排放总量控制的一种软性约束。这种约束与总量绝对减排的差别是在控制期间的一定时段内排放总量继续上升，因此控制的关键是对增量和增速的控制。中国现阶段碳减排目标的区域分解绝大多数是强度约束下排放总量增量的区域分解。

　　上述三类碳排放初始权配置的对象分别有不同的适用条件。虽然后两种配置对象在目前的研究中占据主要地位，是根据中国对碳减排的目标所确定的，但是后两种配置对象在将来的碳交易市场中存在一定的问题。首先，碳排放初始权配置是后续碳排放权交易市场存在与发展的前提条件，而碳强度指标及碳排放总量的增量指标，虽然在减排任务分配时可以使用，但是在后续碳排放权交易市场中无法进行直接交易。其次，使用碳强度指标有可能出现各地碳减排目标完成，但是全国目标难以完成的局面。主要因为碳排放强度指标是由碳排放量与地区生产总值两个指标计算而来，由于各地地区生产总值增速及其在全国 GDP 中比重均不同，会引发上述问题的产生。最后，碳强度指标是相对指标，对各区域下达相对指标下降任务后，会导致各区域为了实现目标而夸大本地地区生产总值的数字，对地区生产总值统计数字的真实性产生较大的冲击。

　　因此，对于电力碳排放初始权配置来说，尤其是考虑到初始权配置在碳交易市场交易的可实现性与可操作性，选取电力碳排放绝对量作为碳排放初始权配置的对象，具有一定的实践价值。

7.1.3　电力碳排放初始权配置的原则

　　根据文献综述可知，公平性和效率性两大原则已经成为国际碳排放权配置的主要原则。在此基础上，有学者提出可行性原则、可持续发展原则等。电力碳排放初始权在配置时，不仅要遵循公平原则、效率原则、可持续发展原则等，还需要遵循以下原则。

　　（1）支付能力原则，即将各地区减排成本与其经济发展能力相联系。很多经济发达区域是在以牺牲环境为代价的基础上发展起来的，应有义务对历史碳排放进行补偿，通常情况下，可用人均历史累计碳排放指标来测度各地区的碳减排历史责任。根据各地区经济水平差异，各地区可获得的碳排放权与其人均地区生产总值是反比关系，经济水平较高的地区需承担较多的减排责任，反之，经济水平较低的地区承担较少的减排责任。

（2）区域分摊原则。在电力碳排放过程中，存在当地发电排放 CO_2，通过电力输送给异地用电的情况。在此情况下，送电量和传输损耗对应的碳排放应由受电区域承担，受电区域（购电区域）需承担送电区域发电所排放的 CO_2 排放量。对不同电力来源，根据发电技术确定碳排放率。碳排放随电量传输由送电区域流向受电区域，受电区域承担转移排放的减排责任，以此来促使减排资金由受电区域流向送电区域。

（3）效益原则，即资源分配优化的原则。在电力碳排放权电厂集团配置模型中，效益原则是指在既定的区域碳排放配额条件下，考虑到区域内各电厂集团的发电成本、发电效率及发电效益，实现各个电厂集团的经济利益最大化。由于是在同一区域内进行不同发电集团之间的碳排放权的分配，各个发电集团的不同能源类型的上网电价是相对固定的，因此效益原则可用区域内电厂集团的发电经济成本最小来代替。

（4）动态调整原则。电力碳排放初始权配置是在碳排放权排放总量确定的前提下进行的。在国家提出碳减排目标的条件下，单位碳排放总量是在不断减少的。同时，由于我国处在不断发展的时期，发电量是在不断增加的。因此，在进行电力碳排放初始权配置时，需要考虑到发电量的增加去设定相应的指标，而不能够用一个静态的、固定的指标去一刀切地分配，需要用动态分配指标来体现可持续性。此外，还要考虑到区域的产业结构调整问题，为了实现代际的公平分配，则需要在可持续发展的原则下，对区域与区域之间进行产业结构的协调，从而调整各个区域的用电量；对区域内电厂集团的发电机组类型与大小进行调整与控制，从而实现电力行业及整个国家社会经济的可持续发展。

7.1.4　电力碳排放初始权和谐配置的思路

在我国的能源消费结构中，电力占化石能源排放的比例近 40%。电力碳排放的主力军是各个电厂集团。考虑到目前以省为实体的行政管理体制，在进行电力碳排放初始权配置时，必须考虑各省级电网在区域电网中的差异性，以及区域社会经济、能源结构、产业结构等因素。因此，电力碳排放初始权配置模型是一个双层的配置模型，第一层是电力碳排放初始权的区域配置，第二层是区域电力碳排放初始权在电厂集团之间的配置，从而得到最终的分配方案。具体的配置思路如下。

首先，确定规划年电力碳排放权的总量。根据全国单位 GDP 碳强度下降目标和 GDP 预测数字，将单位 GDP 碳强度目标转换成全国总的碳排放权额度；根据电力碳排放占总的碳排放的比重，得出电力行业所获得的总碳排放额度。

其次，进行电力碳排放权区域分配，即将电力碳排放权总量在全国各省（自治区、直辖市）之间进行分配。考虑区域经济发展的不均衡，依据公平性原则，将碳排放权从电力发达及发电资源丰富的区域适当让渡给电力发展落后和发电资源贫乏的区域，以保障区域合理的发展权。构建电力碳排放权区域分配的指标体系，依据投影方法及区间分析方法,将电力行业所获得的碳排放额度分配到全国 30 个省(自治区、直辖市,不含西藏、香港、澳门和台湾),得到区域的预分配方案;依据公平、可持续发展等原则对该方案进行和谐性评判,从而得到区域分配的最终方案。

　　最后,进行电力碳排放权电厂集团分配,即将各省(自治区、直辖市)的电力碳排放权总量分给所在区域的各个电厂集团。依据效率原则,考虑到各个电厂集团内部的电源结构不同,考虑清洁能源、高效发电机组及低碳电力技术等因素,引导和加速低效高耗能发电机组的淘汰。将区域电力碳排放权分配到各大电力集团,并进行和谐性评判与改进,从而得到电力碳排放初始权配置的最终方案。具体如图 7.1 所示。

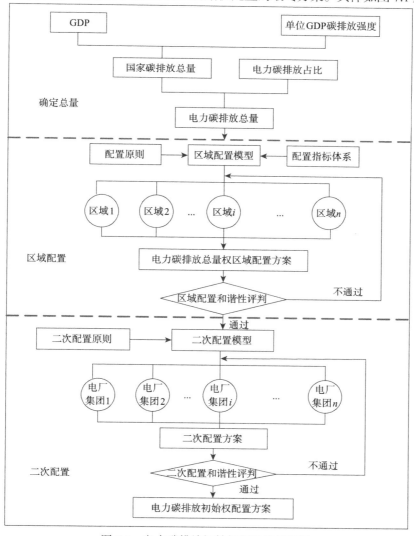

图 7.1　电力碳排放初始权配置的思路图

7.2　影响因素的初步提取

提取影响初始分配的主要因素的基本思路如下。首先，通过文献分析法和归纳演绎法全面地提取初始影响因素；其次，结合专家访谈法和问卷调查法，对初始影响因素进行筛选；最后，得出影响分配的主要因素。

7.2.1　文献分析法提取的因素

本书在初步提取电力碳排放初始权配置的影响因素时，主要采用的是文献分析法，通过提取关键词的方式梳理文献。关键词是用以表达文献主题概念的、有实际意义的自然语言词汇。对于专业学术论文来说，由于科研人员长期从事该学科的课题研究，可以较为准确地理解和掌握该学科的理论与专业术语，使用的关键词也趋于一致。因此，可以通过关键词的梳理来查找该领域的研究热点问题。

考虑到研究问题及各数据库的全面性和权威性，选用中国知网中的中国学术期刊网络出版总库、SCI 数据库、EI 数据库及国际重要会议论文全文数据库作为数据来源。

由于碳排放权在某种意义上也是排污权的一种，排污权分配的理论和实践对电力碳排放权区域分配有重要的参考意义。再者，水权分配与碳排放权分配都属于环境资源分配的一种，存在共性，且目前关于水权分配的相关理论研究已相当成熟，其分配的原则、方法、模型也值得借鉴。基于以上考虑，在本书限定的数据库中检索相关文献时，对检索做了以下限制：一是要求文章主题以"碳排放权分配"（carbon emission rights/permits allocation）、"电力碳排放权分配"（carbon emission rights/permits allocation of power industry）、"排污权分配"（allocation of emission rights）、"水权分配"（water allocation）为检索词进行关键词检索；二是只选择数据库中学术性很强的期刊，且相关研究领域为基础科学、工程科技、信息科技、社会科学、经济与管理科学；三是只挑选有关键字的文献进入数据库。搜索结果共有 250 条。经过初步的筛选，删除其中明显是新闻、书评等非学术论文，以及不是以上述关键词为研究主题的文章，最终提取了 129 篇论文。再经过对这些论文的研读分析归纳后，对其中涉及碳排放分配影响因素的字段进行提取。电力碳排放权分配包括两个部分：一是电力碳排放权的区域分配，二是电力碳排放权在电厂集团之间的分配，因此，文献分析法提取出来的影响因素包括两部分。

1. 区域配置的影响因素提取

区域配置的影响因素分析需要考虑以下几个方面：首先，电力碳排放权区域配置应进行资源禀赋差别排放的校正。在碳排放权的国际分配中，欧洲在分配时主要考虑历史排放量这个因素，美国则从效率和效益原则出发，提出基于 GDP 碳排放强度下降的方案；我国学者陈文颖和吴宗鑫（1998）综合考虑人均碳排放量和 GDP 碳排放强度，提出了基于这两个因素的混合分配机制，认为该机制将较容易被发展中国家和发达国家共同接受，也更能体现可持续发展的基本内涵和框架公约中共同但有区别的责任原则；此外，在分配过程中，还应考虑其他因素，比如能源资源禀赋，各地区能源资源禀赋存在较大差异，有的地方水能比较丰富，而有的地区盛产煤炭，致使各地的能源结构各异。其次，一个国家或地区的产业结构与碳排放强度有着密切的关系，在达到相同 GDP 规模的情况下，提高第三产业的比重，可以降低 GDP 能源消费强度和 GDP CO_2 排放强度。最后，技术进步是实现减缓温室气体排放的核心手段，掌握和利用先进技术就可以用较低的碳排放满足人类的基本碳排放需求，为此，碳排放权应进行经济结构和技术水平差异排放的校正。

通过上述分析，得到区域分配的影响因素如下：人口数量、人均碳排放量、人均历史累计碳排放、碳排放强度、工业增加值能耗、能源消费强度、地区生产总值、人均地区生产总值、区域历史排放量、区域产业结构、城市化率、经济增长值、人口增长数、减排成本、减排潜力、低碳减排技术、碳排放相关政策、区域的环境容量、区域能源消费观念。

2. 二次配置的影响因素提取

电力碳排放初始权二次配置的主要目的是将各区域已经分到的电力行业碳排放初始权在区域内的电力企业中进行分配，以确保电力碳排放权交易能有序开展和节能减排目标的顺利实施。由于电力行业的特殊性，其碳排放量主要来自发电侧，而各个区域的发电量、发电类型等又存在较大差异。在一定的区域内，电力生产状况由用电需求及电源结构等因素共同决定，各种因素在电力系统碳排放结构中都具有重要的位置。陈晓科等（2012）基于对电力系统碳排放可产生直接影响的技术因素（发电环节与用电环节）进行碳排放的结构分解，如图 7.2 所示。

对于电力生产、输送和消费的电力系统碳排放权分配来说，由于输送和消费环节产生的直接碳排放远远低于发电环节，基本可以忽略不计，故本书主要考虑发电环节的碳排放影响因素。从图 7.2 中可以看出，地区电源结构、各类机组装机、火电排放强度、区域向外输送电量是影响发电环节碳排放的主要因素。由于碳排放初始权在电厂集团间配置是在电力碳排放初始权区域分配的基础上进行

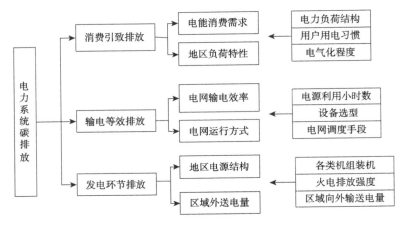

图 7.2   电力系统碳排放构成图

的，区域分配时已经考虑了区域间电量的协调问题，因此在区域内电厂间配置时，暂时不考虑区域外送电容量因素。

安丽和赵国杰（2008）在研究电力行业 CO_2 排放指标分配方法时，提出其影响分配的四种因素分别为某一年历史排放水平、最新更新的排放水平、某一年历史发电量、最新更新的发电量；谢传胜等（2011）构建了基于发电排放绩效的中国电力行业碳排放配额分配模型，发电排放绩效标准是指单位时间内发电机组/电厂或发电公司每发一度电所产生的某种污染物的数量，用来反映单位电量的该种污染物的排放强度。此外，电力碳排放权分配和 SO_2 排放权分配同属于排污权分配，两者具有共性，所以，在进行碳排放权分配时可以借鉴 SO_2 排放权分配研究成果。雷玉桃和周雯（2013）在研究广州市 SO_2 排污权分配时构建了企业间 SO_2 排污权分配指标体系，指标体系见表 7.2。

表 7.2 SO_2 排污权初始分配的指标体系

目标层	准则层	指标层（x_{ij}）
SO_2 排污权初始分配（O）	企业发展规模（C_1）	装机容量（x_{11}）
		锅炉吨位（x_{12}）
		发电标准煤耗（x_{13}）
	企业对社会贡献（C_2）	发电量（x_{21}）
		发热量（x_{22}）
	企业对环境的污染（C_3）	煤炭消耗量（x_{31}）
		重油、柴油消费量（x_{32}）
		废气排放量（x_{33}）
		SO_2 排放浓度（x_{34}）
		SO_2 排放达标率（x_{35}）

续表

目标层	准则层	指标层（x_{ij}）
SO_2排污权初始分配（O）	企业运用技术治理环境（C_4）	脱硫剂消耗量（x_{41}）
		脱硫设施效率（x_{42}）
		SO_2去除率（x_{43}）

通过分析文献，总结得出影响电厂集团分配的因素分别是发电量、发热量、历史碳排放量、装机容量、发电类型、低碳技术、发电标准煤耗、企业发展需求碳排放量、化石燃料消费量、废气及大气污染物排放量、企业减排潜力、减排货币化成本、减排投资水平。

7.2.2　归纳演绎法提取的因素

1. 电力碳排放初始权配置系统分析

电力碳排放初始权配置时，需要考虑解决以下问题。①如何使得最终的配置方案兼顾公平性和效率性原则，并且符合可行性和可持续发展性；②配置时如何解决好影响分配的区域属性之间的差异，比如说人口、经济、产业结构、资源禀赋、能源效率；③配置时如何解决好发电企业之间影响配置的属性差异。这些难点使得电力行业碳排放初始权配置成为一项复杂的系统工程，需要通过系统的方法加以分析研究。

基于系统工程理论与方法来对电力碳排放初始权配置系统进行分析。电力碳排放初始权配置是指将一国内的电力系统碳排放权在本国内的各个电厂集团之间进行分配。同时，考虑到我国电力系统自然垄断属性和行政区划因素，为了实现电力碳排放初始权配置的可操作性，本书将电力碳排放初始权配置分为以下两个步骤：一是全国电力碳排放初始权在各区域的初始配置；二是各区域分到的电力碳排放初始权在区域内的各电厂集团的配置。

电力碳排放初始权配置系统是由电力碳排放权区域配置子系统及电厂集团配置子系统构成，两者相互联系、相互作用，区域配置子系统是电厂集团配置子系统的基础。构建电力碳排放初始权配置系统的主要目标是实现电力碳排放初始权的分配，为后续电力碳排放权的交易奠定基础，从而实现低碳减排的目标，实现整个社会的经济、环境可持续发展。电力碳排放初始权区域配置子系统由参与分配的各个区域、电力碳排放权总量，以及分配方法等要素构成；电力碳排放初始权电厂集团配置子系统由各个区域内分配的电厂集团、各个区域的碳排放权总量，以及分配方法等要素构成。电力碳排放初始权配置系统的结构如图 7.3 所示。

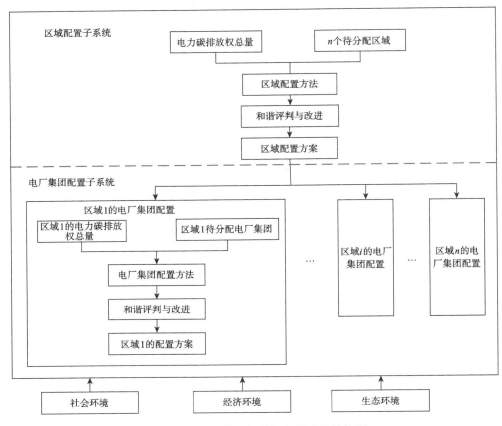

图 7.3 电力碳排放初始权配置系统结构图

2. 区域分配的影响因素分析

根据电力碳排放初始权配置的系统分析，得出影响电力碳排放初始权区域分配的因素应该是电力碳排放初始权配置系统的构成要素、要素之间的关系及其所处的外部环境。对于区域分配子系统来说，其影响因素包括外部环境因素和内部因素两部分。

（1）外部环境因素包括影响分配的社会环境、经济环境及生态环境。社会环境因素是指位于区域分配子系统的外部，影响区域分配的区域乃至全国的社会环境。目前，我国积极参与到国际碳减排计划中，而国际在进行碳排放权分配时一般以公平性原则为主，其中，按人口分配比较能体现公平性原则。我国人口基数大，公平性原则在争取国家碳排放初始权额度时有重要意义，继而国内电力行业所分得的碳排放初始权也会随着国家碳排放初始权总量的增加而有所增加。另外，国家碳排放政策，如制定的《国家发展改革委办公厅关于开展碳排放权交易试点工作的通知》《大气污染防治行动计划》都会对碳排放初始权总量产生影响，进而影响碳排放初始权最终的分配结果。

经济环境因素是指影响分配的各个区域经济发展状况。判断某一区域经济是否可持续发展的重要指标之一是看其能源消费状况。针对我国区域当前的能源消费状况来看，经济发展需要排放 CO_2，经济发展得越快，所需的碳排放初始权额度就越多。另外，第二产业在各个区域排放的 CO_2 占据着各个区域碳排放量的绝对比重较大，所以分配时也应考虑产业结构及产业机构的调整情况，特别是第二产业的占比。

生态环境因素是指影响分配的生态环境状况。区域的绿化面积越大，绿化率越高，其环境容量就越高，所能承受的最大碳排放量也就越多，所以生态环境对待分配的碳排放初始权总量具有一定的约束作用。

（2）内部因素包括区域电力碳排放初始权总量、参与分配的区域个体情况、分配方法、和谐评判与改进等因素。区域电力碳排放初始权总量因素，即全国碳排放权总量中用于电力行业分配的数量，这个指标值越大，则分配的数量越多，分配的压力越小。就我国目前电力行业发电状况和电力行业的碳排放状况来看，电力行业主要以火力发电为主，占总发电量的 70%左右，而火力发电又以煤炭为主要燃料，发电过程中产生大量的 CO_2，其火力发电的碳排放量占全国碳排放总量的 40%左右。所以，在进行电力碳排放初始权配置时应以电力行业所得碳排放初始权总量为基础。在衡量该因素时，需考察区域的历史电力碳排放水平，该变量是区域电力行业长期发展的排放结果，是区域发电量和区域发电电源结构的集中体现。

参与分配的区域个体情况因素，即各个区域影响分配的属性之间的差异对碳排放权分配的影响。首先，分配时应该考虑各区域碳排放强度之间的差异，碳排放强度是指各区域每生产一单位地区生产总值需要排放的 CO_2 量，碳排放强度是区域能源结构的一个集中体现，是区域碳排放效率的重要指标。其次，在进行区域分配时，区域的能源消费观念不容忽视。若区域居民的能源消费观念较强、节能减排意识较强、行动积极，则区域的碳排放就会越少。分配过程中应该鼓励居民增强其减排意识。最后，区域的减排成本和减排潜力也是影响分配的重要因素。

分配方法因素也影响着碳排放权分配的结果。不同的分配方法，其关注点不同，则分配的结果也不尽相同。例如，基于历史排放量的分配方法和基于公平及效率原则的分配方法，其最后的分配结果会有差别。

和谐评判与改进因素包括和谐评判的准则、和谐改进的方法等。和谐评判的准则会对和谐改进的方向及和谐改进的数量有所影响，进而影响各地分得的碳排放配额。

3. 电厂集团分配的影响因素分析

由电力碳排放初始权配置系统结构图（图 7.3）可知，电厂集团配置子系统位于区域配置子系统的内部，共有 n 个电厂集团子系统。每个电厂集团子系统相对独立，但是受到区域配置子系统的结果，即区域配置方案的影响。取其中第 i 个电厂集团配置子系统为例来说明影响因素。

第 i 个电厂集团配置子系统的影响因素包括上层区域配置方案，即第 i 个区域的电力碳排放初始权总量，第 i 个区域的电厂集团个体情况、分配方法、和谐评判与改进等因素。

（1）区域电力碳排放初始权总量受区域碳排放初始权总量的影响，区域碳排放初始权总量越多，则电力行业所分得的碳排放初始权总量也就越多。

（2）电力碳排放初始权在各电厂集团之间分配的时候，也须考虑各个电厂集团的个体情况。

在电厂集团个体情况影响因素中，第一，考虑的因素是发电企业的规模，规模越大，所得碳排放权应越多，而衡量发电企业的规模，可以参考发电企业的装机容量、发电类型、发电标准煤耗等指标。

第二，吸取 SO_2 排放权分配的经验和教训，碳排放初始权的分配不应忽略发电企业的发展需求，企业的发展需求可用企业发展所需碳排放量来衡量。

第三，应考虑各个发电集团的电源结构。电源结构是指各类型机组在电网中所占的比例及其分布。我国的发电类型主要包括火电、水电、核电、风电等，同时我国电力行业是一个典型的依赖煤炭生存的行业。目前，我国70%的能源来自煤炭，其中一半用于发电，据此推算，全国至少有1/4的 CO_2 气体排放量来源于电力行业。在碳排放权电厂集团分配中，每个电厂集团的电源结构不同，直接影响其 CO_2 的排放。如果用水电、风电代替火力发电，则1千瓦时将减排约1千克的 CO_2。根据我国《可再生能源发展"十二五"规划》，到2015年，我国非化石能源占一次能源消费的比重达11%以上。为了实现规划要求，达到高效生产、节能减排的目的，既要对火力发电分配必需的碳排放权，同时要适当分配碳排放权给清洁能源发电，从而鼓励各个电厂集团去积极开发清洁能源发电项目，减少火电发电，提高新能源消费的比重。

第四，应考虑火电装机结构。对于在电源结构中占比重较大的火力发电，其火电机组的规模也影响了 CO_2 的排放。我国发电装机结构中，火电装机容量占比重最高，其消耗的煤炭和排放的 SO_2 占全国排放总量的50%以上。火电机组平均每 kWh 供电煤耗较国际先进水平高60克左右，其节能减排潜力较大。目前，能耗高、污染重的小火电机组占总火电机组的比例较高，如果其比重过高，将会成为制约电力工业节能减排和健康发展的重要因素。2007年我国发布了《关于加快关停小火电机组的若干意见》《节能发电调度办法（试行）》。同时，国家能源局每年制定的《电力行业节能减排监管工作方案》，国家电网有限公司编制的《"十二五"节能减排综合性工作方案》和《节能服务体系建设实施方案》均提出了"上大压小"的政策。所谓"上大压小"政策就是在建设大机组的同时,相应关停一部分小机组,将"上大机组"与"关压小机组"挂钩。《关于加快关停小火电机组的若干意见》指出要改进发电调度方式,实行节能环保调度,将各发电机组按照能耗水平排序,节能者优先发电;推行发电机组的统一调度,引入市场竞争机制,为关停小火电机组创造条件。

第五,低碳减排技术因素不容忽视。在低碳减排技术方面,发电企业如果应用了相应的低碳减排技术,则会大大减少该企业的碳排放量,从而实现减排目标。对于这类企业,则需通过给予一定的碳排放权进行适当的激励,鼓励发电企业去研发或者采用相应的低碳减排技术。相应的低碳减排技术目前主要有降低发电厂用电率、线损率,建设脱硫设施,碳捕获与封存技术等。降低发电厂用电率、线损率等措施是目前国内发电企业主要采用的低碳技术手段,其作用是通过减少发电厂用电等节能技术来减少相应的 CO_2 排放。因为 SO_2 减排对 CO_2 有明显的带动和协同作用,效应因子达到 1:38,所以建设脱硫设施提高脱硫效率也是我国火电行业 CO_2 控制的技术手段之一。此外,还有碳捕获与封存,其是一项用来从燃煤和燃气发电站及排放密集产业捕获和封存 CO_2 的技术。根据联合国政府间气候变化专门委员会(Intergovernmental Panel on Climate Change,IPCC)的调查,该技术的应用能够将全球 CO_2 的排放量减少 20%~40%。我国华能集团 2008 年建成投运了我国首座年回收能力 3000 吨 CO_2 捕集示范工程。整体煤气化联合循环发电系统技术把高效的燃气–蒸汽联合循环发电系统与洁净的煤气化技术结合起来,既有高发电效率,又有极好的环保性能,是一种有发展前景的洁净煤发电技术。在目前技术水平下,整体煤气化联合循环发电系统发电的净效率可达 43%~45%,今后可望达到更高;而其污染物的排放量仅为常规燃煤电站的1/10,脱硫效率可达 99%,SO_2 排放在 25 毫克每标准立方米左右(目前国家 SO_2 为 1200 毫克每标准立方米),氮氧化物排放只有常规电站的 15%~20%,耗水只有常规电站的1/3~1/2,有利于环境保护。目前,国家电网有限公司、华能集团、大唐集团、中电投集团等发电集团已开始推进整体煤气化联合循环发电系统项目,每年将少排放 CO_2 约 1252 万吨。

(3)该层次的分配方法对电厂集团所得碳排放权额度也有影响。目前电力行业碳排放权主要的分配方法有按发电量的分配方法、按发电类型的分配方法、混合分配方法、基于多属性决策的分配方法,选取的分配方法不同也将导致各个电厂集团所得碳排放权有所差异。

(4)和谐评判与改进因素也会影响电力集团所得碳排放权总量,该因素包括和谐评判的准则、和谐改进的方法等。和谐评判的准则会对和谐改进的方向和和谐改进的数量有所影响,进而影响各个电厂集团分得碳排放权的配额。

7.2.3　初始影响因素

通过文献分析法和归纳演绎法对影响因素进行整合，提取的电力碳排放权分配的初始影响因素如表 7.3 和表 7.4 所示。

表 7.3　电力碳排放权分配的初始影响因素汇总表（针对区域）

一级	二级	三级	来源
外部因素	社会环境	人口因素（A_1）	归纳演绎
		年人口增长（A_2）	文献分析
		区域城市化水平（A_3）	文献分析
	经济环境	人均地区生产总值（A_4）	文献分析和归纳演绎
		经济增长需求（A_5）	文献分析
		区域产业结构（A_6）	文献分析和归纳演绎
	生态环境	区域环境容量（A_7）	文献分析和归纳演绎
内部因素	分配方法	分配原则（A_8）	归纳演绎
		模型方法（A_9）	归纳演绎
	和谐评判与改进	和谐评判原则（A_{10}）	归纳演绎
		评判指标与方法（A_{11}）	归纳演绎
		改进方法（A_{12}）	归纳演绎
	区域电力碳排放初始权总量	区域历史电力碳排放水平（A_{13}）	文献分析和归纳演绎
	区域个体情况	工业增加值能耗（A_{14}）	文献分析
		区域能源消费观念（A_{15}）	文献分析和归纳演绎
		碳排放强度（A_{16}）	文献分析和归纳演绎
		能源消费强度（A_{17}）	文献分析
		减排成本（A_{18}）	文献分析和归纳演绎
		减排潜力（A_{19}）	文献分析和归纳演绎
		碳减排技术发展水平（A_{20}）	文献分析
		区域减排相关政策（A_{21}）	文献分析
		弱势群体保护度（A_{22}）	文献分析

表 7.4　电力碳排放权分配的初始影响因素汇总表（针对企业）

一级	二级	来源
区域电力碳排放初始权总量	区域碳排放量（B_1）	归纳演绎
	历史碳排放量（B_2）	文献分析
电厂集团个体情况	发电量（B_3）	文献分析和归纳演绎
	装机容量（B_4）	文献分析和归纳演绎
	发电类型（B_5）	文献分析和归纳演绎

续表

一级	二级	来源
电厂集团个体情况	低碳技术（B_6）	文献分析
	小机组装机容量占比（B_7）	文献分析
	发电标准煤耗（B_8）	文献分析
	企业发展需求量（B_9）	文献分析
	发热量（B_{10}）	文献分析
	化石燃料消费量（B_{11}）	文献分析
	废气（大气污染物）排放量（B_{12}）	文献分析和归纳演绎
	企业减排潜力（B_{13}）	文献分析
	减排成本（B_{14}）	文献分析
分配方法	分配原则（B_{15}）	归纳演绎
	模型方法（B_{16}）	归纳演绎
和谐评判与改进	和谐评判原则（B_{17}）	归纳演绎
	评判指标与方法（B_{18}）	归纳演绎
	改进方法（B_{19}）	归纳演绎

按如下要求对表 7.3 中的影响因素进行初步删减：①影响因素的阐述术语不同但其实质内容相同；②影响因素经过修正后可以合并在一起；③因素代表的意义相同，保留更具代表性和科学性的因素；④删除和其他影响因素不在同一层级上的因素。例如，表 7.3 中 A_1 和 A_2 都是人口因素的两个指标，所以这两项可以合并为人口因素；同理，A_4 和 A_5 合并为区域经济水平；A_{14} 和 A_{17} 两个影响因素都为指标值，与其他影响因素不在同一数量级上，但两者都可用来表示区域的能源使用效率，故将两者合并为能源利用水平；A_{21} 和 A_{22} 为两个定性指标，可归并为区域低碳管理水平。

根据图 7.1 可知，在将全国电力碳排放初始权分配到各个区域时，首先采用多准则分配模型，然后对初始分配结果进行和谐性改进，即表明了本书采用的分配方法和和谐评判与改进方法。因此，表 7.3 中二级影响因素中的分配方法、和谐评判与改进两个因素虽然影响了电力碳排放初始权区域分配，但是在构建指标体系时可以暂不考虑，仅在进行分配方法构建时加以考虑，故将其暂时删除。

经过上述分析，表 7.3 共删除 9 项，还剩 13 项，具体删减结果见表 7.5。

表 7.5 电力碳排放初始权区域分配影响因素初步删减结果

一级	二级	三级
外部因素	社会环境	人口因素
		区域城市化水平
	经济环境	区域经济水平
		区域产业结构
	生态环境	区域环境容量
内部因素	区域电力碳排放初始权总量	区域历史电力碳排放水平
	区域个体情况	区域低碳管理水平
		区域能源消费观念
		能源利用水平
		碳减排技术发展水平
		碳排放强度
		减排潜力
		减排成本

7.3 影响因素的筛选

7.3.1 主要影响因素的筛选方法

为了进一步明晰我国电力碳排放权区域分配的主要影响因素，并能更好地指导实践，继而采用问卷调查法来对这些初始影响因素进行筛选。初始影响因素的筛选过程首先是明确调研目标，其次是选取分析样本、设计调研问卷、进行数据分析，最后是选取主要影响因素。

具体的筛选流程如图 7.4 所示。

图 7.4 电力碳排放初始权区域配置影响因素选取流程图

1. 明确目标、设定标准

对涉及的初始影响因素进行进一步的阐释和说明，如经济要素的含义，其包含的内容等。

2. 选取分析样本

既要保证收集到有用的数据信息，还要保证收集到的数据具有一定的代表性，因此，数据收集的质量与规模是进行问卷分析的重要考虑因素。同时，问卷调查与访谈人群的质量也非常重要。本书选取了包括不同区域、工作任期、工作等级、性别、年龄的政府相关部门人员、电力企业工作人员和有关专家参与调查。

3. 调查问卷的指标筛选和问卷设计

电力碳排放初始权配置影响因素涉及的内容非常多、重要性大小也呈现出较大的差别，因此在问卷设计以前，本书先进行了一轮小规模的访谈和小范围的问卷调查，把重要性不大的初始影响因素删除。在此基础上，本书根据严格的问卷设计要求，设计出一份完整的调查问卷，并大规模发放和回收。

1）基于专家访谈法的指标筛选

鉴于专家有丰富的知识和经验，其建议对后续的工作有重要的指导作用，故将专家访谈法作为主要影响因素提取的第一步。在进行专家访谈时，按以下步骤开展专家访谈工作。

（1）确定访谈类型。访谈采用的类型是集体的面对面访谈，采用该类型能够使访谈对象充分表达自己的看法，访谈者相对容易控制访谈情境和访谈进程，使访谈的问题更具有针对性，双方便于挖掘深层次的问题。

（2）制定访谈提纲。此次访谈的目的主要是找出电力碳排放初始权配置的影响因素，因此，访谈的题目大多为开放式的题目，访谈大纲见附录 B。

（3）明确访谈对象。考虑到访谈问题的性质，此次访谈对象主要为在国家能源局市场监管司、国务院发展研究中心、国家电网有限公司、江苏电力公司交易中心、江苏电力公司调度控制中心、江苏方天电力技术有限公司、湖北省电力调度控制中心、云南省电力调度控制中心、广东省电力设计研究院等工作的相关专家和江苏电力减排专家。

2）汇总专家意见的初始影响因素

通过近一个小时的集体访谈可知，九位专家都比较认同本书表 7.6 提取出的初始影响因素，认为大致涵盖了电力碳排放初始权配置的影响方面，涉及电力碳排放初始权配置的各种因素，但是仍有需要进一步修改的地方。

表 7.6 电力碳排放权区域配置的初始影响因素汇总表

序号	初始影响因素	序号	初始影响因素
1	人口因素	3	区域产业结构
2	区域经济水平	4	区域城市化水平

续表

序号	初始影响因素	序号	初始影响因素
5	区域环境容量	10	减排潜力
6	区域历史电力碳排放水平	11	能源消费观念
7	区域火力发电外送电量水平	12	能源利用水平
8	碳减排技术发展水平	13	碳排放强度
9	区域低碳管理水平		

注：指标"区域火力发电外送电量水平"是根据专家访谈中专家的建议而加入的指标

其中的六位专家建议，表 7.5 中的两项影响因素存在交叉地方，认为减排成本是减排潜力表现的一部分，减排成本越低，减排阻力越小，相应的减排潜力就越大，可以将减排成本合并到减排潜力中，并作为减排潜力的一项指标。

同时，四位专家都建议，分配初始权时应考虑部分地区的发电不仅要满足本区域需求，还要输送到外地，所以增加"区域火力发电外送电量水平"这一影响因素。

通过综合专家的意见，最终得到电力碳排放权区域配置的初始影响因素，详见表 7.6。

3）问卷的设计

根据上述专家的意见和表 7.5，按照规范的问卷设计方法进行了设计。

此次问卷的题目有封闭性和开放性两种，封闭性题目主要用来考察被调查者对初始因素影响程度的感受；开放性题目用来收集被调查者对这一问题更多的观点和想法。为了解被调查者的基本情况及被调查者对电力碳排放初始权配置影响因素的了解程度，设计了七个题项来了解被调查者个人背景信息，目的是用于调研问卷的筛选指标及问卷分析中的控制变量。背景信息不仅涉及最基本的人口统计学变量，更涵盖了被调查者的职业、所属行业、研究领域及对电力碳排放权区域配置影响因素了解程度等内容。具体的影响因素调查共设计了 13 个题项，分别从影响分配的外部因素（社会环境、经济环境及生态环境）、内部因素（排放因素及区域个体情况）两大方面考察。

本书设计的《电力碳排放初始权区域配置影响因素调查问卷》如附录 A 所示。

4. 分析数据

在调查中我们对每一个影响因素设计了五个选项，分别为"毫无影响""影响不大""有点影响""有较大影响""影响非常大"，请被调查者选择他们认为的重要程度，最后对统计结果进行 SPSS 的相关分析。

5. 选取主要影响因素

通过数据分析结果，并结合一定的选取标准，我们选出各方面影响程度较大的因素，随后为了弥补调研数据的不足，更进一步地阐述这些影响因素，本书通过第二轮的专家访谈，对数据结果进行了修正，填充了部分关键因素，最后进行汇总归纳和深入分析。

7.3.2　主要影响因素的调查过程

由于研究问题专业性比较强，所以本书在开展问卷调查时首先要限定调查对象，在此基础上再采用统计学调查方法中的整群抽样法和随机抽样法进行问卷调查。采用这两种方法的一个比较重要的原因是调查内容特殊、专业性强，且样本所属总体比较大。为保证所抽取的样本与本书研究问题具有较大相关性、提高问卷回收率和回收问卷有效性，在实施问卷调查时采取了以下控制措施。

1. 选取调研对象

由于研究问题专业性较强，所以把调研对象限定为以下三类人员：从事电力行业的相关专家、高校中相关研究人员和相关政府部门（如发改委、能源局）人员。

2. 提高问卷质量

问卷的首要要求是被调查者填写相应的背景信息，这些背景信息将成为问卷筛选的依据，从而可以大大提高问卷的有效性。除此之外，对问卷中所提出的问题进行了归类，使得被调查者更容易系统性地思考，并做出较为理性的决策；在发放问卷之前，首先咨询相关专家对本次问卷的意见，并根据专家的意见对问卷进行适当的修改、补充和调整，可较好地保证此次问卷内容的效度和信度。

3. 控制调查过程

此次调查问卷都是采用当场发放、实时填写的做法。为帮助被调查者了解本次所要调研的问题，减少填写问卷的防御心理，尽快完成调查问卷，并保证问卷填写的质量，在被调查者填写前，一般对本次的研究问题进行简要说明，并对参加调查的人员表示感谢。

4. 筛选问卷

问卷回收后，笔者按照以下准则对无效问卷予以剔除：①剔除填写缺漏太多的调查问卷，但对于存在个别缺漏的调查问卷可以采取均值予以替代。②查看被调查者对问卷填写是否认真,主要运用两种方法,一是检查卷面书写是否很潦草;二是检查问卷是否有规律填写,比如都填 2 或者 1、2、3、4 交替填写等,由此检验被调查者是否随意作答。③剔除在回答问题 A_7 选择"不了解"的问卷。依照上述三条剔除准则,共剔除 21 份无效问卷,保留有效问卷 142 份,有效问卷回收率 87.12%,本次问卷调查有效。

7.3.3　影响因素分析

《电力碳排放初始权区域配置影响因素调查问卷》涉及的三级指标多达 13 个,在具体的应用方面可能有很大的局限性,同时可能会对影响因素的深入分析带来不便,因此,为了增强问卷的实用性,进一步对影响因素进行深入、细致的分析,需要对这 13 个初始影响因素进行分析、整理,通过归并、筛选的方式精简、调整指标,体现调查的价值导向和重点,并使得问卷更具操作性。

1. 信度分析

本次信度分析的第一步是进行项目净化。项目净化有两个标准:一是删除可能显著增加总体克龙巴赫 α 系数的项目,这样做可以提高测量量表的内在信度;二是删除项目总体相关系数低于 0.35 的项目。探索性研究在做项目总体相关系数分析时往往倾向更为严格的项目净化,即只要满足其中一个净化标准,就应予以删除,其目的是充分保证本次研究结果的可靠性。

经过 SPSS 初始项目净化,可得上述 13 个初始项目的总体相关系数及剔除该项目后的总体克龙巴赫 α 系数,具体结果如表 7.7 所示。

表 7.7   可靠性统计量

克龙巴赫 α 系数	基于标准化项的克龙巴赫 α 系数	项数
0.935	0.936	13

按照项目净化的第一条标准,若项目剔除,可显著提高量表总体信度的测量项目都应该被删除。查阅表 7.7 可知,表中给出的信度分析的克龙巴赫 α 系数为 0.935,标准化后的克龙巴赫 α 系数为 0.936。信度系数大于 0.8,这说明该量表的内在信度比较好。查阅表 7.8,13 个初始项目中,项目 10 的"已删除的克龙巴赫 α 系数"大于 0.936,说明该项删除后可明显提高总体的信度系数,所以,按照项目净化标准,项目 10 予以删除。

表 7.8　初始项目的总体相关系数

题号	校正的项总计相关性	已删除的克龙巴赫 α 系数
1	0.521	0.933
2	0.375	0.935
3	0.529	0.933
4	0.592	0.933
5	0.482	0.934
6	0.440	0.934
7	0.504	0.934
8	0.603	0.933
9	0.595	0.933
10	0.511	0.937
11	0.532	0.933
12	0.689	0.932
13	0.508	0.934

按照项目净化的第二条标准，即查看项目总体相关系数可知，剩下的 13 个项目的校正的项总计相关性都大于 0.35，按照标准，13 个初始项目都不删除。

2. 项目分析

项目分析是用来检测测量量表的项目能否鉴别不同被调查者的反映程度，如果被调查者的反映程度不能被鉴别，则说明该题项在调查中没有实际意义，应将该项目删除。项目分析的重点是通过由获得的原始数据计算出的项目的临界比率值（CR）来做出判断。如果 t 检验的结果大于或等于显著水平（Sig.的值小于 0.05），即表示该题项能够鉴别不同调查者的反映程度，具有良好的鉴别度；如果未达到显著水平，则将该项目删除。

具体的过程是首先将所有被调查者的问卷得分进行加总，将总分按从大到小排序。总分排在前 33.3%的为一组，排在最后 33.3%的为一组。其次，求出每组每个受调查者得分的平均数，最后，计算两个组差异的显著性水平，则可求出 CR 值。如果 CR 值大于或等于显著性水平，则表示该题项有鉴别度，则不予以剔除。通过 SPSS 19.0 可以得出问卷的独立样本 t 检验，如表 7.9 所示。

表 7.9 独立样本 t 检验

假设检验		方差方程的 Levene 检验		均值方程的 t 检验					差分的 95%置信区间	
		F	Sig.	t	df	Sig. （双侧）	均值差值	标准误差值	下限	上限
1	假设方差相等	0.034	0.855	6.808	90	0.000	1.003 70	0.147 43	0.710 81	1.296 59
	假设方差不相等			6.806	60.384	0.000	1.003 70	0.147 47	0.708 75	1.298 65
2	假设方差相等	3.486	0.065	3.249	90	0.002	0.638 82	0.196 63	0.248 17	1.029 46
	假设方差不相等			3.350	65.692	0.001	0.638 82	0.190 68	0.258 07	1.019 56
3	假设方差相等	1.861	0.176	5.163	90	0.000	0.872 55	0.168 99	0.536 82	1.208 28
	假设方差不相等			4.907	52.853	0.000	0.872 55	0.177 80	0.515 91	1.229 20
4	假设方差相等	2.171	0.144	7.614	90	0.000	1.148 60	0.150 86	0.848 89	1.448 31
	假设方差不相等			6.740	44.529	0.000	1.148 60	0.170 42	0.805 25	1.491 95
5	假设方差相等	0.039	0.844	4.998	90	0.000	0.920 68	0.184 23	0.554 68	1.286 67
	假设方差不相等			4.924	58.090	0.000	0.920 68	0.186 96	0.546 45	1.294 91
6	假设方差相等	2.740	0.101	5.327	90	0.000	1.064 52	0.199 83	0.667 52	1.461 52
	假设方差不相等			5.730	73.496	0.000	1.064 52	0.185 79	0.694 29	1.434 75
7	假设方差相等	1.962	0.165	4.415	90	0.000	0.866 74	0.196 31	0.476 74	1.256 73
	假设方差不相等			4.524	64.553	0.000	0.866 74	0.191 59	0.484 05	1.249 43
8	假设方差相等	0.026	0.873	5.722	90	0.000	0.969 86	0.169 49	0.633 13	1.306 59
	假设方差不相等			5.684	59.364	0.000	0.969 86	0.170 62	0.628 48	1.311 23
9	假设方差相等	0.004	0.951	7.436	90	0.000	1.404 02	0.188 81	1.028 91	1.779 13
	假设方差不相等			7.882	70.734	0.000	1.404 02	0.178 13	1.048 81	1.759 23
11	假设方差相等	5.696	0.019	4.818	90	0.000	0.943 42	0.195 80	0.554 42	1.332 41
	假设方差不相等			5.416	81.597	0.000	0.943 42	0.174 21	0.596 84	1.289 99
12	假设方差相等	0.032	0.858	7.604	90	0.000	1.256 48	0.165 23	0.928 21	1.584 75
	假设方差不相等			7.806	64.891	0.000	1.256 48	0.160 96	0.935 01	1.577 95
13	假设方差相等	0.004	0.952	5.335	90	0.000	0.969 86	0.181 80	0.608 67	1.331 04
	假设方差不相等			5.347	60.810	0.000	0.969 86	0.181 39	0.607 12	1.332 59

由上面独立样本 t 检验结果可知，所有题项的显著性水平都小于 0.05，这说明被试者对这些问题的反映是有差别的，即这些题项的鉴别度较好，予以保留。

经过了信度分析及鉴别度的检验之后，剩余的 12 个初始项目均予以保留。

3. 描述性统计分析

经过信度分析和项目分析后，还需对问卷结果的描述性统计变量进行分析。从项目的解释力度来看，均值得分越高，表明该项目的影响程度越大。本量表采用 Likert 五点量表评价法，如果项目的均值大于 2.5，表明该项目的解释能力达到平均水平。

通过 SPSS 描述性统计分析可得 12 个项目的均值得分，如表 7.10 所示。

表 7.10　描述性统计

题号	极小值	极大值	均值	标准差	操作
1	2.00	5.00	3.872 9	0.842 73	
2	1.00	5.00	3.406 8	0.926 69	
3	2.00	5.00	3.762 7	0.873 91	
4	1.00	5.00	3.779 7	0.888 06	
5	2.00	5.00	3.694 9	0.947 41	
6	2.00	5.00	3.593 2	1.014 74	
7	1.00	5.00	3.339 0	0.953 81	
8	1.00	5.00	3.754 2	0.836 52	
9	1.00	5.00	3.694 9	0.956 39	
11	1.00	5.00	3.076 3	0.962 16	
12	1.00	5.00	3.423 7	0.909 65	
13	1.00	5.00	2.442 4	1.067 34	删除

从表 7.10 的描述性统计结果可得，第 13 项的均值小于 2.5，表示该项的解释力度不好，所以应删除该项，其他项保留。

通过对《电力行业碳排放权区域分配影响因素》调查问卷的统计特征进行分析，删除了两个影响因素，分别是第 10 项"减排潜力"和第 13 项"区域减排相关政策"，最终得到的电力行业碳排放权区域分配影响因素见表 7.11。

表 7.11　电力行业碳排放权区域分配影响因素

序号	影响因素	序号	影响因素
1	人口因素	7	区域火力发电外送电量水平
2	区域城市化水平	8	区域低碳管理水平
3	区域经济水平	9	能源消费观念
4	区域产业结构	10	能源利用水平
5	区域环境容量	11	碳减排技术发展水平
6	区域历史电力碳排放水平		

根据 7.2.2 小节中利用系统工程理论对影响因素的分析，初始影响因素可分为两大类：分配系统外部因素和内部因素，其中外部因素包括社会环境、经济环境、生态环境，内部因素包括电力碳排放权总量及区域个体情况。具体分类情况

见表 7.12。

表 7.12   电力行业碳排放权区域分配影响因素及其分类

一级	二级	三级
外部因素	社会环境	人口因素
		区域城市化水平
	经济环境	区域经济水平
		区域产业结构
	生态环境	区域环境容量
内部因素	电力碳排放权总量	区域历史电力碳排放水平
		区域火力发电外送电量水平
	区域个体情况	区域低碳管理水平
		能源消费观念
		能源利用水平
		低碳技术发展水平

注：指标"区域火力发电外送电量水平"是根据专家访谈中专家的建议而加入的指标

第 8 章　电力碳排放初始权配置模型

电力碳排放初始权配置模型包括电力碳排放初始权的区域分配模型和电厂集团分配模型两个部分。其中电力碳排放初始权的区域分配模型是为了明确全国30个省（自治区、直辖市，不包括西藏、香港、澳门和台湾）的碳排放额度，是进行电力碳排放初始权配置的第一层次。电厂集团分配模型是在实现电力碳排放权区域分配模型的基础上，将各区域已经分到的碳排放权再次分配给本区域内的各个电厂集团。电力碳排放权的初始分配不仅要考虑到各个区域的政治、经济、资源、环境、社会等多个领域的因素，同时还要考虑电力行业的发电成本、发电效率及发电效益等因素，是一项复杂、多目标、多层次的系统工程，其目的是在不影响区域内各电厂集团发电效率和效益的基础上，实现各区域和全国总的碳减排目标。

8.1　电力碳排放权总量确定模型

根据电力碳排放初始权配置的基本思路，在进行电力碳排放权区域分配之前，首先要确定全国电力碳排放权的总量。

我国政府多次承诺碳排放量的减排工作。在"十二五"规划中，我国政府针对碳排放提出了减排的目标，即到 2015 年实现单位 GDP CO_2 排放比 2010 年下降17%。在2009年时承诺，到2020年单位 GDP CO_2 排放比2005年下降40%~45%。中国政府在"十三五"规划中对碳减排又做出了新的承诺，即 2030 年我国单位 GDP CO_2 排放比 2005 年下降 60%~65%的目标。目前，得益于推行的碳交易试点市场，我国提前三年实现了 2020 年的碳减排目标，在 2017 年底时，我国单位 GDP CO_2 排放量比 2005 年下降了 46%。

根据国家承诺的碳减排目标，电力碳排放初始权总量的确定思路为根据政府承诺的全国单位 GDP CO_2 减排的目标，以及目标年 GDP 的预测值，将单位 GDP

碳强度指标转换成全国总的碳排放量额度指标，再根据电力行业碳排放量占总的碳排放量的比重，得出电力碳排放权的总量。具体步骤如下。

1. 预测目标年的 GDP_t

令 GDP_t 为国家在第 t 年的 GDP 总量，$GDP_{t,j}$ 表示区域 $d_j(j=1,2,\cdots,n)$ 在第 t 年的地区生产总值。预测目标年地区生产总值时，可以利用时间序列分析中的自回归滑动平均（auto regressive moving average，ARMA）模型，并且效果不错。目前许多省（自治区、直辖市），如广东、北京等早已开始按月测算地区生产总值，因此可以充分利用地区生产总值的月度数据资料（季度数据也可以，但要保证样本容量），通过建立适当的 ARMA 模型来预测其未来值。

2. 确定目标年的国家单位 GDP 的碳排放强度 EP_t

EP_t 表示国家在第 t 年单位 GDP 的碳排放强度，即每生产一个单位的 GDP 所排放的 CO_2 数量，其计算公式如式（8.1）所示：

$$EP_t = \gamma \times \sum_{j=1}^{n}(p_{t,j} \times EG_{t,j}) \qquad (8.1)$$

其中，γ 为国际公认的标准煤 CO_2 排放系数，表示每燃烧 1 千克的标准煤所排放的 CO_2 的数量，$\gamma = 2.493$；$EG_{t,j}$ 为全国第 $d_j(j=1,2,\cdots,n)$ 区域在第 t 年的地区生产总值能耗；$p_{t,j}$ 为在第 t 年区域 d_j 的地区生产总值占全国 GDP 的比重。其中，地区生产总值能耗是指一定时期内生产出来的单位地区生产总值所消耗的标准煤的数量。

3. 确定电力碳排放占总的碳排放的比重 k

k 表示电力碳排放在整个能源碳排放中的比重，该系数根据历史数据得出。已有的研究表明，由于改革开放以来，我国在经济发展取得显著成绩的同时也出现了资源消耗、碳排放增加等问题，特别是在 2000 年以后我国工业迅速发展，碳排放总量从 2000 年的 33.83 亿吨增加到 2010 年的 83.30 亿吨，如表 8.1 所示。由表 8.1 可以看出，电力碳排放在整个能源碳排放中的比重占 40%左右。

表 8.1 2000~2010 年我国碳排放量增长情况

年份	全国碳排放总量/亿吨	全国电力碳排放量/亿吨	电力碳排放量占全国的比重
2000	33.83	12.10	35.77%
2001	34.57	12.58	36.39%
2002	36.50	12.99	35.59%
2003	42.86	15.12	35.28%
2004	49.58	17.70	35.70%

续表

年份	全国碳排放总量/亿吨	全国电力碳排放量/亿吨	电力碳排放量占全国的比重
2005	54.66	19.97	36.53%
2006	59.95	23.38	39.00%
2007	64.66	25.48	39.41%
2008	68.96	26.09	37.83%
2009	77.07	27.64	35.86%
2010	83.30	31.52	37.84%

资料来源：国家统计局

4. 确定电力碳排放权总量 PE_t

PE_t 为国家在第 t 年的电力碳排放权总量。根据计算思路，得出电力碳排放权总量的计算公式如式（8.2）所示。

$$PE_t = k \times EP_t \times GDP_t \qquad (8.2)$$

其中，EP_t、GDP_t 分别为国家在第 t 年的单位 GDP 的碳排放强度及 GDP 总量；k 为电力碳排放在整个能源碳排放中的比重。

8.2　电力碳排放初始权区域配置模型

8.2.1　电力碳排放初始权区域配置路径

电力碳排放初始权区域配置是将电力碳排放总额度在全国各个区域之间进行的分配，需要考虑各个区域的经济因素、技术因素、宏观政策因素、能源效率因素，以及碳排放水平等诸多因素，需要构建一个科学的碳排放初始权配置模型。

在分配模型中，根据国内外文献综述可知，有基于历史排放的分配方法，基于最新数据的分配方法、拍卖法、基于零和 DEA 的分配方法、基于 B-S 期权定价模型的分配方法等。这些方法大多适用于碳排放权在国家之间的分配，以及总的碳排放权在区域之间的分配，单独针对电力行业的碳排放初始权配置的方法并不多。考虑各区域的电力集团整体情况，以及区域的社会经济发展状况，在上述影响因素分析的基础上，本书选择基于投影的区间多目标分配方法构建相应的分配模型。区间分析的理论基础是由美国数学家 Moore 奠定的，用以解决在数值分析中出现的计算误差。计算误差的积累可能使计算结果失去意义，而区间分析能够考虑到各种计算误差，得到的是一个包含精确结果的区间，与点数值分析相比更具有实际意义，因此，该模型的主要特点是在电力碳排放权区域分配中，由于各个地区的经济发展状况及电力行业的状况不同，基于区间分析的方法，采取某一年的数值作为评价指标的属性值具有片面性，利用区间数表示属性值，可以结合区域历年的发展情况，拟定一个范围，更具有客观性，贴近于现实状况。如果某指标历年的变化不大，其上下限可以相等。碳排放权的初始分配涉及各个地区的经济利益，在分配指标的权重方面，决策专家一般来自不同研究领域，对指标不能够全面了解，且有可能为利益相关者，因此，为排除主观性的影响，在碳排放权区域分配中，基于区间数相离度的思想，利用客观的区间属性值求得权重。

电力碳排放初始权区域配置的具体路径如图 8.1 所示。

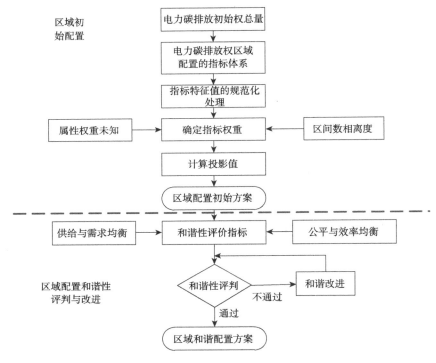

图 8.1　电力碳排放初始权区域配置的具体路径图

其主要步骤如下。

（1）确定全国电力行业可供分配的碳排放初始权总量。该总量是在国家进行行业分配后的碳排放初始权量，以 PE_t 表示第 t 年电力行业可供分配的碳排放初始权的总量。

（2）明确电力碳排放权区域配置的指标体系。在第 7 章影响因素分析的基础上，构建区域配置的指标体系。同时，明确相关指标的属性值。通过采集各地区各指标的历史数据，设计确定各指标属性值的下限和上限。

（3）指标特征值的规范化处理。由于指标反映了碳排放初始权区域初始分配的各个方面情况，指标的量纲各异，为了消除不同指标特征值量纲的差异，需要通过规范化方法对指标特征值进行处理。

（4）确定指标权重。进行电力碳排放初始权区域分配时，指标权重的确定对评价结果的科学合理性起到了至关重要的作用，其中一个指标的权重发生变化，将会影响到整个评判结果。采用基于区间数相离度的思想，利用客观的区间属性值确定各指标的权重，可以排除主观性的影响，减少各位决策专家对指标理解的片面性的影响，提高决策的科学性。

（5）计算投影值，得出初始分配方案。确定各区域电力碳排放初始权配置的比例，应用基于投影的区间多目标分配模型，得到电力碳排放初始权配置方案。

8.2.2　区域配置的指标体系

1. 指标体系设置的原则

指标体系既是电力碳排放初始权区域分配的基础，也是电力碳排放初始权配置的关键问题，是关系到电力碳排放初始权配置结果可信度的核心部分。因此，在设置指标体系时，一定要对区域进行全面而整体的分析，把影响电力碳排放初始权配置的因素考虑周到，使指标体系具有完整性，能刻画各个区域的整体状态和发展趋势。电力碳排放初始权配置指标体系还应是一个多层次、多属性的结构体系，是所有指标相互结合而成的有机整体，而不是多个指标的简单堆砌。构建科学合理的电力碳排放初始权配置指标体系，应遵循以下原则。

（1）系统性与层次性原则。电力碳排放初始权配置指标体系具有系统性和层次性，以反映经济、生态与社会子系统的发展状况，以及各区域之间的关系。指标体系中各指标相互联系、相互制约，反映不同侧面的相互制约关系，反映不同层次之间的包含关系。例如，"区域历史电力碳排放权总量"反映某区域在某一时期内电力行业排放的 CO_2 总量，而像"区域火力发电外送电量"指标属于"电力碳排放权总量"指标的下一层，能更好地区分各区域电力行业所要承担的碳排放责任。

（2）全面性与代表性原则。指标体系应该能够全面地反映所有影响配置结果的因素，不仅需要考虑经济、技术和国家宏观政策等因素，还需要考虑影响电力碳排放初始权配置的区域内部因素。同时，选取的指标必须具有代表性，能准确地、清晰地反映电力在不同区域的需求与供给问题，避免指标重复设置。这样才能全面地建立较为科学合理的指标体系，避免分配结果失实的错误。例如，"工业产业结构"指标虽然能反映整个区域工业发展水平，但不及"区域产业结构"更能准确、全面地反映区域工业基于各产业的发展水平，故剔除与"区域产业结构"重合的"工业产业结构"指标。

（3）定量指标与定性指标相结合原则。定量指标较为具体、直观，便于采集计算，通过量化的表述，达到使分配结果直接、清晰的目的。然而，电力碳排放初始权区域配置指标体系是一个多层次、非线性的系统，指标包含的内容和信息比较多，有的指标可以量化，但有的指标难以用数据量化，对难以量化的指标需辅以定性指标。定性指标有时包含的内容要比定量指标多且广，且定性指标对分配结果的计算更具导向性。例如，"人均地区生产总值"和"区域历史电力碳排放权总量"就是定量指标，容易获得与计算；"能源消费观念"和"弱势群体保护度"无法用定量指标来衡量，只能间接量化。

（4）动态性与静态性原则。区域电力碳排放初始权配置指标体系应该使动态指标与静态指标相结合。其中，静态指标如一定时段内"人均地区生产总值"，反映了某一时期的人均地区生产总值水平；动态指标可以表现出显示存在的系统、联系和有序性的变化，如"低碳技术发展水平"指标，能反映区域内低碳技术的发展趋势。根据指标体系获得的区域电力碳排放初始权配置方案应该是未来一段时间都使用的碳排放初始权配置方案。

在电力行业碳排放初始权配置影响因素分析的基础上，综合考虑各方因素，依据上述原则，将三级影响因素用对应的指标进行表示，建立了一套多层次、多属性的电力碳排放初始权区域配置指标体系，如表 8.2 所示。

表 8.2　电力碳排放初始权区域配置指标体系

一级指标	二级指标	三级指标	指标计算方法	备注
外部因素 A_1	社会环境 B_1	人口数量 C_{11}	来源于统计局	区域人口因素
		城市化率 C_{12}	城市人口/区域总人口	区域城市化水平
	经济环境 B_2	人均地区生产总值 C_{21}	区域地区生产总值总量/区域人口数量	区域经济水平
		第二产业占比 C_{22}	第二产业生产总值/区域生产总值	区域产业结构
	生态环境 B_3	大气环境容量 C_{31}	根据各地区面积计算	区域 CO_2 容量
		森林覆盖率 C_{32}	来源于统计局	
内部因素 A_2	电力碳排放权总量 B_4	区域历史电力碳排放量 C_{41}	CO_2 排放量=碳排放强度 ×地区生产总值总量	区域历史电力碳排放水平
		区域火力发电外送电量 C_{42}	来源于统计局	区域火力发电外送电量水平
	区域低碳减排现状 B_5	碳排放强度 C_{51}	碳排放总量/地区生产总值总量	区域低碳管理水平
		弱势群体保护度 C_{52}	定性指标，专家评判综合给出	
		能源消费观念 C_{53}	定性指标，专家评判综合给出	能源消费观念
		能源消费强度 C_{54}	能源消费总量/地区生产总值总量	能源利用水平
		工业增加值能耗 C_{55}	来源于统计局	
		碳减排技术发展水平 C_{56}	定性指标，专家评判综合给出	碳减排技术发展水平

指标体系共分三级：第一级将区域电力碳排放初始权配置影响因素分为外部因素和内部因素，即 A_1、A_2；第二级是影响因子层 B，包括社会环境因素 B_1，经济环境因素 B_2，生态环境因素 B_3，电力碳排放权总量因素 B_4，区域低碳减排现状 B_5；第三级是指标层 C，共 14 个指标。最后，将碳排放权分配给中国电力碳排放权待分配的各个区域，用 $d_1, d_2, \cdots, d_n$ 表示。

2. 指标的具体含义

各指标的具体含义说明如下。

（1）社会环境指标。社会环境因素是影响碳排放权配置的重要因素，它是碳排放初始权分配公平性的体现，在碳排放初始权配置时，需要考虑该因素。由前述影响因素分析可知，社会环境影响因素包括人口因素、区域城市化水平，则对应选择人口数量、城市化率两个指标分别描述两个影响因素。

C_{11}——人口数量。基于公平性原则，不仅世界各国平等享有碳排放权的权利，作为个体，人人都应平等、自由地享有碳排放权被均等分配的权利。而且，区域人口数量大，需消耗的能源也相应增多，从而获得碳排放初始权也增大。因此，人口数量指标属于越大越优型的指标。

C_{12}——城市化率。城市化过程反映的是产业结构的转变、人口职业的转变、土地及地域空间的变化。有研究表明，城市居民人均能源消费量约为农村居民的3.5~4 倍。国家宏观政策影响着城市化率水平的高低，随着城市化率的提高，第一产业比重逐渐降低，第二产业及第三产业的比重不断增加，从而影响区域的碳排放总量。该指标用城市人口与区域总人口的比值表示，属于越大越优型的指标。

（2）经济环境指标。经济环境通常是指一个国家或地区经济发展状况。经济的增长与发展伴随着能源的消费。一方面，经济规模的扩大会给环境带来更多的污染和破坏，从而带来碳排放的增加；另一方面，经济发展水平的提高会促进科技的进步，从而改善环境污染状况。因此，经济环境因素影响着区域碳排放初始权的分配。经济环境因素包括区域经济水平和区域产业结构，本书采用人均地区生产总值、第二产业占比指标表示这两个影响因素。

C_{21}——人均地区生产总值。人均地区生产总值反映了区域的总体经济发展水平，有助于了解与把握一个地区的宏观经济运行状况，用区域地区生产总值总量除以区域人口数量得到。不同地区的人均地区生产总值不同，其对应的碳排放量也不同，两者之间存在一定的联系。在区域碳排放分配中，该指标是越大越优型指标，单位是元。

C_{22}——第二产业占比。区域产业结构是全国经济空间布局在特定区域组合的结果，反映区域社会生产结构与需求结构之间的关系，分别用第一产业、第二产业、第三产业总产值除以该区域地区生产总值得到。在碳排放初始权分配时，由于三次产业中的第二产业与碳排放关系紧密，因此应该重点考虑第二产业的比重对碳排放水平的影响。若第二产业比重较大，则该指标就是越大越优型指标。

（3）生态环境指标。生态环境因素是指影响人类生存与发展的气候资源，生态环境是关系到社会和经济是否可持续发展的复合生态系统。人类在充分利用和改造自然，满足自身生存与发展的过程中，对自然环境的破坏和污染产生了危害人类生存的各种负反馈效应。其中，区域CO_2容量是影响区域生态环境的主要因素。本书选用大气环境容量和森林覆盖率来描述生态环境指标。

C_{31}——大气环境容量，是指某区域内所能容纳的对人们生活不造成影响的最大的CO_2容量。就温室效应而言，如果污染物（CO_2）存在的数量超过最大容纳量，大气环境的生态平衡和正常功能就会遭到破坏，并对当地居民的正常生活造成影响。由于各地区地理位置相近，大气具有流通性特点，从而各地区单位面积的CO_2浓度相似。因此，可采用各区域占地面积来表示大气环境容量指标。该指标是越大越优型指标，单位是平方米。

C_{32}——森林覆盖率，是指一个国家或地区森林面积占土地面积的百分比，是用来反映一个国家或地区森林面积占有情况或森林资源丰富程度及实现绿化程度的指标。森林是空气的净化器，可吸收空气中有害气体，且吸收速度较快。同时，森林在生长过程中要吸收大量CO_2，放出O_2。就全球来说，森林绿地每年为人类处理近千亿吨CO_2。因此，各区域较高的森林覆盖率，有极大的提高空气质量的能力，并能减少温室气体，减少热效应。该指标属于越大越优型指标。

（4）电力碳排放权总量指标。电力碳排放权总量是影响区域电力碳排放分配的主要因素指标。主要从电力行业的特征出发，在分析影响因素的基础上，经过细化精选，采用区域历史电力碳排放量及区域火力发电外送电量来分别表示区域历史电力碳排放水平和区域火力发电外送电量水平。

C_{41}——区域历史电力碳排放量。该指标用来衡量区域在一定时期内所有电厂集团发电所排放CO_2的总量。根据公平性原则中的历史责任原则，历史碳排放量较高或工业化水平高的国家承担更多的减排责任。因此，对于区域电力碳排放权总量较高的区域，应适当减少对其碳排放初始权的分配，以促使这些区域承担碳排放的历史责任。根据公平原则，该指标属于越小越优型指标，单位是吨。

C_{42}——区域火力发电外送电量。该指标用来衡量本区域向外区域贡献电力的情况。某些区域的资源煤炭禀赋好，所发电量经过国家调配，传送到其他区域进行使用，则这部分的发电量是为了国家整体的社会、经济发展需要而进行的，需要给予这部分的发电量适当的碳排放初始权，从而满足国家整体发展的需求。因此，该指标属于越大越优型的定性指标，单位是万千瓦时。

（5）区域低碳减排现状指标。区域碳排放量的多少很大程度上取决于与能源消耗、低碳措施相关的影响因素。在区域低碳管理水平、能源消费观念、能源利用水平及碳减排技术发展水平方面，不同地区存在很大差异，因此区域低碳减排现状对电力碳排放初始权配置有着很大的影响。区域电力碳排放因素包括碳排放强度、弱势群体保护度、区域能源消费观念、能源消费强度、工业增加值能耗指标。

C_{51}——碳排放强度。碳排放强度主要用来衡量一国经济同碳排放量之间的关系，若一国在经济增长的同时，每单位 GDP 所带来的 CO_2 排放量在下降，那么说明该国实现了一个低碳的发展模式。该指标用区域碳排放总量除以区域地区生产总值总量表示，属于越小越优型的定量指标，单位是吨/元。

C_{52}——弱势群体保护度。该指标反映国家对弱势区域的保护程度，即体现了政策保护的力度。电力碳排放初始权配置中的弱势群体是一个相对概念，它是指在电力碳排放初始权配置过程中，由区域自身经济、地理位置、政治和社会性资源分配等方面处于不利地位而导致分配的碳排放初始权相对较少的区域。根据公平性原则，政府对弱势群体保护度越高则分配的碳排放初始权相对越多，属于越大越优型的定性指标。该指标是定性指标，通过专家综合评判给出。

C_{53}——能源消费观念。能源消费观念是指某区域人们对愿意消费各种能源（如煤、石油、天然气、电力等）的倾向，也包括该区域人们节能减排的意识和为节能减排所做的努力。能源消费观念是定性指标，通过专家评判综合给出。如果一个区域人们的能源消费观念越先进，则应适当多分配碳排放权以激励该区域进一步进行节能减排。该指标属于越大越优型的定性指标。

C_{54}——能源消费强度。该指标是单位地区生产总值产出所要消费的能源量，也叫能源效率。该指标用区域在一定时期内能源消费总量除以地区生产总值总量表示。在地区生产总值产出一定的情况下，能源消费强度越高，表明能源消费总量越大，从而排放的 CO_2 越多，表明能源的利用效率越低。为了满足区域低碳减排的目标，对于能源效率低的地区要适当地少分配碳排放权以激励各个区域能提高能源利用的效率。因此，该指标属于越小越优型的定量指标，单位是吨/元。

C_{55}——工业增加值能耗。工业增加值能耗指一定时期内，一个国家或地区每增加一定量的工业值所消耗的能源的数量。一般来说，工业增加值的增速越高，节能减排压力就会越大，表明其能源利用的效率越低。因此，对于工业增加值能耗高的区域，应当适当减少对该区域的碳排放初始权的分配，从而调动该区域低碳减排的积极性。因此，该指标属于越小越优型的定量指标，单位是吨。

C_{56}——碳减排技术发展水平。该指标是用来衡量某区域低碳技术水平的指标。减少 CO_2 排放，促进低碳经济发展，科学技术是主要的支撑手段。大力研发和推广节能减排技术、低碳能源技术等，具有重要价值。该指标为定性指标，主要根据区域的电厂集团投入低碳技术研发、实施的资金占总投入资金的比重，以及专家的评判给出。与碳减排创新程度指标类似，该指标越大，说明区域越重视低碳减排，需要给予一定的激励，应适当多分配碳排放权，属于越大越优型的定性指标。

8.2.3　基于投影的多目标分配模型

为了概化模型，假设在进行电力碳排放初始权的区域分配时，可供分配的电力碳排放初始权的总量为 PE_t，共有 n 个区域参与，每个区域获得的碳排放初始权的分配量为 $E_i(i=1,2,\cdots,n)$。进行分配时，每个区域均有 $d_j(j=1,2,\cdots,m)$ 个指标构成碳排放初始权配置的指标集。设地区 i 对应于指标 j 的属性值为区间数 a_{ij}，其中 $a_{ij}=[a_{ij}^L,a_{ij}^U],i=1,2,\cdots,n,j=1,2,\cdots,m$，$a_{ij}^L,a_{ij}^U$ 分别为该属性值的下限和上限。通过采集各区域各指标的历史数据，得出各属性值的上下限，从而得到决策矩阵 $\tilde{A}=(\tilde{a}_{ij})_{n\times m},i=1,2,\cdots,n,j=1,2,\cdots,m$。基于投影的多目标分配模型主要包括五大步骤：①对指标属性值的规范化处理；②确定指标的权重；③构造加权规范化矩阵；④计算投影值；⑤计算各个区域的分配量，获得分配方案。

1. 对指标属性值的规范化处理

电力碳排放初始权区域分配的 5 个二级指标 14 个三级指标分别涉及经济水平、碳排放水平、技术水平等多方面因素，这些指标中有定性指标也有定量指标。对于定量指标，最常见的属性类型为效益型和成本型。在进行分配方案的确定时，为了消除指标的量纲及数量级的影响，增加指标间的可比性，应对指标进行规范化处理，将决策矩阵 $\tilde{A}$ 转化为规范化矩阵 $\tilde{R}=(\tilde{r}_{ij})_{n\times m}$。

1）效益型指标的区间量化处理

根据 8.2.2 小节的分析，所构建的 14 个指标中，属于效益型的指标有人口数量、第二产业占比、城市化率、人均地区生产总值、大气环境容量、森林覆盖率、区域历史电力碳排放量、区域火力发电外送电量。

根据区间数的运算法则，其计算公式如下：

$$\begin{cases} r_{ij}^L = a_{ij}^L \Big/ \sqrt{\sum_{i=1}^{n}(a_{ij}^U)^2} \\ r_{ij}^U = a_{ij}^U \Big/ \sqrt{\sum_{i=1}^{n}(a_{ij}^L)^2} \end{cases}, \quad i=1,2,\cdots,n \tag{8.3}$$

其中，a_{ij}^L,a_{ij}^U 分别为该属性值的下限和上限，r_{ij}^L,r_{ij}^U 分别为规范后每个属性值的下限和上限。

2）成本型指标的区间量化处理

根据 8.2.2 小节的分析，属于成本型的指标有碳排放强度、能源消费强度、工业增加值能耗。

根据区间数的运算法则，其计算公式如下：

$$\begin{cases} r_{ij}^{L} = \left(1/a_{ij}^{U}\right) \Big/ \sqrt{\sum_{i=1}^{n}\left(1/a_{ij}^{L}\right)^{2}} \\ r_{ij}^{U} = \left(1/a_{ij}^{L}\right) \Big/ \sqrt{\sum_{i=1}^{n}\left(1/a_{ij}^{U}\right)^{2}} \end{cases}, \quad i = 1, 2, \cdots, n \tag{8.4}$$

其中，a_{ij}^{L}, a_{ij}^{U} 分别为该属性值的下限和上限；r_{ij}^{L}, r_{ij}^{U} 分别为规范后每个属性值的下限和上限。

3）定性指标的规范化处理

电力碳排放初始权配置的具体指标中属于定性指标的有弱势群体保护度、能源消费观念、碳减排技术发展水平。由于定性指标难以量化，采用专家打分的方式给出定性指标在目标年的最低指标值与最高指标值，运用上述效益型指标与成本型指标的归一化方法，将其进行归一化处理。

2. 确定指标的权重

确定指标权重的常用方法有德尔菲法、AHP、熵权法等。德尔菲法是一种主观权重法，AHP 是一种定性与定量相结合的方法，熵权法通常用来计算系统中各个指标的客观权重。对于电力行业碳排放初始权配置来说，指标的确定不仅要考虑专家对各个指标的认识与重视程度，还要考虑各指标在决策中的作用（指标传输给决策者的信息）。本书采用综合主观权重与客观权重的方法来确定区域分配的指标权重。若用 w_{i1}, w_{i2} 分别表示主观和客观权重，则有

$$w_{i} = f(w_{i1}, w_{i2}), i = 1, 2, \cdots, n$$

（1）w_{i1} 的确定。w_{i1} 表示主观权重，通常通过专家的决策给出，该权重真实反映了专家对研究问题的个人看法和价值趋向，且权重的大小与专家或决策者的经验、知识、行业背景、价值观等息息相关。专家在确定权重时，若指标体系中的指标比较少，专家可以较为容易地给出权重，但是当指标过多时，专家就会遇到决策困难，此时决策可能失准，这时需要借助其他方法来确定权重，如 AHP、德尔菲法、两两比较法、打分法等，考虑本书的影响因素比较多，且其中部分指标属于定性指标，其权重的确定对专家的经验、知识依赖度较高，所以本书在计算指标权重时采用 AHP。

AHP 是先分解后综合的权重赋予方法，首先根据对客观现实的评判，分析各种因素之间的相互联系，构建递阶层次分析图，使研究对象条理化，利用两两评

判的数学方法确定每一层次元素的权重，并通过排序结果分析和解决问题，其具体步骤如下：①将各个指标进行层次化，作出递阶层次分析图。②构造判断矩阵。对属于该因素下的所有指标进行两两比较，构造出判断矩阵，所得判断矩阵可用 $B = (b_{ij})$ 表示，b_{ij} 可以采用三标度法、五标度法、九标度法进行确定，对各元素来说，$b_{ij} = 1$，$b_{ij} = 1/b_{ij}$。③进行判断矩阵的一致性检验。④若判断矩阵通过了一致性检验，则可采用和法、方根法、特征根法或最小平方法求出各个指标的权重。AHP 属于两两比较法，实际上是两两比较法的一种深化，以两两比较为基础建立判断矩阵，缺点是工作量比较大，但是可以检验出判断矩阵的一致性，计算权重的方法比两两比较法更为科学。

（2）w_{i2} 的确定。w_{i2} 表示客观权重，代表在所有可行方案中每个指标所传递给决策者信心的大小，反映了在已有的可行方案集下，各指标传输的决策信息量的大小。客观权重容易受判断矩阵和可行方案集合的影响，对评价矩阵和方案集非常敏感，所以一般采用熵权法来确定 w_{i2} 的大小。

设可行方案集中方案的个数为 n，指标体系中的指标个数为 m，用 x_{ij} 表示方案 j 下指标 i 现实采集的数据，这些原始数据量纲不一，所以需要经过标准化才能用于决策，用 y_{ij} 表示 x_{ij} 标准化后的数值。对于指标体系中每个指标而言，各个方案的某项指标的差异性越大，表示这个指标越重要，该指标所反映的信息量就越大。利用熵权法计算指标权重的步骤如下：

步骤一：计算第 j 个指标下第 i 个方案指标值的比重 p_{ij}

$$p_{ij} = \frac{y_{ij}}{\sum_{j=1}^{n} y_{ij}} \tag{8.5}$$

其中，y_{ij} 为各指标进行标准化之后的数值。

步骤二：计算所有指标的熵值

$$e_i = -k \sum_{j=1}^{n} p_{ij} \ln p_{ij} \tag{8.6}$$

其中，e_i 为指标 i 的熵值，$k = \frac{1}{\ln n}, 0 \leqslant e_i \leqslant 1$。

步骤三：计算每个指标的差异性系数。对于指标体系中的某个指标，方案的指标值之间差异性越小，则指标的熵值越大；当所有方案的指标值相等时，$e_i = e_{\max} = 1$，指标值将失去作用；若方案的各个指标值之间相差都比较大，则 e_i 将变小，指标对于方案的比较作用就越大。设差异性系数为 g_i，则 $g_i = 1 - e_i$，g_i 的数值越大则表示该指标越重要。

步骤四：确定权重

$$\overline{w}_i = \frac{g_i}{\sum_{i=1}^{m} g_i} \tag{8.7}$$

其中，g_i 为差异性系数；$\overline{w}_i$ 为指标 i 的差异性系数占总差异性系数的比重。归一化处理 $\overline{w}_i$，即可计算出每个指标的权重，从而可以得到权重向量。

（3）w_i 的确定：一般来说 w_{i1} 与 w_{i2} 两部分平行地决定一个指标的重要性。虽然权重公式中的 w_{i1} 与 w_{i2} 的关系可以用不同的函数形式来表示，但它们必须具备以下特点，即两者中任一个等于 0，即使其他一个为 1，也不能说该指标非常重要。只有当 w_{i1} 与 w_{i2} 都取其最大值时，w_i 才最大。本书用式（8.8）的形式表示指标 c_i 的总权重 w_i。

$$w_i = f(w_{i1}, w_{i2}) = \frac{w_{i1} \cdot w_{i2}}{\sum_{i=1}^{n} w_{i1} \cdot w_{i2}} \tag{8.8}$$

其中，w_i 为指标 i 的权重；w_{i1} 与 w_{i2} 分别为主观权重和客观权重。

3. 计算投影值及碳排放初始权配置比例

（1）构造加权规范化矩阵。根据属性权重向量 w 和规范化矩阵 $\tilde{R}$，构造加权规范化决策矩阵 $\tilde{Y} = (\tilde{y}_{ij})_{n \times m}$，其中，$\tilde{y}_{ij} = [y_{ij}^L, y_{ij}^U]$，且 $\tilde{y}_{ij} = w_j \tilde{r}_{ij}$，$i = 1, 2, \cdots, n$，$j = 1, 2, \cdots, m$。

（2）利用式（8.9）计算区间型正理想点 $\tilde{Y}^+$。

设 $\tilde{Y}_j^+ = (\tilde{y}_1^+, \tilde{y}_2^+, \cdots, \tilde{y}_m^+)$ 为区间型正理想点，其中，$\tilde{Y}_j^+$ 的计算如下：

$$\tilde{Y}_j^+ = [\max(y_{ij}^L), \max(y_{ij}^U)], i = 1, 2, \cdots, n, j = 1, 2, \cdots, m \tag{8.9}$$

（3）利用式（8.10）~式（8.12）计算投影值，设 $\alpha = (\alpha_1, \alpha_2, \cdots, \alpha_m)$ 和 $\beta = (\beta_1, \beta_2, \cdots, \beta_m)$ 是两个向量，定义：

$$\cos(\alpha, \beta) = \frac{\sum_{j=1}^{m} \alpha_j \beta_j}{\sqrt{\sum_{j=1}^{m} \alpha_j^2} \cdot \sqrt{\sum_{j=1}^{m} \beta_j^2}} \tag{8.10}$$

设 $\alpha = (\alpha_1, \alpha_2, \cdots, \alpha_m)$，则 $|\alpha| = \sqrt{\sum_{j=1}^{m} \alpha_j^2}$ 为向量 α 的模，一个向量由方向和模两部分组成，而向量之间的夹角余弦值仅能衡量它们的方向是否一致，而不能反映其模的大小，因此必须把模的大小与夹角余弦值结合起来考虑才能全面反映向量之间的接近程度，以此定义投影的概念。定义：

$$\mathrm{Pr}\,j_\beta(\alpha) = \frac{\sum\limits_{j=1}^{m}\alpha_j\beta_j}{\sqrt{\sum\limits_{j=1}^{m}\alpha_j^2}\cdot\sqrt{\sum\limits_{j=1}^{m}\beta_j^2}}\cdot\sqrt{\sum\limits_{j=1}^{m}\alpha_j^2} = \frac{\sum\limits_{j=1}^{m}\alpha_j\beta_j}{\sqrt{\sum\limits_{j=1}^{m}\beta_j^2}} \qquad (8.11)$$

式（8.11）为 α 在 β 上的投影，一般地，$\mathrm{Pr}\,j_\beta(\alpha)$ 值越大，表示向量 α 和 β 之间越接近，令

$$\mathrm{Pr}\,j_{\tilde{y}^+}(\tilde{y}_i) = \frac{\sum\limits_{j=1}^{m}(\tilde{y}_{ij}^L y_j^{+L} + \tilde{y}_{ij}^U y_j^{+U})}{\sqrt{\sum\limits_{j=1}^{m}[(y_j^{+L})^2 + (y_j^{+U})^2]}}, \quad i=1,2,\cdots,n \qquad (8.12)$$

其中，$\mathrm{Pr}\,j_{\tilde{y}^+}(\tilde{y}_i)$ 为区域 i 的投影值，$\mathrm{Pr}\,j_{\tilde{y}^+}(\tilde{y}_i)$ 的值越大，表明区域 i 越贴近区域型正理想点 $\tilde{Y}_j^+$。

（4）计算各区域碳排放初始权配置比例 θ_i，得总的分配方案。对地区 i 的投影值 $\mathrm{Pr}\,j_{\tilde{y}^+}(\tilde{y}_i)$ 进行归一化处理，获得地区 i 的碳排放初始权配置比例 θ_i，再与碳排放初始权配置总量 PE_t 相乘，则可获得地区 i 的碳排放初始权配置量 E_i，得到区域分配方案 $G=(E_1,E_2,\cdots,E_n)$。

8.3　电力碳排放初始权电厂集团分配模型

8.3.1　电力碳排放初始权电厂集团分配路径

电力行业碳排放初始权经过区域配置之后，得到了区域配置初始方案。每个区域根据该方案，将其获得的电力碳排放初始权再次分配到该区域的各个电厂集团，该过程即为电力碳排放初始权的电厂集团分配。电厂集团分配时需要考虑到各个电厂集团的电源结构、机组大小、能耗等的不同。目前，国际上对发电企业所实施的碳排放权分配模式主要有两种模型：一种是基于发电量的碳排放权分配方式，即排放限额与发电企业的发电量成正比。这种分配机制将会减少漏排现象的发生，但是在这种分配方式下，发电企业会因为其较低的碳排放量而得到过多的额外补贴，而那些碳排放量很高的企业则会付出过高的成本代价；另一种分配模式是基于发电类型的碳排放分配方式，该种分配方式基于公平性考虑，由加利福尼亚州公用事业委员会（California Public Utilities Commission，CPUC）提出。

两种分配方式各有利弊，从电厂集团的角度出发，当该电力公司所分得的碳

排放权总量小于电力行业的限额时，按发电量分配碳排放权比较适合这些电力公司，而且电力公司还可以将满足生产后所剩下的碳排放配额在碳交易市场中交易，以获得额外的收入。与之相反，当电力公司所分得的碳排放权总量大于行业的限额时，基于发电类型分配碳排放权比较适合电力公司。当碳排放总量超过排放限额时，可以从排放权交易市场中购买额外的排放额度。

　　站在区域整体的角度来看碳排放初始权在电厂间的配置问题，考虑到上述碳排放初始权配置的效益原则、优化电源结构原则、利于国家政策实施原则、动态原则等，结合电力行业的特征，本书提出电力碳排放初始权电厂集团分配的具体步骤，其分配路径如图 8.2 所示。

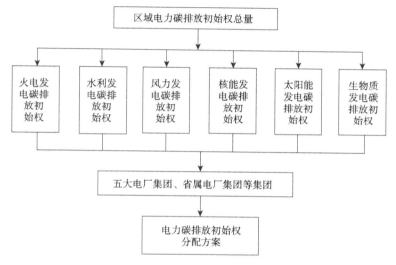

图 8.2　电力碳排放初始权电厂集团分配路径图

　　（1）考虑效益原则，在进行电厂集团分配时，分配的目标为区域 $d_j(j=1, 2,\cdots,n)$ 在第 t 年内各个电厂集团的总发电成本最小。

　　（2）考虑优化电源结构原则，现将区域 $d_j(j=1,2,\cdots,n)$ 在第 t 年所获得的总碳排放初始权 E_j^t 按照发电类型的不同，给清洁能源发电机组（不排放或基本不排放 CO_2 的机组）分配适当的碳排放初始权，以鼓励各个发电集团积极调整、优化本集团的电源结构。

　　（3）考虑利于国家政策实施的原则，将每种发电类型所获得的碳排放初始权配置到各个发电集团，从而汇总得到每个发电集团在第 t 年所获得的总的碳排放权。

8.3.2　分配到不同类型的发电机组

根据电力碳排放初始权区域分配的结果，区域 $d_j(j=1,2,\cdots,n)$ 在第 t 年分配的碳排放初始权总量为 E_j^t。根据我国的实际情况，电力碳排放初始权限额一般小于碳排放总量，因此在电厂集团之间进行分配时，首先采用基于发电类型的分配方式，将区域所获得的碳排放初始权总量分配到不同发电类型的发电机组。

由于发电类型的不同，各个发电机组单位电量的 CO_2 排放强度各不相同，清洁能源发电的 CO_2 排放量较少甚至没有。根据国内电厂发电技术水平现状，可假设被分配区域电厂有火电、水电、风电、生物质、光伏、核电等发电类型，则选取被分配区域 d_j 第 k 种发电类型在第 t 年所获得的碳排放初始权为决策变量，记做 $E_{j,k}^t$。

碳排放初始权配置目标为总发电经济成本最小，则目标函数为：

$$\min F = \sum_{k=1}^{6}[c_{j,k}^t(q_{j,k}^t) + \xi_j^t(q_{j,k}^t \times \gamma_{j,k}^t - E_{j,k}^t)] \quad （8.13）$$

其中，F 为发电成本函数；$c_{j,k}^t$ 为被分配区域 d_j 在第 t 年的目标发电成本函数；$q_{j,k}^t$ 为被分配区域 d_j 在第 t 年的第 k 种发电机组的计划发电量；ξ_j^t 为被分配区域 d_j 在第 t 年的碳排放初始权交易价格函数；$\gamma_{j,k}^t$ 为被分配区域 d_j 在第 t 年的第 k 种发电机组的 CO_2 排放强度；$E_{j,k}^t$ 为被分配区域 d_j 第 k 种发电类型在第 t 年所获得的碳排放初始权。

约束条件如下。

（1）鼓励清洁能源发电原则。各类型发电机组所获得碳排放初始权的比例与各发电机组的二氧化碳排放量有关。同时为了鼓励清洁能源发电，对于清洁能源机组的二氧化碳排放比例配以适当的系数，具体如式（8.14）所示。

$$E_{j,k}^t / E_j^t = (\omega_{j,k} \times \gamma_{j,k}^t \times q_{j,k}^t) \Big/ \sum_{k=1}^{6}(\gamma_{j,k}^t \times q_{j,k}^t) \quad （8.14）$$

其中，$\omega_{j,k}$ 为第 k 种发电机组碳排放初始权比例系数，该系数由相关专家评判给出确定值。

（2）电量平衡约束式。第 t 年，各个机组的发电量之和等于该区域的总电量需求减去区域外来发电总量加上送往区域外的电量总量。

$$Q_{j,总}^t = \sum q_{j,k}^t \quad （8.15）$$

其中，$Q_{j,总}^t$ 为区域 d_j 在第 t 年的电量需求减去区域外来发电总量加上送往区域外的电量总量；$q_{j,k}^t$ 为第 k 种机组在第 t 年的年发电量。

第 t 年，各个发电机组的发电量小于等于各个机组的最大发电量。

$$q_{j,k}^t \leqslant \left(q_{j,k}^t\right)_{\max} \tag{8.16}$$

其中，$\left(q_{j,k}^t\right)_{\max}$ 为第 k 种发电机组在第 t 年的最大发电量。

因此，电力碳排放初始权在不同发电机组之间的电厂集团分配模型如下：

$$\begin{cases} \min F = \sum_{k=1}^{6} \left[c_{j,k}^t \left(q_{j,k}^t\right) + \xi_j^t \left(q_{j,k}^t \times \gamma_{j,k}^t - E_{j,k}^t\right) \right] \\[3mm] \dfrac{E_{j,k}^t}{E_j^t} = \dfrac{\left(\omega_{j,k} \times \gamma_{j,k}^t \times q_{j,k}^t\right)}{\displaystyle\sum_{k=1}^{6} \left(\gamma_{j,k}^t \times q_{j,k}^t\right)} \\[3mm] Q_{j,\text{总}}^t = \sum q_{j,k}^t \\[2mm] q_{j,k}^t \leqslant \left(q_{j,k}^t\right)_{\max} \\[2mm] k = 1,2,\cdots,6; \quad j = 1,2,\cdots,n \end{cases} \tag{8.17}$$

8.3.3　分配到每个电厂集团

根据电力碳排放初始权电厂集团分配中各机组分配的结果，区域 $d_j(j=1,2,\cdots,n)$ 第 k 种发电机组在第 t 年分配的碳排放初始权总量为 $E_{j,k}^t$。需要将六类发电机组所获得的碳排放初始权配置到不同电厂集团。假设有 m 个电厂集团，每个电厂集团均有火电、水电、风电、生物质能、太阳能、核电等六类发电类型的机组。在六类发电类型的机组中，只有火电的 CO_2 排放量最大，所占比重最高，因此重点考虑对火电机组碳排放初始权的初始分配。

根据电力工业产业政策和发展规划，为了加大建设高效、清洁机组的力度，保持电力工业持续、健康发展，国家出台相关政策鼓励各个电厂关停小火电机组，尽可能地去上马大火电机组的项目，这有利于降低电力的碳排放系数，从而从整体上减少电力行业的 CO_2 排放。

火力发电按照机组的装机容量，分为大机组和小机组两类。因此，火力发电机组的碳排放初始权配置，需要区分大机组与小机组两类来考虑。根据文件规定，在大电网覆盖范围内，原则上不得建设单机容量 30 万千瓦以下纯凝汽式燃煤机组。另外，本书将装机容量在 30 万千瓦以下的归为小机组类别，30 万千瓦及以上的归为大机组类别。

假设电厂集团 L 在第 t 年火力发电类型中大火电机组有 m 个，其中小火电机组有 i 个，每个小火电机组的装机容量为 $N_{Li,k}$，每个大火电机组的装机容量为 $N_{Lm,k}$，则电厂集团 L 在第 t 年火电发电机组所获得的碳排放初始权为

$$E_{jL,k}^{t} = \frac{E_{j,k}^{t} \times \left(\sum_{i} N_{Li,k} \times \sigma_{Li,k} + \sum_{m} N_{Lm,k} \times \sigma_{Lm,k} \right)}{\sum_{L} \left(\sum_{i} N_{Li,k} \times \sigma_{Li,k} + \sum_{m} N_{Lm,k} \times \sigma_{Lm,k} \right)} \qquad (8.18)$$

其中，$E_{jL,k}^{t}$ 为电厂集团 L 在第 t 年火电发电机组所获得的碳排放初始权；$E_{j,k}^{t}$ 为区域 $d_{j}(j=1,2,\cdots,n)$ 第 k 种发电机组在第 t 年分配的碳排放初始权总量；$\sigma_{Li,k}$ 和 $\sigma_{Lm,k}$ 分别为小火电机组和大火电机组碳排放初始权配置的系数，且两个系数之和为 1。

其他发电类型的碳排放初始权分配原则为依据每个电厂集团的每类发电机组的装机容量进行分配。假设区域 d_{j} 电厂集团 L 在第 t 年第 k 种发电类型的装机容量为 $M_{L,k}$，则区域 d_{j} 在第 t 年第 k 种发电类型的总装机容量为 $\sum_{L=1}^{m} M_{L,k}$。根据 $\sum_{L=1}^{m} M_{L,k}$ 分配原则，可得到电厂集团 L 在第 t 年第 k 种发电类型所获得的碳排放初始权为

$$E_{jL,k}^{t} = \frac{E_{j,k}^{t}}{\sum_{L=1}^{m} M_{L,k}} \times M_{L,k} \qquad (8.19)$$

则电厂集团 L 在第 t 年的碳排放初始权分配模型如下：

$$\begin{cases} E_{jL}^{t} = \sum_{k=1}^{6} E_{jL,k}^{t} \\[2mm] E_{jL,k}^{t} = \dfrac{E_{j,k}^{t}}{\sum_{L=1}^{m} M_{L,k}} \times M_{L,k}, \quad k \text{为清洁能源发电机组时} \\[4mm] E_{jL,k}^{t} = \dfrac{E_{j,k}^{t} \times \left(\sum_{i} N_{Li,k} \times \sigma_{Li,k} + \sum_{m} N_{Lm,k} \times \sigma_{Lm,k} \right)}{\sum_{L} \left(\sum_{i} N_{Li,k} \times \sigma_{Li,k} + \sum_{m} N_{Lm,k} \times \sigma_{Lm,k} \right)}, \quad k \text{为火力发电机组时} \end{cases} \qquad (8.20)$$

第9章 电力碳排放初始权配置的和谐优化模型

在电力碳排放初始权配置过程中，对于得到的预配置方案，需要通过和谐性评判与演化改进来进行预配置方案的修订。基于和谐性评判理论，均衡供给与需求、公平与效率两对关系构建电力碳排放初始权区域配置的和谐性评判指标，对碳排放初始权区域分配的初始方案进行和谐性评判与改进，使得参与分配的各个区域的碳排放需求都能得到最大化的满足，协调区域与区域之间的碳排放权矛盾与冲突；同时，对碳排放初始权电厂集团之间的初始分配方案进行和谐性评判，从而减少电厂集团之间碳排放权分配的矛盾冲突，实现调整电源结构，低碳减排的目标。

9.1 电力碳排放初始权配置的和谐性

碳排放初始权配置本质属于资源配置，即将碳排放权看成一种环境资源。资源配置是对资源在何时、何地、何用途和多少数量方面的安排。电力碳排放初始权配置是通过一定的分配方法、管理制度及机制等对电力行业所获得的碳排放权进行分配。

基于系统视角来看，系统和谐主要是指各子系统内部诸要素自身、各子系统内部诸要素之间及各子系统之间在横向空间意义上的协调和均衡，也就是事物自身内在与外在关系的协调。这种协调的内涵主要包括三个方面：①构成各子系统的诸要素自身的和谐。每个子系统中的基本要素都是建立在自身的微观和谐基础上的。②每个子系统的所有关键要素之间的和谐。各个子系统中的关键要素之间的中观和谐是系统和谐的必要条件，是整个系统和谐不可缺少的重要组成部分。③在宏观角度上的整个系统的和谐。在实现上述两个方面和谐的基础上，进一步将这种相辅相成、互促互补的和谐性延伸到每个系统之间，从而得到整个系统的大和谐。

电力碳排放初始权配置的和谐，是指电力碳排放权在供给与需求均衡、公平与效率均衡的条件下，在政府宏观调控的作用下，遵从"两个趋同"的分配思想（即在趋同目标年实现相同的人均碳排放权和从趋同基准年算起到趋同目标年实现相同的人均积累碳排放权）充分吸收利用各个区域及各个电厂集团的意见，建立区域、电厂集团分配碳排放权的协商机制，使电力碳排放权的初始分配方案能够满足各区域的社会经济发展状况，满足各电厂集团的相关要求，缓解分配冲突所带来的问题，有利于构建和谐社会。

中国电力碳排放初始权配置系统，包括区域分配子系统和电厂集团分配子系统，其中区域分配子系统是由参与分配的各个区域所构成的，电厂集团分配子系统是由各区域内部各个电厂集团所构成的。这两个子系统之间相对独立，区域分配子系统得出的初始分配方案作为电厂集团分配子系统的输入，在区域内部的电厂集团之间进行分配。因此，电力碳排放初始权配置的和谐性主要表现为区域分配方案的和谐性、电厂集团分配方案的和谐性及整体电力碳排放权分配的和谐性，其数学关系式表述为 $H = f(h_1(R), h_2(E))$。

1. $h_1(R)$——区域分配方案的和谐性

电力碳排放初始权区域分配方案的和谐性主要包括区域内部的和谐及区域之间的和谐。

区域内部的和谐主要是指各区域所获得的电力碳排放初始权能够满足各区域社会经济发展的需要，同时各区域内部的电厂集团通过碳排放初始权的配置能够实现最大化的效益，包括经济效益和低碳效益。

区域之间的和谐主要是指各区域相互之间的电力碳排放初始权配置的和谐。考虑到各区域资源分布的不同，有的区域碳排放较少的清洁发电资源相对丰富，有的区域相对来说比较贫乏。考虑公平因素，清洁发电资源相对丰富地区需要适当让渡一部分碳排放权给清洁发电资源贫乏的地区。此外，外送电量的区域相对于接受外来电量的区域来说，由于其排放的 CO_2 包括了其他区域的电力需求，则应适当多分配一些碳排放权，从而实现区域之间电力碳排放初始权配置的和谐。

2. $h_2(E)$——电厂集团分配方案的和谐性

电力碳排放初始权电厂集团分配方案的和谐性主要包括电厂集团内部的和谐及电厂集团之间的和谐。

电厂集团内部的和谐主要是指每个电厂集团所获得的碳排放初始权能够满足电厂集团自身的发电、供热等的需求。同时，电厂集团内部不同类型的发电机组之间所获得的碳排放初始权要相互和谐,清洁能源发电机组所获得的碳排放初始权可以适当让渡给火电发电机组,以确保电厂集团整体的和谐。

电厂集团之间的和谐主要是指区域内电厂集团之间的碳排放初始权配置的和谐。考虑到各个电厂集团的情况不同,有的电厂集团是多种发电类型均有,既有火电发电,也有清洁能源发电,清洁能源发电机组所获得的碳排放初始权可以适当让渡给火电发电机组。有的电厂集团仅有火电发电,则所分配得到的电力碳排放初始权可能不能满足自身的需求,而这些电厂在区域发展中又起到重要的作用,需要获得必要的碳排放权来发电。此时,需要电厂集团之间的相互协调,以确保电厂集团之间的配置和谐,使得区域内的电厂集团所获得的碳排放权既满足本区域社会、经济发展的需要,同时又能满足国家电力调配的需要及外调电等的需求。从而实现区域电力行业整体的低碳减排目标。

3. H——整体电力碳排放权分配和谐性

整体电力碳排放权分配和谐性主要是指在区域层面及电力集团层面都满足和谐,即所得到的电力碳排放初始权配置方案从整体上来说满足电力行业供给与需求均衡的要求,以及区域公平与效率的要求。在一国范围之内,实现电力碳排放权分配的整体和谐,区域与区域之间分配和谐、电厂集团与电厂集团之间分配和谐、区域与电厂集团之间协调满意,在国家发展战略及电力发展战略的基础上,有利于国家推行低碳减排的相关政策与制度,从而有利于实现国家层面低碳减排的目标。

9.2　区域预配置方案的和谐性评判与改进

电力碳排放初始权区域配置的和谐性研究是对电力行业碳排放初始权的区域预配置方案进行和谐性分析,通过构建相应和谐性评价指标来评判区域预配置方案的和谐性;对没有通过和谐性评判的区域预配置方案,进行方案的和谐性演化改进,对改进后的方案再进行和谐性评判,重复该过程,直至得到通过和谐性评判的推荐区域配置方案为止。

9.2.1　区域配置和谐性评判流程

在对电力碳排放初始权区域预配置方案进行和谐性评判时,考虑到区域配置是以公平为主兼顾效率为原则,因此其和谐性评判应该着重体现区域间的碳排放初始权配置的公平性,从而使得各"区域对"碳排放初始权预配置方案的满意度达到一定的水平。陈艳萍和吴凤平（2008）在流域初始水权第一层次分配的和谐性评判中采用了方向维与程度维两个维度来综合评判流域初始水权第一层次分配方案的和谐性。在碳排放初始权区域配置和谐性评判中，借鉴流域初始水权第一层次分配方案和谐性评判的方法，对电力碳排放初始权区域预配置方案进行和谐性评判。电力碳排放初始权区域分配方案和谐性评判的具体程序如图9.1所示。

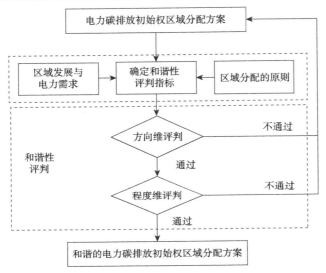

图 9.1　电力碳排放初始权区域分配方案和谐性评判具体程序

第一步：构建电力碳排放初始权区域预配置方案的和谐性评判指标。从区域间公平性、区域能源利用的有效性、区域的可持续发展性三个方面来构建区域预配置方案的和谐性评判指标。

第二步：进行和谐性评判。对获得的区域预配置方案进行和谐性评判，包括方向维判别及程度维判别。

其中，方向维判别的目的是对区域间碳排放初始权大小关系的定性和谐评判，即在选取适当指标的基础上，对两区域的各个指标大小关系进行评判。由于各区域在指标方面存在差异性，假设区域 d_i 所获得的碳排放初始权大于区域 d_j，即 $E_i > E_j$，并不意味着区域 d_i 的所有指标均优于区域 d_j。根据和谐性评判思想，和谐性评判是反映一个事物或一种状况总体协调和睦的情况，是努力从总体上把握事物发展的态势，并且在许多纷纭复杂的现象中，抽象和分析主要的矛盾与关系，揭示事物发展的内在规律。因此，只要区域 d_i 的部分关键指标优于区域 d_j，则认为两区域之间碳排放初始权配置的大小关系合理，即两区域通过方向维判别。

　　程度维判别的目的是对区域间碳排放初始权配置的大小程度的合理性评判，必须首先通过方向维判别才能进行程度维判别，即区域 d_i 与区域 d_j 的碳排放初始权相比，其程度的大小应该控制在一定的范围内。两区域的碳排放初始权的比值关系与其对应指标值之间的比值关系应该具有一定的匹配性。如果区域预配置方案既通过了方向维判别，又通过了程度维判别，则认为该方案为和谐配置方案，反之，该方案为不和谐配置方案，需要进一步改进。

　　若通过和谐性诊断，则等同于认为各区域均能接受初始分配方案，即得到了电力碳排放初始权配置的区域和谐分配方案；否则，进入第三步。

　　第三步：和谐性改进。针对不和谐的预分配方案，将参与电力碳排放初始权配置的区域看作博弈各方，提出两博弈方的改进策略，即"合作"或"不合作"策略，在边际上调整未通过和谐性诊断的两博弈方的碳排放初始权配置量，计算区域各博弈方获得电力碳排放初始权后综合效益的总变化量，确保总变化量大于零，获得一套新的碳排放初始权区域分配方案，转至第二步。

9.2.2　区域配置的和谐性评判方法

1. 和谐性评判

　　在第 7 章专家访谈、问卷调查的基础上，本书已经得出了碳排放初始权配置的指标体系，即从社会环境、经济环境、生态环境、电力碳排放权总量及区域低碳减排现状五个方面设立 14 个指标体系。电力碳排放初始权区域配置的主要目标就是要实现区域间碳排放初始权配置的公平，提高区域内部的能源利用效率及实现对区域生态环境的保护，从而完成全社会节能减排、生态保护的总目标。因此，在区域预配置方案的和谐性评判中，主要考虑三个方面的和谐性，即区域间的公平性、区域能源利用的有效性、区域的可持续发展性，其中区域的可持续发展性包括生态环境的可持续性和经济发展的可持续性。

　　在全面深入调研，与区域电力行业利益相关者访谈的基础上，剖析碳排放初始权区域配置和谐性评判的标准，寻求可能导致不和谐的因素，最终选择了区域人口总量、区域碳排放绩效、区域环境容量及区域火力发电碳排放现状作为和谐性评判的指标，分别来评判碳排放初始权区域预配置方案的公平性、有效性、生态环境及经济发展的可持续性的体现程度。通过计算这四项和谐性评判指标，进行区域碳排放初始权预配置方案的和谐性评判。四个指标均是越大越优型指标。

　　设区域 d_i 的和谐性评判指标集为 $(C_{i1}, C_{i2}, C_{i3}, C_{i4})$，全国 n 个区域的四个和谐性评判指标构成如式（9.1）所示。

$$C = \begin{bmatrix} C_{11} & C_{12} & C_{13} & C_{14} \\ C_{21} & C_{22} & C_{23} & C_{24} \\ \vdots & \vdots & \vdots & \vdots \\ C_{n1} & C_{n2} & C_{n3} & C_{n4} \end{bmatrix} \tag{9.1}$$

2. 方向维判别

假设区域 d_i 中有一个或多个指标值劣于区域 d_j 的相应指标，同时区域 d_i 中存在一定比例的指标优于区域 d_j 的相应指标，就可以补偿那些较劣的指标。方向维判别就是要求寻求区域 d_i 中是否存在一定比例的较优指标。

区域碳排放初始权预配置方案 $G=(E_1,E_2,\cdots,E_n)$ 和谐性评判中的方向维判别的步骤如下。

（1）对于区域碳排放初始权预配置方案 $G=(E_1,E_2,\cdots,E_n)$ 中的"区域对" (d_j,d_k)，其对应的碳排放初始权为 (E_j,E_k)，如果存在 $E_j \geqslant E_k$，则构造指数集如式（9.2）所示。

$$\begin{cases} I^+(E_j,E_k) = \{i \mid 1 \leqslant i \leqslant 14, C_{ji} > C_{ki}\} \\ I^=(E_j,E_k) = \{i \mid 1 \leqslant i \leqslant 14, C_{ji} = C_{ki}\} \\ I^-(E_j,E_k) = \{i \mid 1 \leqslant i \leqslant 14, C_{ji} < C_{ki}\} \end{cases} \tag{9.2}$$

（2）构造相对和谐性指数 $I_{jk}, \hat{I}_{jk}$，分别为

$$\begin{cases} I_{jk} = \sum_{i \in I^+(E_j,E_k)} w_i + \sum_{i \in I^=(E_j,E_k)} w_i \\ \hat{I}_{jk} = \sum_{i \in I^+(E_j,E_k)} w_i \bigg/ \sum_{i \in I^-(E_j,E_k)} w_i \end{cases} \tag{9.3}$$

（3）给定方向维判别的阈值 β，β 可以根据区域特点预先给定，一般可取 $0.5 \leqslant \beta \leqslant 0.8$，如果有

$$\begin{cases} E_j \geqslant E_k \\ I_{jk} \geqslant \beta \\ \hat{I}_{jk} \geqslant 1 \end{cases} \tag{9.4}$$

上述三个公式同时成立时，则认为"区域对" (d_j,d_k) 通过了和谐性评判的方向维判别。

当所有"区域对"都通过方向维判别，则认为电力碳排放初始权区域预配置方案 $G=(E_1,E_2,\cdots,E_n)$ 通过了和谐性评判的方向维判别。只要有一个"区域对"没有通过方向维判别，则认为预配置方案是不和谐的，需要进一步进化与调整。

3. 程度维判别

配置方案的程度维判别是从区域之间碳排放初始权配置的量的角度构造程度维判别的准则，其评判的思路为对所有的"区域对" $\left(d_{j}, d_{k}\right)$，如果有 $E_{j} > E_{k}$，并且两区域对应的同一指标 H_{i} 的差值超过一定的阈值范围，即 $\left(C_{ki} - C_{ji}\right) / C_{ji} \geq \alpha_{i}$，则认为区域 d_{j} 其他指标的优越补偿不了这个差异，那么 $E_{j} \geq E_{k}$ 的方案是不能够被接受的，则认为区域预配置方案是不和谐的。这里 α_{i} 是阈值，可根据区域的具体情况来确定。

在上述思路下，程度维判别的主要步骤如下。

构造不和谐性集 D_{i}，它可以是参与碳排放初始权配置的任意"区域对" $\left(d_{j}, d_{k}\right)$。对于任意"区域对" $\left(d_{j}, d_{k}\right)$，其对应的指标值的差值超过一定的阈值，即表示该指标的差值太大不能被其他指标所补偿。将这些指标所构成的指标集叫作不和谐集，如式（9.5）所示。

$$D_{i} = \left\{C_{ji}, C_{ki} \mid \frac{C_{ki} - C_{ji}}{C_{ji}} > \alpha_{i}, \quad j, k \in N; j \neq k\right\}, \ i \in I^{-}(w_{j}, w_{k}) \qquad (9.5)$$

其中，α_{i} 为程度维判别的阈值，表示 C_{i} 指标在两个区域之间差异的阈值。如果式（9.6）成立：

$$\frac{C_{ki} - C_{ji}}{C_{ji}} \geq \alpha_{i}, i \in I^{-}(w_{j}, w_{k}) \qquad (9.6)$$

则不管区域 d_{j} 的其他指标多么优越，区域 d_{j} 所获得的碳排放初始权超过区域 d_{k} 的碳排放初始权的方案是不能够被接受的，即不应该有 $E_{j} \geq E_{k}$。

对于任意"区域对" $\left(d_{j}, d_{k}\right)$，如果总有 $D_{i} = \varphi$，则认为所有区域均通过了程度维判别，此时区域碳排放初始权预配置方案 $G = (E_{1}, E_{2}, \cdots, E_{n})$ 为和谐方案；反之，则认为该方案是不和谐方案，需要进一步的进化与调整。

9.2.3　区域预配置方案的和谐改进

对于没有通过和谐性评判的不和谐方案，通过演化博弈模型，明确了各区域碳排放初始权的调整策略，和谐改进则需要根据和谐性评判的结果，采用逆向追踪法确定碳排放初始权配置过多区域和过少区域及每个区域需要调整的碳排放初始权。根据演化稳定策略调整各个区域的碳排放初始权，得到一套新的分配方案。

未通过和谐性评判的电力碳排放初始权区域预配置方案有两种情况：一种是没有通过方向维判别；另一种是通过了方向维判别，但是没有通过程度维判别。

对于没有通过方向维判别的预配置方案，表明在分配模型中指标权重分配不合理，需要调整分配模型中部分指标的主观权重，再重新求解预配置方案。对得到的新方案再进行和谐性评判。

对于通过了方向维判别，但是没有通过程度维判别的预配置方案，需要通过逆向追踪法来确定需要调整的碳排放初始权。在进行逆向追踪过程中，需要对所有区域进行两两程度维判别。

根据 9.2.2 小节中的和谐性评判准则，如果碳排放初始权区域预配置方案没有通过程度维判别，表明区域中存在一个或多个"区域对"(d_j, d_k)的某个和谐性评判指标C_i具有以下关系：

$$\begin{cases} E_j \geqslant E_k \\ C_{ji} < C_{ki} \\ (C_{ki} - C_{ji})/C_{ji} > \alpha_i, i \in I^-(w_j, w_k) \end{cases} \tag{9.7}$$

通过式（9.7）发现，E_j/C_{ji} 大大超过 E_k/C_{ki}。当$i=1$时，E_j/C_{j1} 表示区域d_j的第一个指标与区域d_k的差异过大。由于和谐性评判允许区域之间存在一定的差异，只要差异控制在一定的阈值范围内就是可接受的。假设区域d_j与区域d_k两两比较，根据指标C_i，调整后的碳排放初始权为E'_{jki}，令

$$\frac{E'_{jki}}{E_k} = \frac{1}{\alpha_i} \frac{C_{ki} - C_{ji}}{C_{ji}} \tag{9.8}$$

由于 $\dfrac{C_{ki} - C_{ji}}{C_{ji}} > \alpha_i$，总有 $\dfrac{E'_{jki}}{E_k} = \dfrac{1}{\alpha_i} \dfrac{C_{ki} - C_{ji}}{C_{ji}} > 1$。也就是说，区域$d_j$分配的碳排放初始权经过调整后仍有 $E'_{jki} > E_k$，这符合方向维判别中已经确认的大小关系，即程度维判别与方向维判别是吻合的。

根据求出的E'_{jki}，同理，可以求出"区域对"(d_j, d_k)在其他指标$i \in I^-(E_j, E_k)$上的调整量。因此，区域d_j与区域d_k相比较，应该调整的碳排放初始权配置量为

$$\Delta q_{jk} = \sum_{i \in I^-(E_j, E_k)} \left(E'_{jki} - E_j \right) \tag{9.9}$$

其中，Δq_{jk} 为区域d_j与区域d_k相比较应该调整的碳排放初始权配置量。若 ① $\Delta q_{jk} > 0$，表明区域d_j相对于区域d_k，应该增加 Δq_{jk} 的碳排放初始权；② $\Delta q_{jk} < 0$，表明区域d_j相对于区域d_k，应该减少 $|\Delta q_{jk}|$ 的碳排放初始权；③ $\Delta q_{jk} = 0$，表明区域d_j相对于区域d_k，应保持原有的碳排放初始权。设区域d_j与其他所有参与碳排放初始权配置的区域相比较之后的碳排放初始权配置的净调整

量为 Δq_j，则 $\Delta q_j = \sum_k \Delta q_j, k = 1, 2, \cdots, n; k \neq j$。同理，可以获得所有区域碳排放初始权配置的调整量。

9.3　电厂集团预配置方案的和谐性评判与改进

电力碳排放初始权电厂集团预配置方案的和谐性评判与改进是指对于某一区域获得电力碳排放初始权后，将其在区域范围内的电厂间进行二次配置的方案的和谐性进行评判与改进的过程。通过构建区域内电厂集团碳排放初始权预配置和谐度指标来判断电厂集团内部碳排放初始权预配置方案的和谐性；对于没有通过和谐性评判的电厂集团预配置方案，采用逆向追踪方法进行改进，并对改进后的方案再次进行和谐性评判，直至得到最终的电厂集团预配置满意方案。

9.3.1　电厂集团预配置方案和谐性评判流程

在和谐性研究中，王济干（2004）提出了水资源分配和谐度的概念，指出水资源和谐度是指在一定状态下，反映水资源系统的要素构成、运行状况及系统与外部环境是否协调、和谐的数量指标。该指标具体用来刻画水资源系统的和谐性。参考水资源和谐度的概念，提出碳排放初始权电厂集团预配置和谐度的概念，该和谐度用来刻画区域内部电力碳排放初始权预配置的和谐性，用 $H(E)$ 来表示。

电厂集团预配置方案的和谐度强调区域内各个电厂集团各自所获得的碳排放初始权的和谐情况及电厂集团之间的碳排放初始权配置的总体和谐状况，即通过对区域内各个电厂集团的碳排放初始权进行分配，一方面，根据各个电厂集团的电源结构、电厂集团所在区域的社会经济发展状况、清洁资源的禀赋情况、火力发电现状等因素，判别不同电厂集团内碳排放初始权预配置量是否和谐；另一方面，根据电厂集团在所属地经济发展中所处的地位与作用及国家电力发展规划等因素，判别区域内不同电厂集团之间碳排放初始权预配置量是否总体和谐，分析不同电厂集团之间发电需求的满足、协调程度。最终保障区域内各个电厂集团碳排放初始权预配置量相对合理，达到和谐稳定的状态。

根据和谐性评判思路，电力碳排放权电厂集团预配置方案的和谐性评判流程如下。

（1）对每个电厂集团内部所获得的碳排放初始权预配置方案的和谐性进行评判。分析该区域的特点，包括社会、经济发展状况、资源禀赋状况、区位状况，剖析历年来区域内不同电厂集团在发电、供热中 CO_2 排放的焦点问题及可能导致的不和谐因素，构建区域每个电厂集团碳排放初始权预配置方案和谐度指标，并收集基础数据，得到指标特征值，以此来判断电厂集团内部碳排放初始权预配置量的和谐性。

（2）对区域内电厂集团之间的碳排放初始权预配置量进行和谐性评判。根据区域社会经济发展情况、国家电力规划等，构建区域内电厂集团之间碳排放初始预配置量总体和谐度指标。根据系统和谐的原则，通过确定各个电厂集团和谐度评判的阈值，以及总体和谐度评判的阈值来衡量电厂集团预配置方案的和谐性。

（3）对电厂集团预配置方案进行和谐性评判。如果和谐性评判通过，则结束；如果和谐性评判不通过，则进入和谐改进、调整的环节。

（4）对原方案进行调整与改进，其具体电厂集团预配置方案的和谐性评判与改进流程图如图9.2所示。

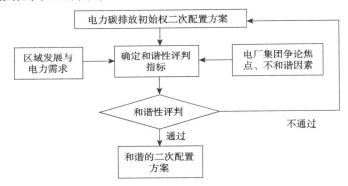

图9.2　电厂集团预配置方案的和谐性评判与改进流程图

9.3.2　电厂集团预配置方案和谐性评判方法

在电厂集团碳排放初始权预配置过程中，虽然不同的电厂集团、不同的发电机组类型具有不同的分配优先权，但是电厂集团分配的结果必须充分反映各电厂集团自身的和谐，以及不同电厂集团之间的总体和谐，实现整个区域节能减排。各个电厂集团之间的和谐是建立在区域各电厂集团内部自身对碳排放初始权配置结果满意，不同电厂集团之间对碳排放初始权配置结果总体满意，区域整体需求得到满足的基础上的，一旦有电厂集团对分配结果不满意，将会导致冲突。因此，电厂集团分配的和谐性评判是在保障各个电厂集团自身和谐的基础上，实现电厂集团之间的整体和谐。

在深入调研基础上，选择"电厂集团和谐度"来验证各个电厂集团自身所获得的碳排放初始权配置量的和谐状况，选择"总体和谐度"来验证区域不同电厂集团之间的相互和谐状况。采用交互式多目标决策模型进行和谐性评判，区域 d_j 在第 t 年的碳排放初始权配置方案 $E'_j = \{E'_{j1}, E'_{j2}, \cdots, E'_{jL}\}$ 和谐性评判的具体步骤如下。

1. 确定区域 d_j 电厂集团和谐度

各个电厂集团和谐度指标用 $H_1(E_L)$ 来表示，其计算公式如式（9.10）所示。其中，E'_{jL} 为区域 d_j 在第 t 年电厂集团 L 所分配的碳排放初始权；$\max E'_{jL}$ 为区域 d_j 在第 t 年电厂集团 L 理想的碳排放初始权，依据该电厂集团在第 t 年规划的发电量来确定；$\min E'_{jL}$ 为区域 d_j 在第 t 年电厂集团 L 最低的碳排放初始权，依据该电力集团在第 t 年的规划，结合专家咨询予以确定。

$$H_1(E_L) = \frac{E'_{jL} - \min E'_{jL}}{\max E'_{jL} - \min E'_{jL}} \qquad (9.10)$$

当区域 d_j 中第 L 电厂集团所获得的碳排放初始权配置量为理想水平时，其相应的和谐度为 1；反之，当区域 d_j 中第 L 电厂集团所获得的碳排放初始权配置量为最低水平时，其相应的和谐度为 0。$H_1(E_L)$ 越大表明区域 d_j 中第 L 电厂集团分配的碳排放权越接近理想状态，其和谐度也就越高。

2. 确定区域 d_j 总体和谐度

总体和谐度指标用 $H(E)$ 来表示，采用欧氏距离构造该和谐度函数，其计算方法见式（9.11）。其中，s_{L1} 为区域 d_j 内各电厂集团分配的碳排放初始权与理想的碳排放初始权的欧氏距离；s_{L2} 为区域 d_j 内各电厂集团分配的碳排放初始权与最低的碳排放初始权的欧氏距离；s_{L3} 为区域 d_j 内各电厂集团理想碳排放初始权与最低的碳排放初始权的欧氏距离。

$$\begin{cases} H(E) = \dfrac{s_{L1} + s_{L2}}{s_{L1} + s_{L3}} \\[2mm] s_{L1} = \left[\displaystyle\sum_L (E'_{jL} - \max E'_{jL})^2 \right]^{\frac{1}{2}} \\[2mm] s_{L2} = \left[\displaystyle\sum_L (E'_{jL} - \min E'_{jL})^2 \right]^{\frac{1}{2}} \\[2mm] s_{L3} = \left[\displaystyle\sum_L (\max E'_{jL} - \min E'_{jL})^2 \right]^{\frac{1}{2}} \end{cases} \qquad (9.11)$$

当区域 d_j 内各电厂集团所获得的碳排放初始权配置量均达到理想水平时，则相应的总体和谐度为 1；当区域 d_j 内各电厂集团所获得的碳排放初始权配置量的碳排放权均达到最低水平时，则相应的总体和谐度为 0.5。因此，总体和谐度 $H(E)$ 的取值范围为[0.5，1]，通过 $H(E)$ 的控制可以实现区域 d_j 内各个电厂集团之间的总体协调满意。

3. 给定和谐度评判的阈值

和谐度评判的阈值，即区域 d_j 内各电厂集团和谐度的阈值 $\alpha[H_1(E_L)]$ 和区域 d_j 总体和谐度的阈值 $\beta[H(E)]$。

根据碳排放初始权配置当年国内外相类似电厂集团的碳排放情况，一方面，分析不同区域同一电厂集团的碳排放状况，取其平均值作为各个电厂集团和谐度评判的阈值 $\alpha[H_1(E_L)]$；另一方面，分析区域内各个电厂集团之间的总体和谐度，取其区域内不同电厂集团的和谐度的平均值作为总体和谐度的阈值 $\beta[H(E)]$，则和谐性评判标准为

$$\begin{cases} H_1(E_L) \geqslant \alpha[H_1(E_L)] \\ H(E) \geqslant \beta[H(E)] \end{cases} \tag{9.12}$$

当式（9.12）成立时，则认为区域 d_j 内各电厂集团的预配置方案通过了和谐性评判；反之，则认为电厂集团的预分配方案不和谐，进入改进与调整的环节。

9.3.3 电厂集团预配置方案和谐性改进

1. 改进步骤

对和谐性评判结果中出现的不和谐分配方案，采用逆向追踪法，根据和谐度评判结果，确定区域 d_j 的电厂集团中碳排放初始权配置量过多的电厂集团和碳排放初始权配置量过少的电厂集团。

改进步骤如下。

（1）采用逆向追踪法确定碳排放初始权配置量过多的电厂集团和碳排放初始权配置量过少的电厂集团。

（2）寻求区域内不同电厂集团之间的碳排放初始权调整策略，确定碳排放初始权配置量过多的电厂集团应该减少的碳排放初始权分配量，以及碳排放初始权配置量过少的电厂集团应该增加的碳排放初始权分配量。

（3）基于交互模型，调整区域内各电厂集团的碳排放初始权配置量。

（4）对获得的新方案，再次进行和谐性评判，若和谐性评判不通过，重复（1）～（4）步，直至通过为止。

2. 调整量的确定

令 ΔE_{jL}^{t} 为区域 d_{j} 内第 t 年第 L 电厂集团的碳排放初始权的调整量。如果分配方案和谐性评判结果为不和谐，则方案中肯定存在碳排放初始权配置量过多的电厂集团和碳排放初始权配置量过少的电厂集团。假设区域 d_{j} 内第 L 电厂集团的碳排放初始权配置量过少，则其和谐度指标值 $H_{1}(E_{L})$ 小于阈值 $\alpha[H_{1}(E_{L})]$。阈值表示可能导致不和谐状态发生的临界线，这种关系可以表示为

$$H_{1}(E_{L})=\frac{E_{jL}^{t}-\min E_{jL}^{t}}{\max E_{jL}^{t}-\min E_{jL}^{t}}<\alpha[H_{1}(E_{L})] \tag{9.13}$$

假设区域 d_{j} 内第 L 电厂集团调整后的碳排放初始权为 $E_{jL}^{t'}$，如果式（9.13）成立，则令

$$H_{1}(E_{L})=\frac{E_{jL}^{t'}-\min E_{jL}^{t}}{\max E_{jL}^{t}-\min E_{jL}^{t}}=\alpha[H_{1}(E_{L})] \tag{9.14}$$

则 ΔE_{jL}^{t} 的值可以通过式（9.15）获得，即

$$\Delta E_{jL}^{t}=E_{jL}^{t'}-E_{jL}^{t}=\alpha[H_{1}(E_{L})](\max E_{jL}^{t}-\min E_{jL}^{t})+\min E_{jL}^{t}-E_{jL}^{t} \tag{9.15}$$

第四篇　碳排放初始权和谐配置方法应用篇

第10章　江苏省碳排放初始权配置实证

江苏是中国古代文明、远古人类、吴越文化、长江文化的发源地之一，自古便是中国政治、经济、文化最为发达的省份之一。本书对江苏省经济发展、碳排放情况及碳排放潜力进行了研究，基于所构建的三对均衡关系的碳排放初始权和谐配置模型对江苏省 2020 年的碳排放初始权配置进行实证检验。实证结果显示所构建的模型具有合理性与科学性，可以用于区域碳排放初始权配置。

10.1　江苏省社会经济发展概况

10.1.1　江苏省区位经济情况

江苏省，简称苏，是中国省级行政区，省会南京，以"江宁府"与"苏州府"之首字得名，介于东经 116°21′~121°56′，北纬 30°45′~35°08′，位于中国东部沿海中心、长江下游，东濒黄海，东南与浙江和上海毗邻，西接安徽，北接山东，地跨长江、淮河，京杭大运河从中穿过。江苏辖江临海、扼淮控湖、经济繁荣、教育发达、文化昌盛，素有"山水江南、鱼米之乡"的美誉，地理上跨越南北，同时具有南方和北方的特征。江苏与上海、浙江、安徽共同构成的长江三角洲城市群成为六大世界级城市群之一。

江苏地处长江经济带，下辖 13 个设区市，分别为南京、无锡、徐州、常州、苏州、南通、连云港、淮安、盐城、扬州、镇江、泰州、宿迁，土地面积最大的是徐州，其次为盐城，土地面积最小的为镇江，全部进入全国综合实力县市排行榜，是唯一所有地级市都跻身百强的省。2018 年，江苏省地区生产总值 92 595.40 亿元，人均地区生产总值为 115 168 元，常住人口为 8050.70 万人。江苏人均地区生产总值、综合竞争力、地区发展与民生指数均居中国各省（自治区、直辖市）第一，成为中国综合发展水平最高的省，已步入"中上等"发达国家水平，是中国经济最活跃的省（自治区、直辖市）之一。

改革开放以来，顺应时代发展的潮流和发展大环境，江苏在社会发展的各方面都取得了很好的成绩，稳定保持我国经济大省的地位并与国际接轨。如图10.1所示，江苏省全省地区生产总值在1987年末以后迅速增加，一路攀升，在2002年末突破10 000亿元，在2016年达到76 086.17亿元，较1987年的922.33亿元增长了81.49倍，一跃成为全国经济大省之一和经济中心之一。

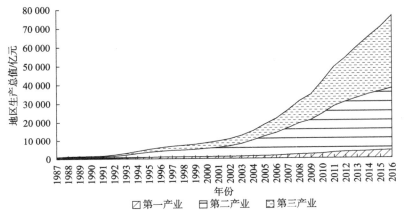

图10.1　江苏省三大产业地区生产总值趋势

产业结构也经历了由农业经济模式向工业经济模式的转变，同时江苏省第三产业也得到了较大发展。从图10.2可以看出，江苏省第一产业占地区生产总值的比重出现明显下降；第二产业占地区生产总值的比重基本维持在一定的比例，保持不变；第三产业占地区生产总值的比重出现明显上升，在1988年首次超过第一产业占地区生产总值的比重，并在2015年首次超过第二产业占地区生产总值的比重，成为占比最大的产业。第三产业的快速发展为江苏省的经济发展做出了巨大贡献，但同时对江苏省产业结构造成了一定的影响。

"十三五"规划中对生态建设及可持续发展的重视，给江苏省经济的可持续发展带来一定的挑战，江苏省作为中国经济较发达的省（自治区、直辖市）之一，积极响应党中央"十三五"规划，积极调整产业结构发展的方向，努力实现产业结构由"二、三、一"逐渐转变为"三、二、一"模式，并取得了一定的成果。江苏省在"十三五"规划中将进一步加快第三产业的发展，优化产业结构，实现江苏省经济更快、更健康地发展。

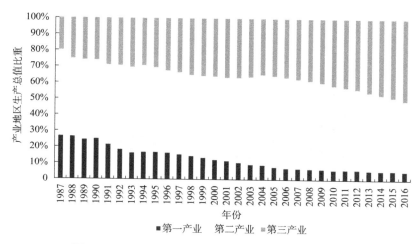

图 10.2　江苏省三大产业地区生产总值比重变化趋势

10.1.2　江苏省各城市的经济发展情况

根据《江苏省城镇体系规划（2015—2030 年）》，未来江苏规划建设"一带两轴，三圈一极"的紧凑型城镇空间结构。"一带"指沿江城市带，建设成为以特大、大城市为主体，以产业提升和现代服务业发展为重点，空间集约高效利用的都市连绵地区；"两轴"指沿海城镇轴和沿东陇海城镇轴，建设成为以中心城市为主体，以推动新型工业化为重点，实现快速发展的新兴城镇化地区；"三圈"指南京、苏锡常、徐州都市圈，是城市带（轴）内主要的城镇积聚空间；"一极"指淮安增长极，引导带动苏北苏中水乡点状发展地区创新发展。远期形成"带轴集聚、腹地开敞"的区域空间格局，构建特色鲜明、布局合理、生态良好、设施完善、城乡协调的城镇体系。

图 10.3 显示了 2004~2016 年江苏省各设区市地区生产总值情况，由图 10.3 可知，苏州市经济体量最大，南京、无锡相对规模较大，2015 年的地区生产总值接近或超过 10 000 亿元，这三个城市处于经济发展的第一梯队；徐州、常州、南通经济规模处于第二梯队，2015 年它们的地区生产总值超过 5000 亿元；连云港、淮安、盐城、扬州、镇江、泰州、宿迁这七个城市处于第三梯队，它们的地区生产总值小于 5000 亿元。从地区生产总值增长速度来看，如图 10.4 所示，江苏省下辖的 13 个设区市在 2004~2016 年地区生产总值增速相当，它们的增速中位数均介于 15%~20%。

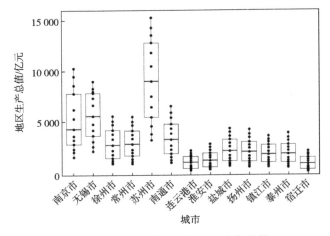

图 10.3 江苏省各设区市地区生产总值

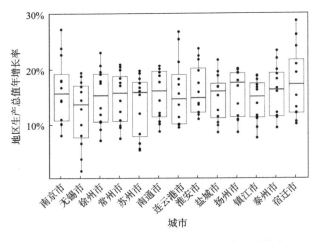

图 10.4 江苏省各设区市地区生产总值年增长率

10.2 江苏省能源消耗及碳排放情况

10.2.1 江苏省工业能源消耗情况

能源消费是经济增长、国家社会发展的基本前提,基于我国基本国情,目前仍然以第二产业为经济发展的动力,随着江苏省经济的发展,技术不断改进,能源消费结构不断调控。如图 10.5 所示,江苏省工业能源消耗总量保持升中有降,以升为主的趋势，2004~2013 年，江苏省工业能源消耗量增加 10 342.00 万吨标准煤，年均增长 1149.11 万吨标准煤，年均增长速度为 11.68%。

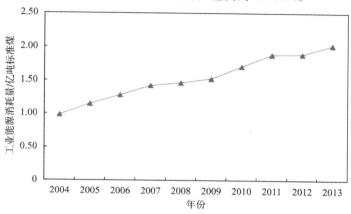

图 10.5　江苏省工业能源消耗量趋势

　　能源消耗结构也是一个重要方面，从表 10.1 中可以看出，原煤是江苏省消费的主要能源，是江苏省工业及制造业生产中最主要的燃料，所以原煤在化石能源消费总量中占据主要地位，2004~2013 年，江苏省能源消费结构发生了一定的变化，原煤的消耗量逐年增加，天然气的消耗量明显增加。这是因为随着国家"西气东输"战略的实施及其他政策的颁布落实，江苏省天然气的消耗总量在不断增加，占据能耗总量的比重由 2000 年的 0.24%增加到 2013 年的 6.67%，但是其比重仍然较低。因此，改善能源消费结构是江苏省面临的重要问题，应增加天然气的开采利用量，走常规气—煤层气—页岩气"三步走"战略，同时，大力推动非常规天然气的开发和技术储备，积极推进天然气资源进口及其多元化。

表 10.1　江苏省工业各能源消耗量　　　　单位：万吨标准煤

年份	原煤	汽油	煤油	柴油	燃料油	液化石油气	天然气
2004	9 181.98	27.87	10.67	172.42	342.09	77.82	24.03
2005	10 732.27	33.88	5.62	158.31	304.57	89.30	149.27
2006	11 952.42	36.56	4.60	135.32	270.90	75.59	330.04
2007	13 209.96	40.95	4.97	144.12	257.38	73.53	491.48
2008	13 584.61	39.36	4.52	140.67	196.38	75.90	587.54
2009	14 093.44	44.49	3.90	132.18	169.04	75.48	702.61
2010	15 815.97	49.90	4.06	136.01	153.96	63.90	838.60
2011	17 308.52	41.05	2.96	113.66	124.94	71.93	1 148.83
2012	17 595.63	40.40	2.91	117.52	100.23	57.25	951.22
2013	18 513.91	39.40	2.24	117.31	87.43	71.94	1 346.63

化石能源是碳排放的主要来源，其燃烧所排出的 CO_2 占 95%以上，因此本书研究的碳排放主要指由化石燃料燃烧所产生的碳排放。把握与分析江苏省由能源消耗产生的碳排放现状，有利于研究碳排放约束下能源消费结构的优化，更好地为政府相关部门制定碳减碳控政策提供依据。

10.2.2 江苏省工业碳排放情况

从工业碳排放角度来看，如图 10.6 所示，2004~2013 年江苏省工业碳排放总量呈现逐年增长的趋势，由 2004 年的 3.59 亿吨增长至 2013 年的 7.25 亿吨，并且呈现出阶段性变化趋势。2008 年、2010 年和 2012 年是江苏省工业碳排放增长的三个拐点。2008 年，受美国次贷危机的影响，各个实体经济下滑，导致碳排放增长率下降；其中，苏南地区下降最为严重，主要是由于苏南地区的外资企业、合资企业比较多，受次贷危机影响较大，导致碳排放增长率显著降低。2010 年，随着经济危机影响的逐渐减小，全省碳排放增长率又逐渐降低。2012 年全省的碳排放增长率又开始回落，主要是由于中央在 2012 年提出了全国进行生态文明建设的战略，则生态文明建设考核指标极大地限制了高碳排放工业的发展，导致碳排放增长率回落；苏北地区 2012 年碳排放增长率居全省第一位，主要是由于苏北地区碳减排技术不够先进，在同样限制高碳行业增长的约束下，其碳排放增长率减幅较小。随着全球经济形势的好转、国际贸易的变化，苏南地区外资企业、合资企业的效益好转，碳排放增长率在 2013 年有回涨趋势。

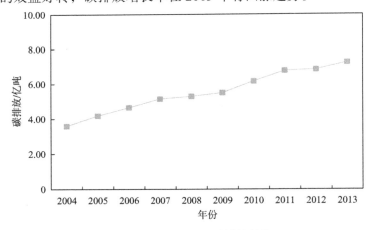

图 10.6 江苏省工业碳排放趋势

从市级层面来看，不同设区市的工业碳排放情况存在差异，从表 10.2 可以看出，苏南区域碳排放总量最高，其次是苏北区域，最后是苏中区域。苏南区域中的南京、苏州、无锡三大城市的工业碳排放量均居全省前列；苏北城市徐州，工业碳排放量在苏北板块占比超过 50%，在全省也位居前列；并且苏南、苏北区域各包括五个城市，而苏中只包括三个城市，所以地区间有差异。

表 10.2　江苏省各设区市工业碳排放量　　　　　　　　单位：万吨

区域	2004 年	2005 年	2006 年	2007 年	2008 年	2009 年	2010 年	2011 年	2012 年	2013 年	均值
南京	3 898	4 340	4 631	4 660	4 432	4 436	6 428	8 115	7 812	8 160	3 898
苏州	6 038	7 888	9 636	11 393	11 449	12 506	13 507	14 508	14 419	15 028	6 038
无锡	5 188	5 445	6 234	6 557	6 687	6 972	7 418	7 902	7 543	7 758	5 188
常州	2 276	2 653	2 696	3 319	3 145	3 055	2 981	2 944	3 041	3 084	2 276
镇江	3 232	3 576	3 767	3 573	3 562	3 819	3 989	4 754	5 144	5 372	3 232
扬州	2 065	2 363	2 601	3 486	3 491	3 621	3 602	3 575	3 478	3 615	2 065
泰州	2 676	2 892	3 125	3 290	3 409	3 276	4 955	5 395	5 381	5 388	2 676
南通	781	1 138	1 496	1 854	2 212	2 322	2 432	2 542	2 653	2 776	781
盐城	1 252	1 542	1 740	1 786	1 860	1 802	1 766	1 601	1 671	3 102	1 252
淮安	1 046	1 346	1 645	1 944	2 056	2 222	2 378	2 533	2 589	2 644	1 046
宿迁	225	288	350	413	475	456	436	417	397	654	225
徐州	6 443	7 270	7 414	8 088	9 005	9 393	10 723	12 241	13 086	13 225	6 443
连云港	812	1 134	1 274	1 229	1 232	1 163	1 092	1 167	1 181	1 660	812
苏南	20 633	23 903	26 963	29 502	29 276	30 788	34 324	38 223	37 958	39 402	20 633
苏中	5 522	6 394	7 222	8 630	9 112	9 219	10 989	11 512	11 512	11 779	5 522
苏北	9 778	11 579	12 423	13 460	14 629	15 036	16 396	17 959	18 924	21 285	9 778
江苏	35 933	41 875	46 608	51 592	53 016	55 043	61 708	67 695	68 394	72 466	35 933

10.2.3　江苏省全要素工业碳排放效率及碳减排潜力

1. 江苏省全要素工业碳排放效率

全要素工业碳排放效率能够体现节能、环保及工业经济增长的关系，基于考虑非期望产出的 SBM（slacks-based model）模型，考虑能源投入、资金投入及劳动力投入所得到的非期望产出 CO_2 的效率，计算得到了江苏省 13 个设区市在 2004~2013 年的全要素工业碳排放效率，结果如表 10.3 所示。在城市层面，常州和泰州的平均全要素工业碳排放效率值均超过 0.900，代表碳排放效率的最佳水平；与之相反，徐州的平均全要素工业碳排放效率最低，为 0.428，其次是镇江，碳排放效率均值为 0.489。在区域层面，从表 10.3 可以看出，苏中拥有最高的平均全要素工业碳排放效率值，为 0.858，其次是苏南，全要素工业碳排放效率均值为 0.763，全要素工业碳排放效率最低的是苏北，均值为 0.645。事实上，江苏省各城市在经济发展、产业技术、产业结构、地方环境政策等方面存在差异，这是造成江苏省全要素工业碳排放效率地区差异的重要原因。

表 10.3　江苏省 13 个设区市全要素工业碳排放效率

区域	2004 年	2005 年	2006 年	2007 年	2008 年	2009 年	2010 年	2011 年	2012 年	2013 年	均值
南京	1.000	1.000	1.000	1.000	1.000	0.843	0.621	0.552	0.492	0.584	0.809
苏州	1.000	1.000	1.000	1.000	0.925	0.799	0.663	0.607	0.500	0.537	0.803
无锡	1.000	1.000	1.000	1.000	1.000	0.791	0.667	0.608	0.484	0.526	0.808
常州	0.656	0.828	1.000	0.926	1.000	1.000	1.000	1.000	0.767	0.894	0.907
镇江	0.387	0.454	0.458	0.524	0.615	0.554	0.496	0.465	0.413	0.520	0.489
扬州	0.473	0.766	0.764	0.679	0.797	1.000	1.000	1.000	1.000	1.000	0.848
泰州	0.777	0.867	0.907	0.913	0.927	1.000	1.000	1.000	1.000	1.000	0.939
南通	0.401	1.000	1.000	1.000	1.000	1.000	0.669	0.620	0.547	0.647	0.788
盐城	0.461	1.000	0.797	1.000	1.000	1.000	1.000	1.000	1.000	0.652	0.891
淮安	0.404	0.474	0.517	0.519	0.532	0.552	0.692	0.592	1.000	0.774	0.606
宿迁	0.439	0.487	0.525	0.597	0.602	0.625	1.000	1.000	1.000	1.000	0.728
徐州	0.288	0.432	0.426	0.471	0.459	0.433	0.423	0.429	0.417	0.504	0.428
连云港	0.229	0.402	0.413	0.442	0.494	0.558	0.673	0.768	0.900	0.829	0.571
苏南	0.809	0.856	0.892	0.890	0.908	0.797	0.689	0.646	0.531	0.612	0.763
苏中	0.550	0.878	0.890	0.864	0.908	1.000	0.890	0.873	0.849	0.882	0.858
苏北	0.364	0.559	0.536	0.606	0.617	0.634	0.758	0.758	0.863	0.752	0.645
江苏	0.574	0.764	0.773	0.787	0.811	0.810	0.779	0.759	0.748	0.749	0.755

　　本书进一步计算了 2004~2013 年江苏省及其三大区域的全要素工业碳排放效率值。图 10.7 描绘了它们的时间变化趋势。苏北地区的全要素工业碳排放效率在2004~2012 年基本处于连续上升状态，但在研究的最后一年，即 2013 年出现明显下降。2004~2008 年，苏南地区的全要素工业碳排放效率略有上升，2008~2012年急剧下降，但在 2013 年有所上升。苏中地区的全要素工业碳排放效率在 2005年显著提高，之后呈现较大波动。另外，江苏的全要素工业碳排放效率在 2005年显著提高，这主要是由于苏中和苏北的效率大大提高，然后在 0.750 左右小幅度波动。

　　结合产业结构、国家调节和国际经济形势，对苏北地区和苏南地区的不同趋势进行了定性解释：在研究初期，苏北地区的全要素工业碳排放效率处于较低水平，因而具有相对较大的增长空间。此外，在研究期内江苏省经济得到快速发展，苏北地区借鉴其先进的技术和管理模式，引进了大量来自苏南地区和其他发达地区的投资和人才。因此，苏北地区的全要素工业碳排放效率在 2004~2012 年不断提高。不过，2012 年中央政府提出了生态文明建设，很大程度上限制了高碳产业的发展。事实上，苏北的工业结构主要是以重工业为主，因此，受生态文明建设的影响，苏北的全要素工业碳排放效率在 2013 年大幅下降。另外，苏南地区的

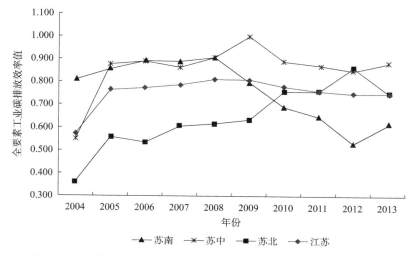

图 10.7　江苏省及其三大区域的全要素工业碳排放效率值变化趋势

全要素工业碳排放效率在开始时处于较高水平，因此增长空间有限。所以，苏南地区的全要素工业碳排放效率在 2004~2008 年随着江苏经济的快速发展略有上升，不过 2008 年全球金融危机爆发，这一趋势发生了改变。事实上，苏南的经济是出口导向型的，大量的外国公司受到了金融危机的极大影响。因而，苏南地区的工业碳排放效率在 2008~2012 年急剧下降。不过，随着全球经济的复苏和国际贸易形势的改善，苏南地区的对外投资和国际合作逐渐增多，苏南地区的工业碳效率在 2013 年又显著提高。

江苏的全要素工业碳排放效率存在显著的空间不平等，全要素工业碳排放效率在 2004 年和 2007 年的分布呈现出从南到北的下降趋势，然后变为 2010 年和 2013 年从中部向南北递减的变化趋势。此外，在效率改善方面，效率低于 0.5 的城市数量在 2004 年是 8 个，在 2007 年和 2010 年减少到 2 个，而 2013 年所有城市的效率都大于 0.5。

宿迁和泰州的全要素工业碳排放效率出现持续增长的情况，从 2004 年增长到 2013 年，最终达到高效率状态。此外，连云港和扬州也经历了明显的全要素工业碳排放效率改进，在 2004~2013 年效率提升幅度超过 0.5。相比之下，南京、苏州和无锡在 2004~2013 年全要素工业碳排放的效率都下降了。在研究期间，其余 6 个城市经历了工业碳排放效率波动的过程，南通和盐城出现了最显著的波动，其波动范围均在 0.5 以上，另外四个城市在我们研究期间小范围波动。总体而言，江苏的全要素工业碳排放效率水平在研究期间呈现上升趋势。

基于核密度估计方法，并借助 R 程序绘制得到江苏全要素工业碳排放效率在 2004 年、2007 年、2010 年和 2013 年的核密度估计曲线，其结果如图 10.8 所示。

通过比较这四条曲线，我们可以很容易地发现曲线的峰值和弥散范围分别经历了连续增加和缩小的变化，这表明江苏全要素工业碳排放效率的区域差异在研究期间有所缩小。

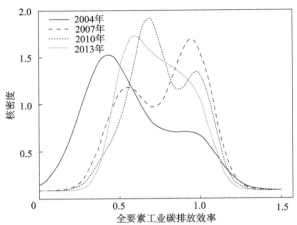

图 10.8   江苏全要素工业碳排放效率的核密度估计曲线

具体而言，与 2004 年相比，2007 年的核密度函数明显向右移动，变陡；而且其弥散范围明显缩小，表明总体效率有较大提升，同时区域差异缩小。不过，显著双峰的出现也表明江苏全要素工业碳排放效率的分布出现严重的极化现象。与 2007 年相比，2010 年的核密度函数保持位置稳定，但其峰值和弥散范围出现相反方向的变化，表明江苏全要素工业碳排放效率的区域差异有所减小。与 2010 年相比，2013 年的核密度函数略微向左移动，变陡；而且弥散范围缩小，显著的双峰消失，表明区域差异和极化现象均得到缓解。

核密度函数的峰值越高，收缩幅度越大，说明江苏全要素工业碳排放效率的区域差异在逐渐缩小。如上所述，江苏在 2004~2013 年经历了快速的经济发展。此外，交通的改善，城市之间的合作与交流得到加强，推动了先进技术和高效管理模式的扩展，以及全省范围内人才、资本和其他要素的充分流动。因此，江苏省地区经济增长水平差异的减小在一定程度上使得江苏省工业碳排放效率实现趋同，其表现为图 10.8 中全要素工业碳排放效率核密度函数峰值和收缩幅度的增大。

2. 江苏省工业碳减排潜力

基于 DEA 效率方差估计方法来构建江苏省工业碳减排模型，计算得到江苏省 13 个城市及其三大区域在 2004~2013 年的工业碳减排潜力和潜在减排量，结果如表 10.4 所示。四个城市的平均工业碳减排潜力在研究期间超过 0.3。具体而言，徐州的工业碳减排潜力最大，几乎达到 0.6，其次是镇江、连云港和淮安。南京、苏州、无锡、扬州、南通、盐城和宿迁在工业生产过程中，可能减少 10%~30% 的实际工业碳排放量，而常州和泰州的碳减排潜力则接近于零。在区域层面上，苏北的工业碳减排潜力最高，接近 0.5，苏南具有第二高的工业碳减排潜力，苏中的工业碳减排潜力最低，为 0.158。总的来说，江苏省的工业碳减排潜力均值是 0.282，这意味着江苏超过 1/4 的碳排放是过度排放。

表 10.4　江苏省区域工业碳减排潜力和潜在减排量

区域	工业碳减排潜力	排序 1	年均碳排放量/万吨	潜在减排量/万吨	减排贡献	排序 2
南京	0.191	9	5 691.17	1 085.87	6.94%	5
苏州	0.197	7	11 637.25	2 291.37	14.64%	2
无锡	0.192	8	6 770.49	1 302.64	8.32%	4
常州	0.093	12	2 919.47	271.22	1.73%	10
镇江	0.511	2	4 078.71	2 085.85	13.32%	3
扬州	0.152	10	3 189.58	485.13	3.10%	9
泰州	0.061	13	2 020.65	123.06	0.79%	12
南通	0.212	6	3 978.74	841.90	5.38%	6
盐城	0.109	11	1 812.20	197.53	1.26%	11
淮安	0.394	4	2 040.33	804.70	5.14%	7
宿迁	0.273	5	411.17	112.04	0.72%	13
徐州	0.572	1	9 688.79	5 540.05	35.39%	1
连云港	0.429	3	1 194.37	512.62	3.27%	8
苏南	0.226		31 097.09	7 036.96	44.95%	
苏中	0.158		9 188.97	1 450.09	9.26%	
苏北	0.473		15 146.85	7 166.95	45.78%	
江苏	0.282		55 432.92	15 653.98	100.00%	

如表 10.4 所示，江苏年平均工业潜在减排量可达到 15 653.98 万吨，占全年实际碳排放量的 28.2%。在减排量方面，徐州、苏州和镇江占总潜在减排量的 10% 以上。具体而言，徐州的减排潜力最高，为 5540.05 万吨，减排贡献率最高，为 35.39%，其次是苏州和镇江。南京、无锡、常州、扬州、南通、盐城、淮安和连云港则占总潜在减排量的 1%~10%。宿迁和泰州甚至不到 1%，这意味着它们的减排贡献不大。应该注意的是，由于实际工业碳排放量的地区差异，减排贡献与减排潜力不完全一致。例如，宿迁的工业碳减排潜力为 0.273，排名第五位，但其减排贡献最小。另外，减排贡献在区域层面也有很大的不同，苏北和苏南的总减排贡献分别为 45.78% 和 44.95%，远高于苏中的 9.26%。

如上所述，我们的工业减排模型基于 DEA 效率方差估计方法，这意味着生产效率越低、投入越多，生产过程中的不良产出越大，即碳减排潜力越大。徐州和镇江的潜在减排量和减排贡献都很大，其主要产业是矿业、选矿、冶金、钢铁等传统高耗能、高碳排放产业。一般来说，这些高碳产业的碳效率比其他行业低，故以高碳产业为主导的产业结构使得两城市的碳效率低于其他邻近地区。此外，它们的实际碳排放量也相对较大，因此，徐州和镇江的潜在减排量和减排贡献远高于除苏州以外的其他地区。

10.3   江苏省碳排放初始权预配置方案计算

以江苏省 2020 年各设区市碳排放分配情况作为实证研究背景。为估算各指标 2020 年的值，对于定量指标来说，根据 2004~2013 年指标基础数据，取基础数据的低增长率和高增长率作为区间数的下限和上限，预测 2020 年的指标值。其中，对于森林覆盖率这种自然资源禀赋指标，假定 2020 年数据与现在一致。数据主要来源于《江苏统计年鉴》和《中国能源统计年鉴》。预测出来的具体指标值如表 10.5 所示。

表 10.5   江苏省各设区市碳排放初始权配置指标值

区域	X_1	X_2	X_3	X_4	X_5
南京	[7.78, 14.71]	[2 774.87, 3 402.27]	[1.02, 2.22]	[18.74, 25.87]	[44.66, 55.45]
苏州	[27.35, 59.17]	[5 020.11, 6 155.15]	[2.27, 4.96]	[29.89, 41.28]	[32.35, 47.14]
无锡	[23.21, 32.99]	[2 504.23, 3 070.43]	[1.86, 3.97]	[25.83, 35.66]	[41.80, 49.56]
常州	[10.48, 14.77]	[1 081.73, 1 326.31]	[0.92, 2.74]	[21.71, 29.23]	[34.02, 46.43]
镇江	[31.88, 52.00]	[1 702.38, 2 087.29]	[4.24, 9.18]	[18.48, 25.52]	[35.94, 46.89]
扬州	[15.12, 29.68]	[1 199.78, 1 471.06]	[1.66, 5.78]	[14.21, 19.61]	[37.30, 43.22]
南通	[15.49, 38.95]	[1 709.72, 2 096.29]	[2.82, 9.12]	[13.54, 18.69]	[33.94, 44.45]
泰州	[12.43, 31.84]	[884.80, 1 084.85]	[2.15, 5.70]	[11.91, 16.45]	[27.05, 39.72]
盐城	[8.24, 18.48]	[970.51, 1 189.95]	[1.95, 5.56]	[8.53, 11.78]	[31.20, 38.17]
淮安	[3.86, 9.21]	[866.65, 1 062.60]	[2.05, 4.08]	[6.76, 9.33]	[30.74, 42.07]
宿迁	[1.47, 3.88]	[211.14, 258.88]	[0.72, 2.03]	[5.56, 7.67]	[28.42, 39.78]
徐州	[34.29, 50.44]	[4 116.56, 5 047.31]	[5.01, 12.18]	[12.18, 16.82]	[40.29, 44.34]
连云港	[11.67, 17.95]	[526.44, 645.47]	[2.09, 5.36]	[9.25, 12.78]	[36.79, 44.29]
区域	X_6	X_7	X_8	X_9	X_{10}
南京	[0.78, 0.97]	44.74	6 587	[657.10, 760.59]	[5 502.98, 8 938.50]
苏州	[0.86, 0.89]	42.05	4 653	[352.96, 388.79]	[13 389.72, 24 404.05]
无锡	[0.93, 0.95]	42.98	1 643	[246.12, 282.53]	[4 263.61, 9 402.23]
常州	[0.80, 0.93]	43.13	2 838	[237.51, 260.21]	[4 270.18, 8 204.48]
镇江	[0.96, 0.97]	42.99	1 088	[103.86, 108.51]	[4 158.21, 6 837.02]
扬州	[0.88, 0.97]	43.81	2 306	[231.60, 286.90]	[6 806.59, 10 712.36]

续表

区域	X_6	X_7	X_8	X_9	X_{10}
南通	[0.89，0.98]	43.20	2 140	[213.00，235.61]	[7 163.46，13 493.68]
泰州	[0.92，0.95]	41.82	1 567	[167.21，184.52]	[2 674.97，5 049.84]
盐城	[0.97，0.99]	41.78	5 129	[172.81，219.88]	[4 147.44，8 174.79]
淮安	[0.91，0.99]	41.93	4 476	[287.39，319.09]	[2 767.14，8 898.92]
宿迁	[0.83，0.95]	42.94	2 154	[170.36，200.21]	[3 574.68，7 160.21]
徐州	[0.99，1.00]	43.82	3 063	[343.51，539.71]	[10 241.75，17 728.37]
连云港	[0.94，0.99]	40.42	3 012	[104.16，231.37]	[4 021.71，8 731.26]

进一步对指标进行规范化处理，基于区间数相离度的思想，利用式（4.3），计算各指标的权重为 ω=（0.1321，0.1003，0.0935，0.1239，0.0925，0.0533，0.0717，0.1216，0.1175，0.0936）。

根据区间预配置模型，计算得到各地区投影值及配置比例如表 10.6 所示。

表 10.6　碳排放初始权配置计算结果

项目	南京	苏州	无锡	常州	镇江	扬州	南通	泰州	盐城	淮安	宿迁	徐州	连云港	合计
投影值	0.2157	0.1849	0.1446	0.1262	0.1195	0.1434	0.1281	0.1169	0.1192	0.0991	0.0999	0.2157	0.1849	
配置比例	12.15%	10.42%	8.15%	7.11%	6.73%	8.08%	7.22%	6.59%	6.72%	6.12%	5.58%	9.50%	5.63%	100%

根据国家及江苏省碳减排目标，结合江苏省经济发展和碳排放状况的分析，设定江苏省 2020 年总碳排放量为 20 281 万吨，进一步计算可以得到各地区碳排放量如表 10.7 所示。

表 10.7　江苏省各地区碳排放初始权预配置方案　　单位：万吨

项目	南京	苏州	无锡	常州	镇江	扬州	南通
碳排放量	2 464.14	2 113.28	1 652.90	1 441.98	1 364.91	1 638.70	1 464.29

项目	泰州	盐城	淮安	宿迁	徐州	连云港	合计
碳排放量	1 336.52	1 362.88	1 241.20	1 131.68	1 926.70	1 141.82	20 281

10.4　江苏省碳排放初始权预配置方案的和谐性评判

10.4.1　和谐性评判指标的基础数据及标准化处理

通过征求各管理机构及相关专家的意见，选取了七个效益型指标，以我国江苏省 13 个设区市为例，采集基础数据，对碳排放初始权预配置方案进行和谐性诊断。数据主要来源于《江苏统计年鉴》和《中国能源统计年鉴》, 并采用式（5.1）和式（5.2）对和谐性评判指标特征值进行标准化处理, 具体如表 10.8 和表 10.9 所示。

表 10.8　和谐性诊断指标特征值

指标	南京 D_1	无锡 D_2	徐州 D_3	常州 D_4	苏州 D_5	南通 D_6	连云港 D_7	淮安 D_8	盐城 D_9	扬州 D_{10}	镇江 D_{11}	泰州 D_{12}	宿迁 D_{13}
H_1: 年末常住人口数量/万人	630.38	454.84	474.30	301.03	709.38	413.44	228.72	245.98	390.48	257.46	199.75	259.18	226.46
H_2: 人均历史累计碳排放/吨	7.64	11.25	11.57	6.69	12.95	5.69	2.77	4.42	2.52	7.40	13.55	4.65	0.90
H_3: 土地面积/千米^2	6 597	4 628	11 259	4 385	8 488	8 544	7 615	10 072	16 972	6 634	3 843	5 787	8 555
H_4: 第三产业增加值占 GDP 比重	51.41%	45.31%	42.11%	39.52%	41.60%	40.50%	41.66%	38.00%	35.99%	40.00%	40.04%	33.69%	33.36%
H_5: 城市化率	82.29%	76.00%	63.76%	71.80%	75.50%	66.03%	61.70%	61.25%	62.90%	66.05%	70.50%	64.93%	58.53%
H_6: GDP 增长率	13.27%	11.60%	12.88%	12.51%	12.26%	12.77%	11.99%	12.59%	13.56%	13.16%	12.59%	13.51%	14.46%
H_7: 绿化率	44.87%	41.76%	38.83%	41.17%	41.93%	41.39%	43.45%	39.08%	35.77%	41.98%	40.99%	40.55%	40.53%

表 10.9　和谐性诊断指标标准化处理结果

指标	南京 D_1	无锡 D_2	徐州 D_3	常州 D_4	苏州 D_5	南通 D_6	连云港 D_7	淮安 D_8	盐城 D_9	扬州 D_{10}	镇江 D_{11}	泰州 D_{12}	宿迁 D_{13}
H_1: 年末常住人口数量	0.876	0.600	0.631	0.359	1.000	0.535	0.245	0.273	0.499	0.291	0.200	0.293	0.242
H_2: 人均历史累计碳排放	0.626	0.854	0.875	0.566	0.962	0.503	0.318	0.423	0.302	0.611	1.000	0.438	0.200
H_3: 土地面积	0.368	0.248	0.652	0.233	0.483	0.486	0.430	0.580	1.000	0.370	0.200	0.318	0.487
H_4: 第三产业增加值占 GDP 比重	1.000%	0.730%	0.588%	0.473%	0.565%	0.516%	0.568%	0.406%	0.317%	0.494%	0.496%	0.215%	0.200%
H_5: 城市化率	1.000%	0.788%	0.376%	0.647%	0.771%	0.453%	0.307%	0.292%	0.347%	0.453%	0.603%	0.415%	0.200%
H_6: GDP 增长率	0.709%	0.300%	0.614%	0.523%	0.462%	0.586%	0.396%	0.543%	0.780%	0.682%	0.542%	0.766%	1.000%
H_7: 绿化率	1.000%	0.795%	0.602%	0.756%	0.806%	0.770%	0.906%	0.618%	0.400%	0.809%	0.744%	0.715%	0.714%

结合各地级市的特点，征求专家意见，采用熵权法和德尔菲法相结合的方法确定七个判别指标的权重，确定权重 $\omega_1, \omega_2, \cdots, \omega_7$ 的值分别为：$(\omega_1=0.22, \omega_2=0.15, \omega_3=0.10, \omega_4=0.15, \omega_5=0.15, \omega_6=0.13, \omega_7=0.10)$。

10.4.2　基于方向维和程度维判别的和谐性诊断

1. 方向维判别

征询碳交易管理机构专家意见，采用加权平均的方法，计算得到阈值 $\beta=0.5246$，根据方向维判别（准则 a）对碳排放初始权预配置方案进行方向维诊断，可知所有的"区域对"均通过了方向维判别。

2. 程度维判别

根据程度维判别准则，先进行基于单指标的程度维判别，然后再进行基于综合指标的程度维判别。

基于单指标的程度维判别，在所有存在 $C_j \geqslant C_k$ 关系的"区域对" (d_j, d_k) 中，寻找 $D_i \neq \varnothing$ 的"区域对"，以南京和其他 12 个设区市的两两比较为例，如表 10.10 所示。

表 10.10　"区域对"指标不和谐集表

"区域对" (d_j, d_k)	差异指标 (H_{ji}, H_{ki})
（南京 D_1，无锡 D_2）	$H_{12}<H_{22}$
（南京 D_1，徐州 D_3）	$H_{12}<H_{32}$，$H_{13}<H_{33}$
（南京 D_1，苏州 D_5）	$H_{11}<H_{51}$，$H_{12}<H_{52}$，$H_{13}<H_{53}$
（南京 D_1，南通 D_6）	$H_{13}<H_{63}$
（南京 D_1，连云港 D_7）	$H_{13}<H_{73}$
（南京 D_1，淮安 D_8）	$H_{13}<H_{83}$
（南京 D_1，盐城 D_9）	$H_{13}<H_{93}$，$H_{16}<H_{96}$
（南京 D_1，扬州 D_{10}）	$H_{13}<H_{103}$
（南京 D_1，镇江 D_{11}）	$H_{12}<H_{112}$
（南京 D_1，泰州 D_{12}）	$H_{16}<H_{126}$
（南京 D_1，宿迁 D_{13}）	$H_{13}<H_{133}$，$H_{16}<H_{136}$

充分考虑专家意见、区域特点及资源禀赋等各方面条件，设定阈值 α_i，令 7 个和谐性诊断指标对应的阈值分别为：$\alpha_1=1, \alpha_2=0.7, \alpha_3=1, \alpha_4=0.8, \alpha_5=0.6, \alpha_6=0.8, \alpha_7=0.7$。

根据式（5.21），对上述"区域对"进行判别，寻找不和谐区域，其结果如下。

（1）"区域对"（南京 D_1，无锡 D_2）：

$$\frac{H_{22}-H_{12}}{H_{12}}=\frac{0.8544-0.6261}{0.6261}=0.3646<\alpha_2$$

因此，"区域对"（南京 D_1，无锡 D_2）通过基于单指标的程度维判别。

（2）"区域对"（南京 D_1，徐州 D_3）：

$$\frac{H_{32}-H_{12}}{H_{12}}=\frac{0.8749-0.6261}{0.6261}=0.3974<\alpha_2$$

$$\frac{H_{33}-H_{13}}{H_{13}}=\frac{0.6519-0.3678}{0.3678}=0.7724<\alpha_3$$

因此，"区域对"（南京 D_1，徐州 D_3）通过基于单指标的程度维判别。

（3）"区域对"（南京 D_1，苏州 D_5）：

$$\frac{H_{51}-H_{11}}{H_{11}}=\frac{1-0.8760}{0.8760}=0.1416<\alpha_1$$

$$\frac{H_{52}-H_{12}}{H_{12}}=\frac{0.9618-0.6261}{0.6261}=0.5362<\alpha_2$$

$$\frac{H_{53}-H_{13}}{H_{13}}=\frac{0.4830-0.3678}{0.3678}=0.3132<\alpha_3$$

因此，"区域对"（南京 D_1，苏州 D_5）通过基于单指标的程度维判别。

（4）"区域对"（南京 D_1，南通 D_6）：

$$\frac{H_{63}-H_{13}}{H_{13}}=\frac{0.4864-0.3678}{0.3678}=0.3225<\alpha_3$$

因此，"区域对"（南京 D_1，南通 D_6）通过基于单指标的程度维判别。

（5）"区域对"（南京 D_1，连云港 D_7）：

$$\frac{H_{73}-H_{13}}{H_{13}}=\frac{0.4298-0.3678}{0.3678}=0.1686<\alpha_3$$

因此，"区域对"（南京 D_1，连云港 D_7）通过基于单指标的程度维判别。

（6）"区域对"（南京 D_1，淮安 D_8）：

$$\frac{H_{83}-H_{13}}{H_{13}}=\frac{0.5796-0.3678}{0.3678}=0.5759<\alpha_3$$

因此，"区域对"（南京 D_1，淮安 D_8）通过基于单指标的程度维判别。

（7）"区域对"（南京 D_1，盐城 D_9）：

$$\frac{H_{93}-H_{13}}{H_{13}}=\frac{1-0.3678}{0.3678}=1.7189>\alpha_3$$

$$\frac{H_{96}-H_{16}}{H_{16}}=\frac{0.78-0.7092}{0.7092}=0.0998<\alpha_6$$

因此，"区域对"（南京 D_1，盐城 D_9）未能通过基于单指标的程度维判别。

（8）"区域对"（南京 D_1，扬州 D_{10}）：

$$\frac{H_{103} - H_{13}}{H_{13}} = \frac{0.3701 - 0.3678}{0.3678} = 0.0063 < \alpha_1$$

因此，"区域对"（南京 D_1，扬州 D_{10}）通过基于单指标的程度维判别。

（9）"区域对"（南京 D_1，镇江 D_{11}）：

$$\frac{H_{112} - H_{12}}{H_{12}} = \frac{1 - 0.6261}{0.6261} = 0.5972 < \alpha_2$$

因此，"区域对"（南京 D_1，镇江 D_{11}）通过基于单指标的程度维判别。

（10）"区域对"（南京 D_1，泰州 D_{12}）：

$$\frac{H_{126} - H_{16}}{H_{16}} = \frac{0.7665 - 0.7092}{0.7092} = 0.0808 < \alpha_6$$

因此，"区域对"（南京 D_1，泰州 D_{12}）通过基于单指标的程度维判别。

（11）"区域对"（南京 D_1，宿迁 D_{13}）：

$$\frac{H_{133} - H_{13}}{H_{13}} = \frac{0.4871 - 0.3678}{0.3678} = 0.3244 < \alpha_3$$

$$\frac{H_{136} - H_{16}}{H_{16}} = \frac{1 - 0.7092}{0.7092} = 0.4100 < \alpha_6$$

因此，"区域对"（南京 D_1，宿迁 D_{13}）通过基于单指标的程度维判别。

结果如表 10.11 所示。

表 10.11　南京基于单指标程度维判别结果

区域	(D_1, D_2)	(D_1, D_3)	(D_1, D_5)	(D_1, D_6)	(D_1, D_7)	(D_1, D_8)	(D_1, D_9)	(D_1, D_{10})	(D_1, D_{11})	(D_1, D_{12})	(D_1, D_{13})
H_1			0.1416						0.5972		
H_2	0.3646	0.3974	0.5362			0.5759	1.7189	0.0063			0.3244
H_3		0.7724	0.3132	0.3225	0.1686		0.0998			0.0808	0.4100

由表 10.11 可知，以上所有"区域对"除了（南京 D_1，盐城 D_9）没有通过单指标程度维判别外，其他所有"区域对"均通过了单指标程度维判别。因为江苏省 13 个设区市"土地面积"指标间差异很大，不适合基于单指标的程度维判别准则，所以暂且认为这个"区域对"通过了基于单指标的程度维判别。

同理，计算其他各区域之间的两两比较结果，可得所有"区域对"均通过了基于单指标的程度维判别。

基于综合指标的程度维判别如下。

（1）由式（5.22），计算所有"区域对" (d_j, d_k) 的加权综合指标系数 $\gamma_{(d_j, d_k)}$，

具体如表 10.12 所示。

表 10.12 各"区域对"的加权综合指标系数

区域	南京 D_1	无锡 D_2	徐州 D_3	常州 D_4	苏州 D_5	南通 D_6	连云港 D_7	淮安 D_8	盐城 D_9	扬州 D_{10}	镇江 D_{11}	泰州 D_{12}	宿迁 D_{13}
南京 D_1	1	1.4082	1.4395	1.7179	1.1499	1.5314	2.2620	2.2081	2.0071	1.8093	2.0970	2.3071	3.0739
无锡 D_2		1	1.0901	1.2946	0.8466	1.1955	1.7627	1.7061	1.6480	1.3689	1.5081	1.7777	2.5266
徐州 D_3			1	1.4040	0.8868	1.1640	1.7365	1.5872	1.4707	1.3628	1.6507	1.7128	2.2509
常州 D_4				1	0.7079	0.9303	1.3391	1.2859	1.2420	1.0245	1.1274	1.2951	1.8127
苏州 D_5					1	1.4241	2.2288	2.0784	1.8454	1.7381	2.0677	2.0962	2.9054
南通 D_6						1	1.4651	1.3830	1.2643	1.1736	1.4204	1.4581	1.8748
连云港 D_7							1	0.9943	1.0031	0.8414	0.9974	1.1297	1.3847
淮安 D_8								1	0.9510	0.8663	1.0616	1.0988	1.3643
盐城 D_9									1	1.1317	1.5176	1.3272	1.5416
扬州 D_{10}										1	1.1309	1.2817	1.7115
镇江 D_{11}											1	1.3160	1.9720
泰州 D_{12}												1	1.3326
宿迁 D_{13}													1

（2）计算各地区的碳排放初始权预配置量之比，如表 10.13 所示。

表 10.13 各"区域对"的碳排放初始权预配置量之比

区域	南京 D_1	无锡 D_2	徐州 D_3	常州 D_4	苏州 D_5	南通 D_6	连云港 D_7	淮安 D_8	盐城 D_9	扬州 D_{10}	镇江 D_{11}	泰州 D_{12}	宿迁 D_{13}
南京 D_1	1	1.4210	1.2799	1.7085	1.1664	1.6838	2.1588	1.9864	1.8095	1.5037	1.8046	1.8452	2.3462
无锡 D_2		1	0.9007	1.2023	0.8208	1.1849	1.5192	1.3978	1.2734	1.0582	1.2699	1.2985	1.6511
徐州 D_3			1	1.3349	0.9114	1.3156	1.6868	1.5520	1.4138	1.1749	1.4100	1.4417	1.8332
常州 D_4				1	0.6827	0.9855	1.2636	1.1626	1.0591	0.8801	1.0562	1.0800	1.3733
苏州 D_5					1	1.4435	1.8508	1.7029	1.5513	1.2892	1.5471	1.5819	2.0114
南通 D_6						1	1.2821	1.1797	1.0746	0.8931	1.0717	1.0959	1.3934
连云港 D_7							1	0.9201	0.8382	0.6966	0.8359	0.8547	1.0868
淮安 D_8								1	0.9110	0.7570	0.9085	0.9289	1.1812
盐城 D_9									1	0.8310	0.9973	1.0197	1.2966
扬州 D_{10}										1	1.2001	1.2271	1.5603
镇江 D_{11}											1	1.0225	1.3001
泰州 D_{12}												1	1.2715
宿迁 D_{13}													1

（3）确定下限系数和上限系数。根据各地区特点，令 $\eta_{\min}=0.65$，$\eta_{\max}=1.30$，将"区域对"之间碳排放初始权配置比例两两之间进行比较，并判断碳排放权量的配置比例是否满足 $0.65\gamma_{(d_j,d_k)}\leqslant\dfrac{C_j}{C_k}\leqslant1.3\gamma_{(d_j,d_k)}$，基于综合指标的碳排放初始权程度维判别结果如表 10.14 所示。

表 10.14　基于综合指标的碳排放初始权程度维判别结果

区域	南京 D_1	无锡 D_2	徐州 D_3	常州 D_4	苏州 D_5	南通 D_6	连云港 D_7	淮安 D_8	盐城 D_9	扬州 D_{10}	镇江 D_{11}	泰州 D_{12}	宿迁 D_{13}
南京 D_1	1	√	√	√	√	√	√	√	√	√	√	√	√
无锡 D_2		1	√	√	√	√	√	√	√	√	√	√	×
徐州 D_3			1	√	√	√	√	√	√	√	√	√	√
常州 D_4				1	√	√	√	√	√	√	√	√	√
苏州 D_5					1	√	√	√	√	√	√	√	×
南通 D_6						1	√	√	√	√	√	√	√
连云港 D_7							1	√	√	√	√	√	√
淮安 D_8								1	√	√	√	√	√
盐城 D_9									1	√	√	√	√
扬州 D_{10}										1	√	√	√
镇江 D_{11}											1	√	×
泰州 D_{12}												1	√
宿迁 D_{13}													1

10.5　江苏省碳排放初始权配置方案的进化

10.5.1　逆向追踪碳排放初始权不和谐区域

根据表 10.13 可得碳排放初始权不和谐"区域对"如表 10.15 所示，无锡 D_2 与宿迁 D_{13} 的碳排放初始权比例 $\dfrac{C_2}{C_{13}}$、苏州 D_5 与宿迁 D_{13} 的碳排放初始权比例 $\dfrac{C_5}{C_{13}}$、镇江 D_{11} 与宿迁 D_{13} 的碳排放初始权比例 $\dfrac{C_{11}}{C_{13}}$ 都突破了下限，表明宿迁的碳排放权量明显过多或无锡、苏州、镇江相比之下过少。

表 10.15   碳排放初始权不和谐 "区域对"

"区域对"	碳排放权量过多区	碳排放权量过少区
（无锡 D_2，宿迁 D_{13}）	宿迁	无锡
（苏州 D_5，宿迁 D_{13}）	宿迁	苏州
（镇江 D_{11}，宿迁 D_{13}）	宿迁	镇江

10.5.2   调整碳排放初始权不和谐区域

首先，对宿迁的碳排放权量进行调整，令

$$C'_{13} = \max\left\{ \frac{C_2}{\eta_{\min} \cdot \gamma_{(d_2, d_{13})}}, \frac{C_5}{\eta_{\min} \cdot \gamma_{(d_5, d_{13})}}, \frac{C_{11}}{\eta_{\min} \cdot \gamma_{(d_{11}, d_{13})}} \right\}$$

因此，$C'_{13} = \max\left\{ \dfrac{C_2}{1.6423}, \dfrac{C_5}{1.8885}, \dfrac{C_{11}}{1.2818} \right\} = 5.18\% C_0$，则宿迁 D_{13} 的分配比例应由 5.5838% 调整为 5.18%。

其次，对地区无锡、苏州、镇江的碳排放权量进行调整。对宿迁地区的碳排放权量调整之后，发现 $\dfrac{C_5}{C_{13}}$ 和 $\dfrac{C_{11}}{C_{13}}$ 均满足式（5.22），但 $\dfrac{C_2}{C_{13}}$ 仍突破下限，接下来对无锡 D_2 的碳排放权量进行调整，令

$$C'_2 = C_2 + \Delta q_{13}$$

$$\Delta q_{13} = 1 - \sum_{i=1}^{i=12} C_i$$

因此，$C'_2 = C_2 + \Delta q_{13} = 8.15\% + 0.4\% = 8.55\%$，在碳排放权总量约束下，对地区 D_2 的碳排放权量比例调整为 8.55%。

最后，经过调整之后得到江苏省 13 个设区市碳排放初始权配置比例，如表 10.16 所示。

表 10.16   调整后的碳排放初始权配置比例

区域	南京 D_1	无锡 D_2	徐州 D_3	常州 D_4	苏州 D_5	南通 D_6	连云港 D_7	淮安 D_8	盐城 D_9	扬州 D_{10}	镇江 D_{11}	泰州 D_{12}	宿迁 D_{13}
预配置方案比例	12.15%	8.15%	9.50%	7.11%	10.42%	7.22%	5.63%	6.12%	6.72%	8.08%	6.73%	6.59%	5.58%
调整后配置比例	12.15%	8.55%	9.50%	7.11%	10.42%	7.22%	5.63%	6.12%	6.72%	8.08%	6.73%	6.59%	5.18%

10.5.3   和谐性诊断调整后的碳排放初始权分配方案

对经过两轮调整后的碳排放权配置方案进行方向维判别和程度维判别，具体步骤同上。诊断结果为：经过调整的配置方案通过了方向维判别、基于单指标的

程度维判别和基于综合指标的程度维判别。如表 10.16 所示的调整后的配置方案即为 2020 年江苏省 13 个设区市碳排放初始权和谐性配置方案。

10.6　江苏省碳排放初始权配置的对策建议

本项研究在全国碳交易市场的背景下，针对省域碳排放初始权，构建了基于供给与需求、区域与行业、公平与效率三对均衡关系的碳排放初始权配置模型，并结合江苏省 2020 年碳排放初始权进行案例分析。为了保障方法在实践中能够顺利实施，提出如下对策建议。

1. 关于省区市碳排放初始权配置方案执行的建议

研究的配置方案是以"三对均衡"为基础进行的，为了保障配置方案的有效落实，建议政府行政主管部门采用以下制度或措施。一是严格控制碳排放初始权的总量，通过产业结构调整、提高科技水平等手段降低碳排放量，从而控制碳排放初始权配置总量。二是加快建设监测信息共享平台，如加快碳排放监测设备、技术的研究与升级，构建信息共享平台，提高碳排放信息的采集能力和决策支持能力，进而提高区域碳排放初始权配置结果的准确度。三是动态调整配额分配，有效实现减排目标。目前对碳排放配额分配的多数研究都考虑到了公平与效率原则，按照减排责任严格控制高碳排放地区和行业的配额额度。但由于我国仍是发展中国家，部分高碳排放行业是一些区域的重要经济支撑，过度严格的碳排放约束会对行业的竞争力形成冲击。

2. 关于政府宏观调控层面的对策建议

一是明确排放责任，加强温室气体控制。通过更加严格的目标责任考核制度，对目标完成情况进行评价考核，督促地方认真完成，发挥好碳排放强度目标，对低碳发展起到指挥棒和引领作用。将大幅度降低碳排放强度纳入本地区经济社会发展规划和年度计划，明确任务、落实责任，确保完成本地区目标任务；为了完善工作机制，还要将碳排放强度下降指标完成情况纳入各地区、行业经济社会发展综合评价体系和干部政绩考核体系。

二是建立完善的碳排放权交易市场。全面掌握重点企事业单位温室气体排放情况，完善温室气体排放统计核算体系，为实行温室气体排放总量控制、开展碳排放权交易等相关工作提供数据支持，同时提高企业低碳发展意识，增强企业核算报告能力。随着我国碳交易试点的展开及碳市场培育的深化，将完善碳交易价格管制作为碳交易的基础环节，设计碳交易规则和碳交易平台，明确碳交易监管等相关制度，从而完善全国碳交易市场机制。

　　三是进行产业结构的优化升级，从根本上进行节能减排。大力发展服务业和战略性新兴产业，提升 2020 年服务业增加值和战略性新兴产业增加值占 GDP 比例。扎实推进低碳省区市和城市试点，开展低碳产业试验园、低碳社区、低碳商业和低碳产品的试点。

第11章　华东电网碳排放初始权配置的实证

　　华东电网区域的供电范围覆盖江苏省、浙江省、安徽省、福建省及上海市四省一市。电网区域内，社会经济发展较快、电网负荷和用电量为全国第一，发电类型多样，电网规划、建设和运营等基础工作较为完善。选择华东电网区域作为电力碳排放初始权配置方法的实证研究具有很强的代表性。首先，确定了华东电网区域电力行业总的碳排放量；其次，将总量按照基于投影的多目标决策模型配置到华东地区的四省一市，并对区域配置方案进行了和谐性评判和改进。在进行行业内电厂集团碳排放初始权配置的实证研究时，以江苏为例，基于多目标规划法将江苏省电力行业的碳排放初始权配置到各个主要的电厂集团，并对配置方案进行和谐性改进。从配置的最终结果来看，各个区域和各个电厂所得的配额比较符合实际情况，也比较好地体现了配置的公平性、效率性、可行性，有利于区域和企业可持续发展。

11.1　华东电网区域概况

11.1.1　华东电网区域的社会经济状况

　　华东电网区域是由江苏省、浙江省、安徽省、福建省和上海市所组成的供电地区，区域面积47.19万平方千米，占我国国土面积的4.9%。

　　华东电网区域在全国经济发展中地位举足轻重。该地区集聚了全国经济发达的多个"精英城市"。其中，2018年上海、杭州和南京分别以32 679.87亿元、13 509.00亿元和12 820.40亿元的地区生产总值分列全国第1、10、11位。华东地区是中国最具活力的经济增长带，是中国经济最发达、资金利用率及资源利用率最高的地区之一。

从表 11.1 可知,华东电网区域经济平稳增长,2018 年的地区生产总值为 247 283.28 亿元,比 2017 年增长 8.7%,且占全国 GDP 的 27.47%,总体上看,华东地区经济发展水平较高。对于华东电网区域内部来说,江苏省与浙江省的地区生产总值排在全国前列,经济发展水平处在领先地位。

表 11.1　全国 GDP 及华东电网各区域地区生产总值情况　　单位:亿元

区域	2013 年	2014 年	2015 年	2016 年	2017 年	2018 年
全国	592 963.23	641 280.57	685 992.95	740 060.80	820 754.28	900 309.48
华东电网区域	160 425.94	173 733.56	186 111.77	206 036.49	227 471.1	247 283.28
上海市	21 818.15	23 567.70	25 123.45	28 178.65	30 632.99	32 679.87
江苏省	59 753.37	65 088.32	70 116.38	77 388.28	85 869.76	92 595.40
浙江省	37 756.59	40 173.03	42 886.49	47 251.36	51 768.26	56 197.15
安徽省	19 229.34	20 848.75	22 005.63	24 407.62	27 018.00	30 006.82
福建省	21 868.49	24 055.76	25 979.82	28 810.58	32 182.09	35 804.04

各产业所占比重在一定程度上会影响碳排放量,第二产业比重越大,碳排放量就会越多。由图 11.1 可知,2018 年华东电网区域第三产业增加值为 130 490.96 亿元,增长 10.42%;第二产业增加值为 105 561.39 亿元,增长 7.27%;而第一产业增加值仅为 11 230.93 亿元。

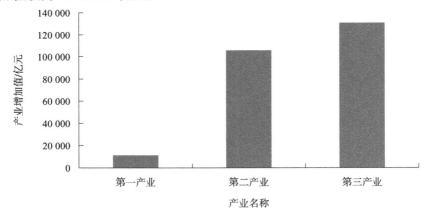

图 11.1　2018 年华东电网区域各产业增加值

11.1.2　华东电网区域电力系统状况

国家电网有限公司华东分部(以下简称国网华东分部)作为公司总部的派出机构,是公司部分管理职能的延伸。国网华东分部原与华东电网有限公司(以下简称华东公司)实行两块牌子、一套机构和人员合署办公。2016 年国家电网有限公司对华东公司实施改制重组，由国家电网有限公司吸收合并华东公司。华东公司有关资产、负债（担保）、业务、人员由国网华东分部继承，土地和房产的用途、性质不变，权属转移，变更至国家电网有限公司。国网华东分部在国家电网有限公司授权范围内，负责区域电网调控运行、安全质量监督、审计监督、开展区域内跨省电网项目前期及电网规划等。

华东电网区域内所有供电业务按省（直辖市）划分为上海市电力公司、浙江省电力公司、江苏省电力公司、安徽省电力公司、福建省电力有限公司共五家省公司。华东电网区域内设有众多发电（集团）厂商，中国五大发电集团在各省（直辖市）均设有分公司，各分公司独立运营所在省（直辖市）内的发电厂。同时，华东电网区域各省（直辖市）也均有各自省属性质的发电集团，各省属集团拥有众多的发电企业。华东电网区域内的发电厂数量众多，发电类型涵盖国内所有发电技术类型。

1. 华东电网区域碳排放情况

改革开放以来，我国发电装机容量和发电量保持快速增长，年均增速超过能源生产增速，并且我国电力生产结构主要以煤电为主。目前，中国是世界第一大能源生产国，已经形成了以煤炭为基础、电力为中心，石油、天然气、新能源和可再生能源全面发展的能源生产供应体系。华东地区作为全国经济的领跑者，煤炭消耗量相对较大，碳排放量也较多。根据各区域能源消费总量，可计算出碳排放量，即碳排放量=单位地区生产总值能源消费×地区生产总值×2.46，单位地区生产总值能源消费×地区生产总值=地区能源消费总量。

从表 11.2 可知，2011 年全国碳排放总量为 856 084.08 万吨，华东电网区域碳排放量为 191 657.50 万吨，约占全国碳排放总量的 22.3%，由此可知，研究华东电网区域碳排放初始权初始配置具有代表性，有着重要的意义。

表 11.2　2011 年全国及华东电网区域碳排放量情况　　单位：万吨

项目	全国	华东电网区域	上海市	江苏省	安徽省	福建省	浙江省
碳排放量	856 084.08	191 657.50	27 725.38	67 868.87	26 002.77	26 205.40	43 855.08

2. 华东电网区域电力系统情况

截至 2017 年底，华东电网装机容量 34 820.51 万千瓦，其中，火电装机容量 25 961 万千瓦，占 74.56%；水电装机容量 3042 万千瓦，占 8.74%；核电装机容量 1729 万千瓦，占 4.97%；风电及其他装机容量 4089 万千瓦，占 11.74%。2017年华东电网全社会用电量 15 564.49 亿千瓦时，同比增长 6.72%；全网最高用电负荷 27 523 万千瓦，同比增长 8.38%。华东电网 1000 千伏线路共计 19 条，长度为 3289 千米，500 千伏线路共 596 条，长度为 33 087.8 千米。500 千伏厂站共 232座，其中变电站 157 座，开关站 3 座，电厂 72 座。500 千伏变压器共 370 台，变电容量 332 950 兆伏安。

2017 年，华东电网完成国家电力市场交易电量 3215 亿千瓦时，超过年初计划目标。全年接受区外来电 2105.22 亿千瓦时，其中消纳风、光、核电 1682.89 亿千瓦时，增长 24%。2017 年在福建电力外送年度计划 28.58 亿千瓦时的基础上，增至 63.34 亿千瓦时，特别是福建核电外送 31.67 亿千瓦时，超过原计划 121.6%。

从表 11.3 中可看出，2017 年江苏省发电设备容量为 11 457.11 万千瓦，是华东电网区域发电量最大的省，变电站量和线路长度也处于华东电网区域的前列，因此，江苏省整体电力系统都较好。

表 11.3　2017 年华东电网区域及各省（直辖市）电力系统情况

区域	发电设备容量/万千瓦	发电量/亿千瓦时	220 千伏线路的长度/千米
华东电网区域	34 820.51	13 754.362	1 744.91
上海市	2 399.67	865.5	721.93
江苏省	11 457.11	4 884.58	451.17
浙江省	8 898.61	3 348.18	350.67
安徽省	6 468.44	2 470.52	11.49
福建省	5 596.68	2 185.582	209.65

资料来源：《国家电网公司年鉴 2018》

3. 江苏省电力系统状况

2017 年末，国网江苏电力管辖 13 个市，52 个县（市）公司及 14 个科研、检修、施工等单位，服务全省 4194.67 万电力用户。拥有 35 千伏及以上变电站（换流站）3109 座、输电线路 9.5 万千米，变电容量 53 219 万千伏安，电网规模超过英国、意大利等国家。江苏电网已经进入特高压、大电网、高负荷时代。

2017 年，江苏全社会用电量 5807.89 亿千瓦时，增长 6.39%；调度口径最高用电负荷 10 218.60 万千瓦，增长 10.14%。国网江苏电力完成售电量 4930.58 亿千瓦时，增长 7.29%。现有特高压 1000 千伏变电站 3 座，容量 1200 万千伏安，特高压线路长度 1433 千米。500 千伏变电站 57 座，容量 11 993 万千伏安，线路长度 11 813 千米。

全省发电厂分为九类，分别为中国国电集团公司、华能集团、国家电力投资集团公司、大唐集团、中国华电集团有限公司、江苏省国信集团有限公司（以下简称江苏国信集团）、国网新源控股有限公司、华润集团有限公司（以下简称华润集团）和省内其他电厂，大多数发电集团公司在江苏设有分公司，各分公司在江苏省境内拥有各种类型的发电厂，江苏省电力公司通过电网购得各电厂的电量后向全省各地区供电。从总体来看，随着经济的快速增长，江苏省各发电集团发电量和装机容量稳步上升。

11.2　华东电网碳排放初始权区域配置

11.2.1　华东电网碳排放初始权总量的确定

目前主要发达国家大多采取"总量管制"这一原则管理碳排放初始权配置和交易，我国碳排放初始权交易试点广东省也建立起了碳排放初始权配额总量指标。按照碳排放强度逐年降低、碳排放总量增幅逐年降低和相关约束性指标的要求，结合经济社会发展实际，科学、合理确定各省（自治区、直辖市）和各地碳排放总量目标，能为碳排放初始权配额管理提供基础依据。同时，我国在 2009年承诺到 2020 年，国内单位 GDP 碳排放比 2005 年下降 40%~45%。依据规划内容，对 2020 年华东电网区域碳排放额度目标值进行预测。

根据碳排放强度概念，可将 CO_2 排放量表达为 CO_2 排放量=碳排放强度 ×GDP 总量，即 $E = EP_t \cdot GDP_t$，E、EP_t、GDP_t 分别表示 t 时的 CO_2 排放量、碳排放强度及 GDP 总量。根据上述公式，要想测算出 2020 年的 CO_2 排放量，必须预测 2020 年的碳排放强度及 GDP 总量。

（1）2020 年的碳排放强度。根据国家规划，2020 年的碳排放强度目标值是基于 2005 年碳排放强度推算出来的，所以必须计算 2005 年的碳排放强度，而碳排放强度 $EP_t = \gamma \cdot EG_t$，其中，EG_t 为 t 时地区生产总值能耗；γ 为国际公认的碳排放系数，$\gamma = 2.493$。

利用加权平均法，计算华东电网区域地区生产总值能耗，即

$$EG_{t,华东} = p_1 EG_{t,上海} + p_2 EG_{t,江苏} + p_3 EG_{t,浙江} + p_4 EG_{t,安徽} + p_5 EG_{t,福建}$$

p_1、p_2、p_3、p_4 和 p_5 分别表示上海市、江苏省、浙江省、安徽省和福建省地区生产总值占华东电网区域地区生产总值的比重。表 11.4 为 2005 年华东电网区域地区生产总值能耗与地区生产总值比重情况。

表 11.4　2005 年华东电网区域地区生产总值能耗与地区生产总值比重情况

区域	EG_j^t /（标准煤/万元）	p_j
上海市	0.88	17.39
江苏省	0.92	34.98
浙江省	0.90	25.24
安徽省	1.21	10.06
福建省	0.94	12.33

因此，计算得出华东地区生产总值能耗 $EG_{2005,华东}$=0.9396 标准煤/万元，$EG_{2010,华东}$=0.7572 标准煤/万元。

根据公式 $EP_t = \gamma \cdot EG_t$，$EP_{2005,华东} \approx 2.342$ 吨/万元，$EP_{2010,华东} \approx 1.888$ 吨/万元。2020 年碳排放强度比 2005 年下降 40%~45%，则 2020 年碳排放强度上下限为 1.29 吨~1.4 吨/万元。

（2）2020 年华东电网区域地区生产总值。在预测 2020 年的地区生产总值时，采用 ARMA 法预测 2020 年华东电网区域地区生产总值总量，最后得到的结果为 GDP_{2020} = 315 910.78 亿元。

（3）2020 年华东电网区域可供配置的碳排放初始权总量。根据公式 $PE_t = k \times EP_t \times GDP_t$，$k$=0.4，计算出 2020 年碳排放额度目标值为 16.996 亿吨左右。

11.2.2 区域配置的指标体系及指标值

通过 11.2.1 小节中的计算可知，华东电网区域规划年 2020 年电力行业可配置的碳排放总量为 16.996 亿吨左右，待配置区域包括四省一市（上海市、江苏省、浙江省、安徽省、福建省），共五个区域，华东地区电力碳排放初始权初次配置就是面向这五个区域，分别记为 $d_j, j = 1, 2, \cdots, 5$。

1. 采集基础数据

根据前述所构建的碳排放初始权区域配置的指标体系，进行数据的收集。本书所用的基础数据来源于《中国统计年鉴》（2005~2010 年）、《上海统计年鉴》、《江苏统计年鉴》、《浙江统计年鉴》、《安徽统计年鉴》及《福建统计年鉴》。指标体系中定量指标的基础数据见附表 1。

2. 预测目标年各个指标值

根据 2005~2016 年的基础数据，运用时间序列的趋势预测模型对 2020 年定量指标的数值进行预测，预测数据采用区间型，这样可以将预测误差控制在合理范围内。因为指标体系中有三个定性指标（低碳技术发展水平、弱势群体保护度、能源消费观念）在调研中难以获取基础数据，所以采用十分制原则，通过咨询专家的方式获得基础数据，且数据为区间型，提供上限和下限。预测结果见附表 2。

3. 2020 年指标数据的处理

根据 8.2.3 小节中的式（8.3）和式（8.4）对各个地区的属性值进行规范化处理。运用式（8.3）对效益型指标进行规范化处理，在指标体系中，属于效益型指标的有人口数量、城市化率、人均地区生产总值、第二产业占比、大气环境容量、森林覆盖率、区域历史电力碳排放量、区域火力发电外送电量、低碳技术发展水平、弱势群体保护度、能源消费观念；再根据式（8.4）对成本型指标进行规范化处理，属于成本型指标的有碳排放强度、能源消费强度、工业增加值能耗。规范化后的处理结果见附表3。

4. 指标权重的确定

计算指标权重的常用方法有两种：AHP 和熵权法。由于华东电网区域内的待配置区域（四省一市）部分指标值存在较大差异，不适合用熵权法计算权重，更多地需要借鉴专家的经验知识，所以本书采用 AHP 计算指标权重。

根据 AHP 的步骤，首先确定目标层五大影响因素的权重，其次确定每一影响因素下各个指标的权重，最后得到目标层的综合权重。对各层次的权重进行层次总排序，可以获得各指标相对于决策目标的总权重，见表 11.5。

表 11.5　各指标相对于决策目标的总权重

一级	二级	三级指标	权重
外部因素 A_1	社会环境 B_1	人口数量 C_{11}	0.0463
		城市化率 C_{12}	0.0093
	经济环境 B_2	人均地区生产总值 C_{21}	0.0093
		第二产业占比 C_{22}	0.0463
	生态环境 B_3	大气环境容量 C_{31}	0.0463
		森林覆盖率 C_{32}	0.0093
内部因素 A_2	电力碳排放权总量 B_4	区域历史电力碳排放量 C_{41}	0.1157
		区域火力发电外送电量 C_{42}	0.0231
	区域低碳减排现状 B_5	碳排放强度 C_{51}	0.1935
		弱势群体保护度 C_{52}	0.0243
		能源消费观念 C_{53}	0.0485
		能源消费强度 C_{54}	0.1935
		工业增加值能耗 C_{55}	0.1935
		碳减排技术发展水平 C_{56}	0.0389

11.2.3　区域配置方案

基于区间投影的多属性决策方法计算华东电网区域电力碳排放初始权配置比例，首先将规范化后的各个区域的区间属性值与各指标权重相乘，得到加权规范化决策矩阵 $\tilde{Y}_{2020}$，见附表4。

利用式（8.9）确定正理想点，然后利用式（8.12）求出各区域在区间型正理想点上的投影，再将投影值进行归一化处理，可得到各个区域电力碳排放初始权的配置权重，结果见表 11.6。

表 11.6   2020 年区域投影值及归一化处理结果   单位：万吨

项目	上海市	江苏省	浙江省	安徽省	福建省	合计
投影值	0.118	0.228	0.217	0.176	0.161	0.900
投影值归一化处理	0.132	0.253	0.241	0.195	0.179	1.000
配置的碳排放初始权	2.24	4.30	4.10	3.31	3.04	16.99

根据表 11.6，得出 2020 年华东电网区域的电力碳排放初始权初始配置方案为上海获得 2.24 亿吨碳排放初始权，约占华东电网区域总碳排放初始权的 13.2%；江苏获得 4.30 亿吨的碳排放初始权，约占华东电网区域总碳排放初始权的 25.3%；浙江获得 4.10 亿吨的碳排放初始权，约占华东电网区域总碳排放初始权的 24.1%；安徽获得 3.31 亿吨的碳排放初始权，约占华东电网区域总碳排放初始权的 19.5%；福建获得 3.04 亿吨的碳排放初始权，约占华东电网区域总碳排放初始权的 17.9%。华东电网区域中，江苏获得最多的电力碳排放初始权，因为江苏社会经济发展及电力发展在五个区域中均属于榜首，而上海获得的碳排放初始权最少，虽然上海的社会经济发展水平较高，但是上海电厂不多，大多使用外来电量，因此配置的碳排放初始权相对较少。整个区域配置的结果合理、科学，说明了模型的有效性与适用性，可以为华东电网区域 2020 年的碳排放初始权配置提供基础方案。

11.2.4   区域配置方案和谐性评判

以 2020 年的华东电网区域初始配置方案为例，对其进行和谐性评判与改进。首先，获取四个和谐性评判指标的基础数据，见表 11.7。

表 11.7   区域配置方案和谐性评判指标值

区域	人口数量/万人	排放绩效	环境容量	现状排放量/万吨
上海市	3629	1.98	0.63	945.98
江苏省	8440	1.89	10.26	3562.63
浙江省	6306	1.93	10.18	2323.10
安徽省	6130	1.44	13.96	1609.86
福建省	4141	1.85	12.14	1272.58
指标权重	0.22	0.34	0.14	0.30

华东电网区域电力碳排放初始权区域预配置方案的和谐性评判包括方向维评判和程度维评判。

（1）方向维评判。根据 9.2 节的方向维评判准则，进行方向维评判，步骤如下。

确定四项和谐性评判指标的权重。根据区域和谐配置的特点和具体要求，确定四项和谐性评判指标（H_1，H_2，H_3，H_4）的权重分别为（0.22，0.34，0.14，0.30）。

寻找存在 $E_j > E_k$ 关系的"区域对"（d_j，d_k）。设定阈值 $\beta = 0.5$，经检验，所有"区域对"均通过了方向维评判。

（2）程度维评判。在具有 $E_j > E_k$ 关系的"区域对"（d_j，d_k）中，寻找不和谐集，它们分别是："区域对"（d_2，d_1）中，$I^- = \{(C_{22} < C_{12})\}$；"区域对"（$d_3$，$d_1$）中，$I^- = \{(C_{32} < C_{12})\}$；"区域对"（$d_1$，$d_4$）中，$I^- = \{(C_{11} < C_{41}),(C_{12} < C_{42}),(C_{13} < C_{43}),(C_{14} < C_{44})\}$；"区域对"（$d_2$，$d_3$）中，$I^- = \{(C_{22} < C_{32})\}$；"区域对"（$d_2$，$d_4$）中，$I^- = \{(C_{22} < C_{42}),(C_{23} < C_{43})\}$；"区域对"（$d_2$，$d_5$）中，$I^- = \{(C_{22} < C_{52}),(C_{23} < C_{53})\}$；"区域对"（$d_3$，$d_4$）中，$I^- = \{(C_{31} < C_{41}),(C_{32} < C_{42}),(C_{33} < C_{43})\}$；"区域对"（$d_3$，$d_5$）中，$I^- = \{(C_{32} < C_{52}),(C_{33} < C_{53})\}$；"区域对"（$d_5$，$d_4$）中，$I^- = \{(C_{51} < C_{41}),(C_{53} < C_{43}),(C_{54} < C_{44})\}$。

确定阈值 α_i。令四个和谐性评判指标对应的阈值分别取 $\alpha_1 = 1, \alpha_2 = 1, \alpha_3 = 1.5, \alpha_4 = 2$。

确定不和谐区域。根据程度性评判准则，对上面八个"区域对"一一判别，所有比值都小于对应的阈值，说明地区的配置方案通过了程度维评判，即 2020 年华东电网区域的初始区域配置方案为最终的区域配置方案，有利于区域电力行业和谐发展。如果不和谐，就需要进行调整，直至得出和谐方案为止。

11.3　华东电网区域碳排放初始权电厂集团配置

由于华东电网区域的电力公司比较多，获取所有电厂集团的有关数据比较困难，所以在进行电厂集团配置的实证研究时，以江苏省电力行业的电厂集团配置为例。原因有以下几点：一是江苏省内的电厂公司和集团比较多，发电机组类型多，火电、核电、新能源等发电类型都有涉及，并且各个发电企业的发电量由市场调控；二是江苏省用电量在华东电网的区域中最大。

11.3.1　江苏省碳排放初始权电厂集团预配置

表 11.6 给出了华东电网区域电力碳排放初始权的区域和谐配置（初次配置）方案，该配置方案是进行第二层配置的基础。根据第 8 章构建的电力碳排放初始权电厂集团配置模型，在确定配置模型中指标特征值及相应参数值的基础上，将江苏省电力碳排放初始权配置到各种发电机组（火电机组、核电机组、余气余热

余压发电机组、新能源发电机组等）中。表 11.8 为江苏省各种机组发电成本及未来装机情况。

表 11.8   江苏省各种机组发电成本及未来装机情况

发电类型		平均发电成本/（元/千瓦时）	年平均利用小时数/小时	年最小、最大利用小时数/小时	2020 年预计装机容量/千瓦时
火电	煤电	0.30	6 000	4 500~6 300	8 258
	气电	0.70	4 000	3 500~4 500	1 974
	三余发电	0.65	6 300		241
	垃圾、生物质燃烧	0.65	6 000		91
其他	风电	0.60	2 200	2 100~2 300	1 000
	太阳能	1.00	1 150		500
	生物质能	0.65	3 000		84
	抽水蓄能	0.57	1 100	1 050~1 150	260
	核电	0.45	8 000	7 900~8 100	600
	水电	0.40	5 000		4
装机容量总计					13 012

预测发电量：2020 年为 6 764.2 亿千瓦时

注：三余发电指余热、余压及余气发电

依据国家电网有限公司相关专家意见，对发电机组的年最小、最大利用小时数做如下说明：①依照国家政策，全额收购可再生能源电厂的上网电能，优先收购新能源、清洁能源电厂的上网电能，所以部分发电类型的机组全年一般满荷运行，一般不划定最小、最大值。②江苏属于四类风场地区（年度利用小时数最低，上网电价最高），受自然条件影响，江苏风电年度利用小时数稳定在 2100~2300 小时。③关于核电厂，作为清洁能源电厂，其电量被优先调度和收购，目前江苏全额收购。考虑其正常的检修和更换燃料棒，其年度利用小时数在 8000 小时左右。④关于燃气，年利用小时数一般在 3500~4500 小时。⑤燃煤电厂年利用小时数基本在 4500~6300 小时。由于电网电源特性的要求，对电厂有最小开机方式限制，火电机组不能无限制压缩，经专家计算预测，4500 小时将是今后火电机组的运行底线。

通过研究华东电网区域的碳排放初始权区域配置，2020 年区域碳排放初始权和谐配置方案中，江苏省获得的电力碳排放初始权比重为 0.253，而华东电网区域的电力总碳排放量为 16.996 亿吨，2020 年江苏省电力行业所获得的电力碳排放初始权配置量为 4.3 亿吨。这两个值分别为江苏省目标年碳排放量的总量约束。根据国家电网有限公司相关专家的预测，2020 年发电量为 6764.2 亿千瓦时。该发电量为电厂集团配置模型中的电量总约束。考虑到华东电网区域中上海已经成为全国四个碳交易试点区域之一，而江苏省和上海市同属一个电网区域，所以江苏省未来的碳排放初始权价格将与上海碳交易所得碳排放初始权价格接轨。学者马艳艳等（2013）在研究碳排放权的供求关系对碳排放初始权价格的决定机制中认为，中国对于节能减排的约束性指标也势必会产生大规模的碳交易需求，这将推动中国碳交易价格的上涨。上海目前的碳排放权平均成交价为 27 元/吨，再结合国内学者的研究和国家电网专家的建议，将碳交易价格初步定在 30 元/吨和 40 元/吨。电厂集团配置的目标规划模型中发电成本可以参照表 11.8 中的不同发电技术的平均发电成本，不同火电发电类型的 CO_2 排放系数可以参照表 11.9。至此，模型中相关参数已设定。

表 11.9　主要发电技术的 CO_2 排放系数

技术	排放系数/（克 CO_2/千瓦时）
煤电（大机组）	732
煤电（小机组）	996
标准煤	865
天然气	443
一般废弃物	917
生物质	1120

资料来源：国网能源研究院计算数据和 IPCC 计算数据

用 q_1、q_2、q_3、q_4、q_5、q_6、q_7、q_8、q_9、q_{10} 分别代表煤电、气电、三余发电、垃圾和生物质燃烧发电、风电、太阳能发电、生物质能发电、抽水蓄能发电、核电及水电的年总发电量。用 E_1、E_2、E_3、E_4、E_5、E_6、E_7、E_8、E_9、E_{10} 分别代表每种发电技术所获得的碳排放初始权配置量。E 和 Q 分别表示江苏电力碳排放权总量约束和发电量总量约束。q_{max} 可由装机容量乘以年最大发电小时数得出。根据上面设定的参数、变量和相关数据，运用第 8 章中的目标规划模型［式（8.17）］来求解 2020 年江苏省电力碳排放初始权在不同发电类型间配置的线性规划模型。

目标函数为

$$\min F=0.3q_1+0.7q_2+0.65q_3+0.65q_4+0.6q_5+q_6+0.65q_7+0.57q_8+0.45q_9+0.4q_{10}$$
$$+0.03\times(0.865q_1+0.443q_2+0.363q_3+1.018q_4-E_1-E_2-E_3-E_4$$
$$-E_5-E_6-E_7-E_8-E_9-E_{10})$$

目标规划的约束条件为

$$\text{s.t}\begin{cases}E_i=E(q_i/Q)\\\sum_{i=1}^{10}q_i=Q\\q_i\leq q_{max}\end{cases}$$

其中，i=1,2,3,…,10；Q=6467.2$\times10^8$；E=4.3$\times10^8$。

该规划为线性规划，利用 Lingo 13.0 软件可解出上述线性规划的解，其每种发电类型所得碳排放初始权及比重见表 11.10。

表 11.10 各种发电类型所得碳排放初始权及比重

发电技术类型	2020 年	
	碳排放初始权/亿吨	比重
煤电	3.149 89	0.732 534
气电	0.502 03	0.116 751
三余发电	0.096 36	0.022 409
垃圾和生物质燃烧气电	0.034 71	0.008 072
风电	0.139 85	0.032 524
太阳能发电	0.036 55	0.008 501
生物质能发电	0.016 08	0.003 739
核电	0.305 14	0.070 962
抽水蓄能发电	0.018 18	0.004 228
水电	0.001 21	0.000 281

分析各种类型发电机组所获得碳排放初始权配置量的比重及按装机容量配置所获得的比重，可以看出，在 2020 年，燃煤机组所占比例最大，但是，如果存在碳排放初始权交易，可以利用碳排放初始权市场对碳排放初始权进行有效的资源配置，并在满足江苏全社会正常生产和生活对电量需求的条件下，达到总发电成本最小的目标。同时，非燃煤机组可以利用自己所分得的碳排放初始权在二级市场上交易，以获得收益，并可利用该收益达到间接降低非燃煤机组发电成本的目的，这样非燃煤机组运作即可形成良性循环，并能取得持续发展，最终可以大大降低江苏省电力行业的碳排放量。

根据江苏省"十二五"能源规划，江苏省电力公司和国网江苏省电力有限公司经济技术研究院在 2013 年 4 月联合发布的《江苏省电源项目前期与进度调查报告》，规划至 2020 年底，预计省内电源总装机 1.3 亿千瓦左右，人均装机 1.5 千瓦左右。其中，核电 600 万千瓦，天然气（含分布式）发电 1950 万千瓦，风电 1000 万千瓦，光伏发电 500 万千瓦，生物质能发电 175 万千瓦，抽水蓄能发电 260 万千瓦，清洁能源发电装机比重提高至 35%以上，燃煤发电机组单机 60 万千瓦及以上的占比接近 60%，平均供电煤耗由 2015 年 315 克/千瓦时下降至 2020 年 310 克/千瓦时以下，抽水蓄能及启停调峰燃机占省内电源总装机的 8%左右。

2020 年江苏省煤电装机容量情况见表 11.11，可以看出，随着电力节能减排的不断推进和"上大压小"政策的实施，小机组的装机容量不断缩小。

表 11.11　2020 年江苏省煤电大、小机组装机容量情况　　单位：万千瓦

机组类型	2020 年预计装机容量
大机组（300 兆瓦以上）	7293
小机组（300 兆瓦以下）	965
合计	8258

资料来源：国家电网

　　根据 11.3.1 小节中华东电网区域电力碳排放初始权电厂集团配置中各机组配置的结果，江苏省各种发电机组在 2020 年配置的碳排放初始权总量已给出。考虑到江苏省省内的电厂集团比较多，所属电厂分布也比较分散，在进行电厂集团配置时，主要将碳排放初始权配置到省内以投资主体划分的各个电厂集团。附表 5 给出了 2020 年各大电厂集团的装机情况。

　　根据表 11.11 和附表 5 中的数据及第 8 章电厂集团配置的公式，可计算出各大主要电厂集团的碳排放初始权预配置方案，步骤如下。

　　江苏省内各大发电集团主要以火力发电为主，因此先按照第 8 章中式（8.18）计算各个发电集团的火电所得碳排放初始权，根据国内学者宋旭东等（2013）关于我国电力碳排放初始权的初始配置机制的研究和江苏电力行业相关专家意见，设定小火电和大火电的配置系数为 1：1.2。下面以华能集团为例计算 2020 年该集团所得碳排放初始权。

$E_{华能,火} = 3.14989 \times [(926 \times 1.2 + 19 \times 1)/(7293 \times 1.2 + 965 \times 1)] \approx 0.366384$

$E_{华能,气} = 0.50203 \times (142/1974) \approx 0.036114$

$E_{华能,风} = 0.13985 \times (44.7/1000) \approx 0.006251$

$E_{华能} = E_{华能,火} + E_{华能,气} + E_{华能,风} = 0.408749$

同理，可计算出其他主要电厂集团的碳排放初始权，计算结果见表 11.12。

表 11.12　2020 年江苏主要电厂集团的碳排放初始权　　单位：亿吨

电厂集团	2020 年碳排放初始权
华能集团	0.408 749
大唐集团	0.260 655
华电集团	0.272 962
国电集团	0.479 705
中电投集团	0.126 916
江苏国信集团	0.367 835
华润集团	0.368 546
国华徐州发电有限公司	0.181 186
江苏利港电力有限公司	0.149 211
太仓港协鑫发电有限公司	0.166 102
其他	1.530 149

11.3.2 电厂集团配置方案的和谐改进

根据 9.3 节的和谐性评判方法，分别进行电厂集团和谐性评判和江苏省内电厂集团碳排放初始权配置总体和谐性评判，若电厂集团初始配置方案分别通过电厂集团和谐性评判与总体和谐性评判，则无须对初始配置方案进行和谐改进；只要其中的和谐性评判有一项未通过，则需对初始配置方案按照逆向追踪法进行改进。具体步骤如下。

（1）各个主要电厂集团最大碳排放初始权和最小碳排放初始权的确定。根据江苏省"十三五"能源发展规划、《江苏省电源项目前期与进度调查报告》和《江苏统计年鉴 2017》，确定主要电厂集团的装机容量（C）、机组最大运行小时数（T_{max}）和最小运行小时数（T_{min}），两者相乘即可得到年最大发电量（GC_{max}）和最小发电量（GC_{min}），这两个值再分别乘以碳排放系数 r，即可得出各个主要电厂集团的年最大碳排放量（CE_{max}）和年最小碳排放量（CE_{min}）。其关系见式（11.1）和式（11.2）。

$$CE_{max}=GC_{max} \cdot r=C \cdot T_{max} \cdot r \qquad (11.1)$$
$$CE_{min}=GC_{min} \cdot r=C \cdot T_{min} \cdot r \qquad (11.2)$$

各个主要电厂集团装机容量的数据是根据规划计算得出的，所以较好地考虑了电厂集团发展所需的碳排放权，同时保证了新建电厂也能分得相应的碳排放初始权。江苏省主要电厂集团的最大及最小碳排放初始权如表 11.13 所示。

表 11.13　2020 年江苏省主要电厂集团的最大及最小碳排放初始权　单位：亿吨

电厂集团	2020 年	
	最小值	最大值
华能集团	0.335 557 3	0.446 361 3
大唐集团	0.203 964 3	0.266 100 5
华电集团	0.210 811	0.278 305 2
国电集团	0.396 856 8	0.529 142 4
中电投集团	0.106 876 8	0.142 502 4
江苏国信集团	0.288 621 4	0.373 115 6
华润集团	0.317 050 9	0.422 660 7
国华徐州发电有限公司	0.150 865 2	0.201 153 6
江苏利港电力有限公司	0.128 466	0.171 288
太仓港协鑫发电有限公司	0.131 329	0.169 132 1
其他	0.870 497 2	1.544 52

（2）初始配置方案的和谐性评判。结合表 11.2 所得到的碳排放初始权初始配

置方案和表 11.13 给出的各个主要电厂集团碳排放初始权的最大值和最小值，分别计算各个主要电厂集团的和谐度[$H(E_L)$]和总体和谐度[$H(E)$]。根据式（9.10）计算电厂集团的和谐度，利用式（9.11）计算总体和谐度，计算结果见表 11.14。

表 11.14　电厂集团和谐度和总体和谐度计算结果

电厂集团	$H(E_L)$
华能集团	0.615 227 1
大唐集团	0.912 362 4
华电集团	0.920 836 4
国电集团	0.626 285 7
中电投集团	0.562 507 3
江苏国信集团	0.937 502 6
华润集团	0.487 599 2
国华徐州发电有限公司	0.602 938
江苏利港电力有限公司	0.484 452 6
太仓港协鑫发电有限公司	0.919 855 9
其他	0.978 678 9
总体和谐度 $H(E)$	0.954 139 0

（3）和谐改进。参照碳排放初始权和谐度评判中阈值的确定方法和电力行业相关专家的意见，确定电厂集团的和谐度及总体和谐度分别为

$$\alpha[H(E_L)]=0.9$$
$$\beta[H(E)]=0.9$$

对比表 11.14 中的计算结果和阈值，可以看出，虽然初始配置方案通过了总体和谐性评判，但是部分电厂并未通过电厂和谐度评判，需要对未通过评判的电厂进行和谐改进。

通过上述计算方法对未通过电厂和谐度评判的电厂进行和谐改进，最终的配置方案见表 11.15。

表 11.15　最终配置方案

电厂集团	2020 年最终配置量/亿吨	比重
华能集团	0.435 726 9	9.8%
大唐集团	0.260 655	5.8%
华电集团	0.272 962 1	6.1%
国电集团	0.515 805 4	11.6%
中电投集团	0.138 916 5	3.1%
江苏国信集团	0.367 834 9	8.2%

续表

电厂集团	2020 年最终配置量/亿吨	比重
华润集团	0.411 946 2	9.2 %
国华徐州发电有限公司	0.196 586	4.4%
江苏利港电力有限公司	0.167 211 2	3.7%
太仓港协鑫发电有限公司	0.166 102 4	3.7%
其他	1.530 149 1	34.3%
合计	4.463 895 7	100%
总体和谐度	0.92	

　　对表 11.15 的配置方案再进行和谐度评判计算，上述配置方案全部通过了电厂集团的和谐度评判和总体和谐度评判。从配置结果来看，到 2020 年，十大电厂集团的配额为 3 亿吨左右，占总量的 66%左右，占比有所下降，原因有以下几点：一是随着电力工业节能减排的进行和"上大压小"工作的开展，火力发电装机所占比例不断下降；二是十大电厂集团的装机容量变化不大；三是其他清洁能源的装机容量迅速增加。

11.4　华东电网区域碳排放初始权配置的对策建议

　　本书提出的电力碳排放初始权配置方法具有一定的理论意义和实践价值。结合电力碳排放初始权配置的特点，根据华东电网区域电力碳排放初始权配置的实证研究，提出实施电力碳排放初始权初始配置的相关对策建议。

　　1. 确定待配置的电力碳排放初始权总量方面的建议

　　首先，要科学、合理监测并全面测算目标年的全国碳排放总量。根据前面的建议，电力碳排放初始权初始配置的对象为电力碳排放的绝对量，即根据国家的减排目标，按照电力碳排放的比例来确定待配置的电力碳排放初始权的总量。国家的减排目标是根据单位 GDP 碳排放比的下降来制定的，这种减排目标在承担国际减排责任方面同时有利于实现我国的减排承诺。但是这种目标是根据单位 GDP 的碳排放比测算出来的碳排放总量，精确性较差。虽然本书对中国在目标年的碳排放总量究竟是多少没有做深入研究，但是总量的确定是科学、合理配置碳排放权的前提条件，因此需要采用科学方法合理监测并全面测算碳排放总量。

　　其次，需要预留适当规模的政府碳排放初始权。在全球经济一体化进程中，我国与世界联系日益紧密。同时，中国也处在高速发展时期，各种不确定因素不可避免。根据国家碳减排目标，企业的碳排放强度逐年下降，但基于公平的原则，需预留一定数量的碳排放初始权为新项目、新企业设立排放空间。对于电力行业而言，可以根据国家、地区的电源规划等，预留出电力行业的碳排放初始权，通过公开拍卖的方式进行配置。发挥市场经济的调节作用，当电力碳排放初始权市场配额过多，交易价格过低时，政府通过回购等市场操作方式回收部分配置额；反之，政府将向市场投放部分配置额，以达到促进电厂集团调整自己的电源结构，最小化发电成本，实现节能减排的目的。

2. 区域配置指标体系构建方面的建议

针对行业的不同，需要动态调整区域配置指标体系。本书在电力碳排放初始权区域配置时，根据影响电力碳排放初始权区域配置的因素，构建了电力碳排放区域配置的指标体系，包括五大类 14 个指标，具体为人口数量、城市化率、人均地区生产总值、第二产业占比、大气环境容量、森林覆盖率、区域历史电力碳排放量、区域火力发电外送电量、碳排放强度、弱势群体保护度、能源消费观念、能源消费强度、工业增加值能耗、碳减排技术发展水平。这些指标仅仅是电力碳排放区域配置的指标体系，对于其他行业的碳排放区域配置，乃至全部碳排放初始权的区域配置，指标系统是各不相同的。

对于电力行业来说，针对不同待配置区域需要动态调整相关指标的权重。例如，针对华东电网区域，由于该区域各省（直辖市）的经济发展水平相差不大，资源禀赋情况相似，而南方电网区域，既包括经济发达的广东省，又包括经济不发达的贵州省、广西壮族自治区、云南省等，并且资源禀赋差异较大，专家在进行权重打分时，赋予的权重必然不同。

3. 电力碳排放初始权初始配置方案和谐调整与实施方面的建议

（1）建立完善的管理制度。实现电力碳排放初始权的和谐配置是一项复杂的系统工程。配置过程中涉及的利益主体众多，主要包括决策主体、待配置主体、行政管理主体、碳排放监测主体、方案执行主体等。最终的配置结果不仅会影响各个发电公司（集团）的生产运营和发展，还会对与电力相关的行业产生较大影响，具有连锁反应，进而影响整个区域的经济发展。为了配置方案可以顺利实施，华东电网区域应制定相应的电力碳排放初始权配置管理办法，明确电力碳排放初始权配置的原则、配置的目标、配置的标准、配额的确定方法等内容，使电力碳排放初始权配置在执行过程中有章可循。

（2）建立可行的管理体系。碳排放初始权配额管理工作比较复杂，碳排放初始权的配置只是其中不可或缺的重要一环。以华东电网区域为例，为保证方案的有效实施，建议在华东电网区域建立第三方的协调机构与组织，负责碳排放初始权配额配置与协调管理（鉴于精简国家行政的改革方向，此协调机构可以与现有机构合署办公，如利用现有的电力监管机构等）。各个省（直辖市）也可以成立相应的分组织，隶属于华东电网区域碳排放初始权配置与管理组织。各省（直辖市）和各个发电公司（集团）需严格执行管理机构的命令，管理机构应加强监督检查，定期对区域碳排放初始权情况和企业碳排放情况进行核实，对超额排放应通报批评，并加以严惩，直至采取有效措施制止超额排放现象发生。

（3）建立区域和行业两大协调协商机制。在对电力碳排放初始权初始配置方案进行和谐调整时，不仅采用相关模型方法对已有的方案进行和谐调整，更主要的是接纳与协调各个区域及各个电厂集团的意见，从整体上把握与协调电力碳排放初始权配置，因此，需要建立区域和行业两大协调协商机制。区域协调协商机制主要用来协调解决碳排放初始权区域配置过程中存在的问题，对区域配置结构进行协商、协调；行业协调协商机制主要解决碳排放初始权在各个碳排放企业配置过程中存在的问题。两个协调协商机制具有层级关系，每个机制协调的主体也不同。区域协调协商机制层级关系高于行业协调协商机制，原因是碳排放初始权配置首先是分到各个区域，其次进行协调，各个区域对配置方案无异议时，各个区域再根据各自所得配额配置到区域内各个行业和各个企业。

（4）利用碳交易市场提高配置效率。在灵活、合理的碳排放初始权交易市场中，碳排放初始权交易价格会随着市场的供求关系变化而变化，其作为一种重要的经济手段，可以有效提高碳排放初始权的配置效率和效益。在碳排放初始权初始配置与交易过程中，由第三方监督机构严格监测碳排放指标。在配额发放和交易过程当中，由第三方监督机构在每次拍卖后评估是否公平，确认拍卖结果是否成立。企业的碳排放信息报告也由第三方去核查，即每家企业呈交的碳排放报告必须是经过能验证其排放量的第三方独立机构核实的年度报告。同时，可根据可持续排放指标来进行常规监测。例如，在发电企业中，要求有烟气自动监控系统和燃料使用报告，以此来进行双重核查。

4. 关于建立数据、资料、信息共享平台的建议

在进行华东电网区域电力碳排放初始权配置的过程中，配置方法和模型含有大量的参数和变量，需要大量的基础数据作为支撑。基础数据分散到了各个领域，如各个地区的统计部门、经济发展部门、环保部门等，而单纯靠人力整理基础数据，工作量相当大，且容易出现人为失误。这将严重影响华东电网区域碳排放初始权配置结果的准确性。此外，基础数据的缺失和失真也会对碳减排监督造成一定的影响。

　　随着碳排放初始权配置工作的全面开展，碳排放初始权配置管理机构应当明确所需的基础数据，建立数据、资料和信息共享平台，并要求相关部门和企业给予适当的配合。同时，需要建立相应的碳排放监测系统，实时监测各区域和碳排放企业的碳排放情况，对超排现象进行预警，为碳排放初始权配置提供基础数据服务。

参 考 文 献

安德鲁 C，卢克斯 K S. 2000.战略协同. 2 版. 任通海，龙大伟，译. 北京：机械工业出版社：65-75.

安丽，赵国杰. 2008. 排污权交易评价指标体系的构建及评价方法研究. 中国人口·资源与环境，（1）：95-99.

白钦先. 1998. 政策性金融论. 经济学家，（3）：81-89.

白秀萍. 2006. 俄罗斯林业管理体制改革经验与启示. 世界林业研究，（3）：57-60.

鲍文沁，徐正春，刘萍. 2015. 中国生态安全评价研究进展. 广东农业科学，42（11）：135-140.

曹秉帅，邹长新，高吉喜，等. 2019. 生态安全评价方法及其应用.生态与农村环境学报，（8）：953-963.

陈洁民. 2013. 新西兰碳排放交易体系的特点及启示. 经济纵横，（1）：113-117.

陈文颖，吴宗鑫. 1998. 碳排放权分配与碳排放权交易. 清华大学学报(自然科学版)，38(12)：15-18，22.

陈晓科，周天睿，李欣，等. 2012.电力系统的碳排放结构分解与低碳目标贡献分析. 电力系统自动化，（2）：18-25.

陈艳萍，吴凤平. 2008. 国内典型流域初始水权配置实践的启示. 水利经济，26（6）：25-28.

陈艳艳，周国模，田信桥. 2011. 气候变化背景下污染者负担原则的适用. 生态经济，（11）：69-73.

陈勇，王济干，张婕. 2016. 区域电力碳排放权初始分配模型. 科技管理研究，36（1）：229-234.

杜育红. 1998. 论教育资源配置方式的选择. 教育与经济，（1）：39-42.

段海燕，王培博，蔡飞飞，等. 2018. 省域污染物总量控制指标差异性公平分配与优化算法研究——基于不对称 Nash 谈判模型. 中国人口·资源与环境，28（8）：56-67.

冯路，王天庆. 2014. 中国碳排放权初始分配定价研究. 学习与实践，（4）：45-51.

付加锋，张保留，刘倩. 2018. 排污权交易与碳排放权交易协同管理对策研究. 环境与可持续发展，43（4）：105-107.

韩宇. 2017. 我国工业分行业碳排放权分配研究. 中国矿业大学硕士学位论文：1-160.

何梦舒. 2011. 我国碳排放权初始分配研究——基于金融工程视角的分析. 管理世界，（11）：172-173.

胡鞍钢，郎晓娟，沈若萌，等.2014. 集体林权制度改革：开启中国绿色改革之路. 林业经济，
　　（2）：3-8.

胡鞍钢，周绍杰.2014. 绿色发展：功能界定、机制分析与发展战略. 中国人口·资源与环境，
　　（1）：14-20.

胡剑波，桂姗姗.2017. 西南民族地区碳安全等级评估. 江苏农业科学，45（6）：269-272.

胡荣，徐岭.2010. 浅析美国碳排放权制度及其交易体系. 内蒙古大学学报（哲学社会科学版），
　　（3）：17-21.

胡晓寒，王浩，纪昌明，等.2010. 水资源使用权初始分配理论框架. 水利学报，41（9）：1038-1044.

贾良清，欧阳志云，赵同谦，等.2004. 城市生态安全评价研究. 生态环境，（4）：592-596.

雷玉桃，周雯.2013. 广州市二氧化硫初始排污权分配模型研究. 环境科学与技术，（7）：177-182.

李殿斌.1998. 简论和谐范畴. 河北师范大学学报（哲学社会科学版），（4）：32-34.

李会军，席酉民，葛京.2015. 基于和谐管理理论的一种整合商业模式概念框架. 管理学报，
　　12（9）：1255-1262，1285.

李寿德，黄桐城.2003. 初始排污权分配的一个多目标决策模型. 中国管理科学，（6）：40-44.

李峥，刘华平，康晓凤，等.2016. 传统文化视角下和谐护理理论的构建. 中华护理杂志，51（9）：
　　1034-1038.

林坦，宁俊飞.2011. 基于零和 DEA 模型的欧盟国家碳排放权分配效率研究. 数量经济技术经
　　济研究，28（3）：36-50.

刘传玉，张婕.2015. 基于协调度函数的碳排放初始权区域分配模型研究. 环境科技，（2）：1-5.

刘家松.2014. 日本碳税：历程、成效、经验及中国借鉴. 财政研究，（12）：99-104.

马中.2006. 环境与自然资源经济学概论.2 版. 北京：高等教育出版社.

马艳艳，王诗苑，孙玉涛. 基于供求关系的中国碳交易价格决定机制研究[J]. 大连理工大学学
　　报（社会科学版），2013（3）：42-46.

潘家华，郑艳.2009. 基于人际公平的碳排放概念及其理论含义. 世界经济与政治，（10）：6-16，3.

潘晓滨.2017. 日本碳排放交易制度实践综述. 资源节约与环保，（9）：110-112.

裴丽萍，张启彬.2017. 林权的法律结构——以《森林法》的修改为中心. 武汉大学学报（哲学
　　社会科学版），70（6）：96-108.

浦再明.2006. 和谐社会系统论——"自然-人-社会"：全生态系统和谐（上）. 上海党史与党
　　建，（1）：49-53.

齐绍洲，王班班.2013. 碳交易初始配额分配：模式与方法的比较分析. 武汉大学学报（哲学社
　　会科学版），（5）：19-28.

邱高会.2014. 区域碳安全评价及预测研究. 生态经济，30（8）：14-17，41.

荣培君，杨群涛，秦耀辰，等.2016. 中国省域能源消耗碳排放安全评价. 地理科学进展，35（4）：
　　487-495.

芮明杰.1999. 竞争力：国有企业改革的终极目标. 上海经济研究，（3）：41-44.

沈克慧. 2015. 基于 SEM 的碳排放初始权配置影响因素分析. 企业经济，（9）：88-91.

宋杰鲲，牛丹平，曹子建，等. 2017. 考虑碳转移的我国省域碳排放核算与初始分配. 华东经济管理，（11）：57-64.

宋旭东，莫娟，向铁元. 2013. 电力行业碳排放权的初始分配机制[J]. 电力自动化设备，33（1）：44-49.

唐建荣，王清慧. 2013. 基于泰尔熵指数的区域碳排放差异研究. 北京理工大学学报（社会科学版），（4）：21-27.

汪振双，赵一键，刘景矿. 2016. 基于 BIM 和云技术的建筑物化阶段碳排放协同管理研究. 建筑经济，37（2）：88-90.

王丹舟，王心然，李俞广. 2018. 国外碳税征收经验与借鉴. 中国人口·资源与环境，28（S1）：20-23.

王国友，谭灵芝. 2017. 中国人均碳排放权分配方案预测研究. 统计与决策，（8）：81-85.

王济干. 2004. 战略管理视角下的水资源和谐配置. 南京：河海大学出版社，1-200.

王济干，郭婧蓉. 2010. 人力资源和谐配置逻辑框架构建. 河海大学学报（哲学社会科学版），12（2）：59-62.

王济干，吴凤平，张婕，等. 2017. 基于三对均衡关系的碳排放初始权和谐配置分析框架. 河海大学学报（哲学社会科学版），19（5）：48-54.

王金南，蔡博峰，曹东，等. 2011. 中国 CO_2 排放总量控制区域分解方案研究. 环境科学学报，31（4）：680-685.

王明荣，王明喜. 2012. 基于帕累托最优配置的碳排放许可证拍卖机制. 中国工业经济，（5）：96-108.

王翊，黄余. 2011. 公平与不确定性：全球碳排放分配的关键问题. 中国人口·资源与环境，21（S2）：271-275.

吴方，王济干，吴凤平. 2018. 碳排放权文献基础与国际发展态势的可视化研究——基于科学知识图谱分析. 河海大学学报（哲学社会科学版），20（4）：52-59.

吴凤平，吴丹，陈艳萍. 2010. 流域初始水权配置系统方案诊断模型. 系统工程，28（4）：24-29.

吴濛. 2017. 碳排放配额初始分配模式和方法研究——欧盟碳排放权初始的特点和启示. 浙江工业大学硕士学位论文：1-78.

席西民，尚玉钒，井辉，等. 2009. 和谐管理理论及其应用思考. 管理学报，6（1）：12-18.

谢传胜，董达鹏，贾晓希，等. 2011. 中国电力行业碳排放配额分配——基于排放绩效. 技术经济，（11）：57-62.

徐砥中. 2011. 企业低碳管理系统的协同管理机制. 广东社会科学，（3）：56-59.

许士春，张文文. 2016. 不同返还情景下碳税对中国经济影响及减排效果——基于动态 CGE 的模拟分析. 中国人口·资源与环境，26（12）：46-54

宣晓伟, 张浩. 2013. 碳排放权配额分配的国际经验及启示. 中国人口·资源与环境, 23（12）: 10-15.

杨玲玲, 马向春. 2010. 电力市场环境下碳排放权分配模型的比较研究. 陕西电力, 38（2）: 5-9.

杨仕辉, 魏守道. 2013. 南北环境政策合作的环境效应及可行性分析——基于碳排放配额政策的研究. 国际贸易问题,（12）: 126-136.

杨颖. 2017. 我国开征碳税的理论基础与碳税制度设计研究. 宏观经济研究,（10）: 54-61.

杨泽伟. 2011. 碳排放权: 一种新的发展权. 浙江大学学报 （人文社会科学版）, 41（3）: 40-49.

于法稳, 尚杰. 1999. 资源配置的驱动机制研究. 重庆大学学报（社会科学版）,（4）: 34-35.

张志耀, 张海明. 2001. 污染物排放总量分配的群体决策方法研究. 系统科学与数学, 21（4）: 473-479.

张周忙, 蒋亚芳, 管长岭. 2012. 日本国有林管理对我国的启示. 林业资源管理,（6）: 129-136.

赵静敏, 赵爱文. 2016. 碳减排约束下国外碳税实施的经验与启示. 管理世界,（12）: 174-175.

赵先贵, 肖玲, 马彩虹, 等. 2014. 山西省碳足迹动态分析及碳排放等级评估. 干旱区资源与环境, 28（9）: 21-26.

郑立群. 2012. 中国各省区碳减排责任分摊——基于零和收益 DEA 模型的研究. 资源科学, 34（11）: 2087-2096.

钟帅, 沈镭, 赵建安, 等. 2017. 国际能源价格波动与中国碳税政策的协同模拟分析. 资源科学, 39（12）: 2310-2322.

周海川. 2017. 国有森林资源资产有偿使用制度探悉. 林业经济问题, 37（1）: 11-17.

周晟吕, 石敏俊, 李娜, 等. 2011. 碳税政策的减排效果与经济影响. 气候变化研究进展, 7（3）: 210-216.

周文波, 陈燕. 2011. 论我国碳排放权交易市场的现状、问题与对策. 江西财经大学学报,（3）: 12-17.

周艳菊, 胡凤英, 周正龙. 2019. 碳税政策下制造商竞争的供应链定价策略和社会福利研究. 中国管理科学, 27（7）: 94-105.

朱潜挺, 吴静, 洪海地, 等. 2015. 后京都时代全球碳排放权配额分配模拟研究. 环境科学学报, 35（1）: 329-336.

庄青, 刘传玉. 2015. 基于熵权法和 TOPSIS 法的电力行业碳排放初始权分配模型研究——以江苏省为例. 环境科技, 28（6）: 25-29.

庄学敏. 2017. 基于华为的战略转型分析. 科研管理, 38（2）: 144-152.

左其亭. 2016. 和谐论理论·方法·应用. 北京: 科学出版社.

Agarwal A, Narain S. 1991. Global Warming in An Unequal World: A Case of Environmental Colonialism. New Delhi: Centre for Science and Environment.

Ainsworth E A, Rogers A. 2007. The response of photosynthesis and stomatal conductance to rising CO_2: mechanisms and environmental interactions. Plant, Cell & Environment, 30（3）: 258-270.

Alberola E, Chevallier J, Chèze B. 2008. The EU emissions trading scheme: the effects of industrial production and CO$_2$ emissions on carbon prices. Economie Internationale, (4): 93-126.

An Q, Wen Y, Xiong B, et al. 2017. Allocation of carbon dioxide emission permits with the minimum cost for Chinese provinces in big data environment. Journal of Cleaner Production, 142: 886-893.

Anthoff D, Hahn R. 2010. Government failure and market failure: on the inefficiency of environmental and energy policy. Oxford Review of Economic Policy, 26 (2): 197-224.

Babiker M H. 2005. Climate change policy, market structure, and carbon leakage. Journal of International Economics, 65 (2): 421-445.

Barney J B, Wright P M. 1997. On becoming a strategic partner: the role of human resources in gaining competitive advantage .Human Resource Management, 37 (1): 31-46.

Biermann F, Pattberg P, van Asselt H, et al. 2009. The fragmentation of global governance architectures: a framework for analysis. Global Environmental Politics, 9 (4): 14-40.

Bovenberg A L, de Mooij R A. 1994. Environmental levies and distortionary taxation. The American Economic Review, 84 (4): 1085-1089.

Cairns M A, Brown S, Helmer E H, et al. 1997. Root biomass allocation in the world's upland forests. Oecologia, 111 (1): 1-11.

Chiu Y H, Lin J C, Su W N, et al. 2015. An efficiency evaluation of the EU's allocation of carbon emission allowances. Energy Sources PartB-Economics, Planning and Policy, 10(2): 192-200.

Coase R H. 1960. The problem of social cost. The Journal of Law and Economics, 3: 1-45.

Cramton P, Kerr S. 2002. Tradeable carbon permit auctions: how and why to auction not grandfather. Energy Policy, 30 (4): 333-345.

Cressman R. 1992. Evolutionarily stable sets in symmetric extensive two-person games. Mathematical Biosciences, 108 (2): 179-201.

Crocker T D. 1966. The structuring of atmospheric pollution control systems. The Economics of Air Pollution, (1): 61-86.

Cui L B, Fan Y, Zhu L, et al. 2014. How will the emissions trading scheme save cost for achieving China's 2020 carbon intensity reduction target?. Applied Energy, 136 (31): 1043-1052.

Dai Q, Li Y, Xie Q, et al. 2014. Allocating tradable emissions permits based on the proportional allocation concept to achieve a low-carbon economy. Mathematical Problems in Engineering, 2014 (2014): 1-8.

Dales J H. 1968. Pollution Property and Prices: An Essay in Policy-Making and Economics. Toronto: University of Toronto Press: 23-55.

Demailly D, Quirion P. 2006. CO_2 abatement, competitiveness and leakage in the European cement industry under the EU ETS: grandfathering versus output-based allocation. Climate Policy, 6(1): 93-113.

Eichner T, Pethig R. 2010. EU-type carbon emissions trade and the distributional impact of overlapping emissions taxes. Journal of Regulatory Economics, 37 (3): 287-315.

Ekblad A, Högberg P. 2001. Natural abundance of ^{13}C in CO_2 respired from forest soils reveals speed of link between tree photosynthesis and root respiration. Oecologia, 127 (3): 305-308.

Ellerman A D, Frank J. 2010. Pricing Carbon: The European Union Emissions Trading Scheme.Paris : Dauphine University Press: 329-334.

Ellerman A D, Montero J P. 1998.The declining trend in sulfur dioxide emissions: implications for allowance prices. Journal of Environmental Economics & Management, 36 (1): 26-45.

Farquhar G D, von Caemmerer S, Berry J A. 1980. A biochemical model of photosynthetic CO_2 assimilation in leaves of C_3 species. Planta, 149 (1): 78-90.

Felder S, Rutherford T F. 1993. Unilateral CO_2 reductions and carbon leakage: the consequences of international trade in oil and basic materials. Journal of Environmental Economics and Management, 25 (2): 162-176.

Finkbeiner M. 2009. Carbon footprinting—opportunities and threats. International Journal of Life Cycle Assessment, 14 (2): 91-94.

Fischer C, Fox A K. 2012. Comparing policies to combat emissions leakage: border carbon adjustments versus rebates. Journal of Environmental Economics and Managemen, 64 (2): 199-216.

Fischer C, Parry I W H, Pizer W A. 2003. Instrument choice for environmental protection when technological innovation is endogenous. Journal of Environmental Economics and Management, 45 (3): 523-545.

Garfield E. 1972. Citation analysis as a tool in journal evaluation. Science, 178 (4060): 471-479.

Giardina C P, Ryan M G, Binkley D, et al. 2003. Primary production and carbon allocation in relation to nutrient supply in a tropical experimental forest. Global Change Biology, 9 (10): 1438-1450.

Golombek R, Kittelsen S A C, Rosendahl K E. 2013. Price and welfare effects of emission quota allocation. Energy Economics, 36: 568-580.

Gower S T, Vogt K A, Grier C C. 1992. Carbon dynamics of Rocky Mountain Douglas - fir: influence of water and nutrient availability. Ecological Monographs, 62 (1): 43-65.

Han R, Tang B J, Fan J L, et al. 2016. Integrated weighting approach to carbon emission quotas: an application case of Beijing-Tianjin-Hebei region. Journal of Cleaner Production, 131: 448-459.

Haynes B E, Gower S T. 1995. Belowground carbon allocation in unfertilized and fertilized red pine plantations in northern Wisconsin. Tree Physiology, 15（5）: 317-325.

He P, Dou G W, Zhang W. 2017. Optimal production planning and cap setting under cap-and-trade regulation. Journal of the Operational Research Society, 68（9）: 1094-1105.

Hohne N, den Elzen M G J, Escalante D. 2014. Regional GHG reduction targets based on effort sharing: a comparison of studies. Climate Policy, 14（1）: 122-147.

Hong Z F, Chu C B, Zhang L L, et al. 2017. Optimizing an emission trading scheme for local governments: a stackelberg game model and hybrid algorithm. International Journal of Production Economics, 193（4）: 172-182.

Jacoby H D, Eckaus R S, Denny Ellerman A, et al. 1997. CO_2 Emissions limits: economic adjustments and the distribution of burdens. The Energy Journal, 18（3）: 31-58.

Jaffe A B, Stavins R N. 1994. Energy-efficiency investments and public policy. The Energy Journal, 15（2）: 43-66.

Janssen M, Rotmans J. 1995. Allocation of fossil CO_2 emission rights quantifying cultural perspectives. Ecological Economics, 13（1）: 65-79.

Jensen J, Rasmussen T N. 2000. Allocation of CO_2 emissions permits: a general equilibrium analysis of policy instruments. Journal of Environmental Economics and Management, 40（2）: 111-136.

Kaldellis J K, Mantelis N, Zafirakis D. 2011. Evaluating the ability of Greek power stations to comply with the obligations posed by the second national allocation plan concerning carbon dioxide emissions. Fuel, 90（9）: 2884-2895.

Keyes M R, Grier C C. 1981. Above-and below-ground net production in 40-year-old Douglas-fir stands on low and high productivity sites. Revue Canadienne De Recherche Forestière, 11（3）: 599-605.

Landsberg J J, Waring R H. 1997. A generalised model of forest productivity using simplified concepts of radiation-use efficiency, carbon balance and partitioning. Forest Ecology and Management, 95（3）: 209-228.

Liao Z L, Zhu X L, Shi J R. 2015. Case study on initial allocation of Shanghai carbon emission trading based on shapley value. Journal of Cleaner Production, 103: 338-344.

Litton C M, Raich J W, Ryan M G. 2007. Carbon allocation in forest ecosystems. Global Change Biology, 13（10）: 2089-2109.

Liu D, Chang Q. 2015. Ecological security research progress in China. Acta Ecologica Sinica, 35（5）: 111-121.

Lyon R M. 1982. Auctions and alternative procedures for allocating pollution rights. Land Economics, 58（1）: 16-32.

MacKenzie D. 2009. Making things the same: gases, emission rights and the politics of carbon markets. Accounting Organizations and Society, 34 (3): 440-455.

Mancini M S, Galli A, Niccolucci V, et al. 2016. Ecological footprint: refining the carbon footprint calculation. Ecological Indicators, 61: 390-403.

Manne A S, Richels R G. 1995. The greenhouse debate: economic efficiency, burden sharing and hedging strategies. The Energy Journal, 16 (4): 1-38.

Meunier G, Ponssard J P, Quirion P. 2014. Carbon leakage and capacity-based allocations: is the EU right?. Journal of Environmental Economics and Management, 68 (2): 262-279.

Monstadt J, Scheiner S. 2014. Allocating greenhouse gas emissions in the German federal system: regional interests and federal climate governance. Energy Policy, 74: 383-394.

Montgomery D W. 1972. Markets in licenses and efficient pollution control programs. Journal of Economic Theory, 5 (3): 395-418.

Morthorst P E. 2003. National environmental targets and international emission reduction instruments. Energy Policy, 31 (1): 73-83.

Nazifi F. 2013. Modelling the price spread between EUA and CER carbon prices. Energy Policy, 56: 434-445.

Nemani R R, Running S W. 1989. Estimation of regional surface resistance to evapotranspiration from NDVI and thermal-IR AVHRR data. Journal of Applied Meteorology, 28 (4): 276-284.

Nordhaus W D. 1993. Optimal greenhouse-gas reductions and tax policy in the "DICE" model. The American Economic Review, 83 (2): 313-317.

Ole H , KjellS, Jan-ErikS. 2013. The phase relation between atmospheric carbon dioxide and global temperature. Global & Planetary Change, 106 (7): 141-142.

Pan X Z, Teng F, Wang G H. 2014. A comparison of carbon allocation schemes: on the equity-efficiency tradeoff. Energy, 74: 222-229.

Parry I W H, Heine M D, Lis E, et al. 2014. Getting Energy Prices Right: From Principle to Practice. Washington: International Monetary Fund.

Peace J, Juliani T. 2009. The coming carbon market and its impact on the American economy. Policy and Society, 27 (4): 305-316.

Phylipsen G J M, Bode J, Blok K, et al. 1998. A triptych sectoral approach to burden differentiation: GHG emission in the European bubble. Energy Policy, 26 (12): 929-943.

Poorter H, Niklas K J, Reich P B, et al. 2012. Biomass allocation to leaves, stems and roots: meta - analyses of interspecific variation and environmental control. New Phytologist, 193(1): 30-50.

Quirion P. Demailly D,2006. CO_2 abatement, competitiveness and leakage in the European cement industry under the EU ETS: grandfathering vs. output-based allocation. Climate Policy, 6(1): 93-113.

Raich J W, Nadelhoffer K J. 1989. Belowground carbon allocation in forest ecosystems: global trends. Ecology, 70 (5): 1346-1354.

Raj P A. 1995. Multicriteria methods in river basin planning——a case study. Water Science and Technology, 31 (8): 261-272.

Raju K S, Pillai C R S. 1999. Multicriterion decision making in river basin planning and development. European Journal of Operational Research, 112 (2): 249-257.

Ritzberger K. 1996. On games under expected utility with rank dependent probabilities. Theory and Decision, 40 (1): 1-27.

Rose A, Stevens B. 1993. The efficiency and equity of marketable permits for CO_2 emissions. Resource and Energy Economics, 15 (1): 117-146.

Sands P J, Landsberg J J. 2002. Parameterisation of 3-PG for plantation grown Eucalyptus globulus. Forest Ecology and Management, 163 (1-3): 273-292.

Schmalensee R, Joskow P L, Denny Ellerman A, et al. 1998. An interim evaluation of sulfur dioxide emissions trading. Journal of Economic Perspectives, 12 (3): 53-68.

Sijm J, Neuhoff K, Chen Y. 2006. CO2 cost pass-through and windfall profits in the power sector. Climate Policy, 6 (1): 49-72.

Smith J M, Price G R. 1973. The logic of animal conflict. Nature, 246 (5427): 15-18.

Takeda S, Arimura T H, Tamechika H, et al. 2014. Output-based allocation of emissions permits for mitigating the leakage and competitiveness issues for the Japanese economy. Environmental Economics and Policy Studies, 16 (1): 89-110.

Tang L, Wu J Q, Yu L A, et al. 2017. Carbon allowance auction design of China's emissions trading scheme: a multi-agent-based approach. Energy Policy, 102: 30-40.

Taylor P D, Jonker L B. 1978. Evolutionary stable strategies and game dynamics. Mathematical Biosciences, 40 (1/2): 145-156.

Wang S F, Yang S L. 2012. Carbon permits allocation based on two-stage optimization for equity and efficiency: a case study within China. Advanced Materials Research, 518: 1117-1122.

Wei C, Ni J L, Du L M. 2012. Regional allocation of carbon dioxide abatement in China. China Economic Review. 23: 552-565.

Weitzman M L. 1974. Prices vs. quantities. The Review of Economic Studies, 41 (4): 477-491.

Wendner R. 2001. An applied dynamic general equilibrium model of environmental tax reforms and pension policy. Journal of Policy Modeling, 23 (1): 25-50.

Wissema W, Dellink R. 2007. AGE analysis of the impact of a carbon energy tax on the Irish economy. Ecological Economics, 61 (4): 671-683.

Xu X Y, Xu X P, He P. 2016. Joint production and pricing decisions for multiple products with cap-and-trade and carbon tax regulations. Journal of Cleaner Production, 112 (20): 4093-4106.

Yang K J, Lei Y L, Chen W M, et al. 2018. Carbon dioxide emission reduction quota allocation study on Chinese provinces based on two-stage shapley information entropy model. Natural Hazards, 91 (1): 321-335.

Yi W J, Zou L L, Guo J, et al. 2011. How can China reach its CO_2 intensity reduction targets by 2020: a regional allocation based on equity and development. Energy Policy, 39 (5): 2407-2415.

Zetterberg L. 2014. Benchmarking in the European Union emissions trading system: abatement incentives. Energy Economics, 43: 218-224.

Zetterberg L, Chen D L. 2015. The time aspect of bioenergy-climate impacts of solid biofuels due to carbon dynamics. Gcb Bioenergy, 7 (4): 785-796.

Zhang J, Xing Z C, Wang J G. 2016. Analysis of CO_2 emission performance and abatement potential for municipal industrial sectors in Jiangsu, China. Sustainability, 8 (7): 697.

Zhang Y J, Liu Z, Zhang H, et al. 2014a. The impact of economic growth, industrial structure and urbanization on carbon emission intensity in China. Natural Hazards, 73 (2): 579-595.

Zhang Y J, Wang A D, Da Y B. 2014b. Regional allocation of carbon emission quotas in China: evidence from the shapley value method. Energy Policy, 74 (11): 454-464.

Zhou P, Ang B W, Han J Y. 2010. Total factor carbon emission performance: a malmquist index analysis. Energy Economics, 32 (1): 194-201.

Zhou P, Wang M. 2016. Carbon dioxide emissions allocation: a review. Ecological Economics, 125: 47-59.

Zhou P, Zhang L, Zhou D Q, et al. 2013. Modeling economic performance of interprovincial CO_2 emission reduction quota trading in China. Applied Energy, 112: 1518-1528.

Zhou Y, Li Y P, Huang G H. 2015. Planning sustainable electric-power system with carbon emission abatement through CDM under uncertainty. Applied energy, 140: 350-364.

附　　录

A. 调查问卷

《电力碳排放初始权区域配置影响因素调查问卷》

尊敬的女士/先生:

您好!

此次调查问卷是为了获取影响中国电力碳排放初始权区域配置的若干因素及其影响程度,所有问题没有标准答案,您真实的回答才能保证本次调查结果的科学性。本次调查结果仅作学术研究之用,对您提供的资料绝对保密,请您放心填写!

碳排放初始权是不同的碳排放主体,包括不同地区或行业等初始获得的碳排放量权利。电力行业是各国碳排放的大户,电力碳排放问题日益突出。因此,寻找可持续的电力碳排放管理方式、制定合理有效的电力碳排放权制度、实现电力碳排放初始权区域优化配置和合理利用,无疑是我国低碳经济的核心环节与本质要求。

衷心感谢您的合作!

基本情况(问卷 A)

A1　性别:□ 男　　　　　□ 女

A2　年龄:□ 18 岁以下　□ 18~25 岁　□ 26~35 岁　□ 36~45 岁
□ 46~55 岁　□ 56~65 岁　□ 65 岁以上

A3　文化程度:□ 硕士及以上　□ 本科　□ 大专　□ 中专、中技、高中

A4　职业:□ 政府机关和事业单位职工　　□ 企业职工　　□ 企业高管
□ 研究人员　　□ 大学生　　□ 其他

A5　所属行业:□ 制造类行业　　□ 贸易类行业　　□ 发电行业
□ 电网行业　　□科研类行业　　□ 政府部门　　□ 其他行业

A6　研究领域：□ 经济管理类　□ 理工类　□ 环境保护类（低碳减排）
□ 其他

A7　您对电力碳排放初始权配置了解程度如何：
□ 不了解　　□ 了解一点　　□ 比较了解　　□ 非常了解

《电力碳排放初始权区域配置影响因素问卷》（问卷 B）

下面列举的是影响中国电力碳排放初始权区域配置出现不同程度波动的各项因素，请根据您的实际经验在相应的方格内打"√"。

序号	影响因素	影响程度				
		毫无影响	影响不大	有点影响	有较大影响	影响非常大
1	区域人口因素（人人平等享有碳排放初始权，区域人数越多，所得碳排放初始权相应的数量应该越多）	1	2	3	4	5
2	区域经济水平（能源是区域经济发展和增长的瓶颈，经济越发达，发展越快，所需碳排放初始权应该越多）	1	2	3	4	5
3	区域产业结构（工业是碳排放大户，工业化程度越高，相应的碳排放也就越多）	1	2	3	4	5
4	区域城市化水平（我国正在大力推进城市化水平，区域的城市化水平对碳排放有比较重要的影响）	1	2	3	4	5
5	区域 CO_2 环境容量（每个区域由于地理等因素不同，其最大的 CO_2 容量也有所不同）	1	2	3	4	5
6	区域电力碳排放水平（2009 年至今区域发电行业 CO_2 排放总量）	1	2	3	4	5
7	区域火力发电外送电量水平（本区域火力发电可能会通过电网输送到其他区域，外送电量发电产生的碳排放应该由受电区域负责）	1	2	3	4	5
8	低碳技术发展水平（低碳技术发展水平越高，所得碳排放初始权应适当增加，以激励其他电厂发展低碳技术，并最终实现减排）	1	2	3	4	5

续表

序号	影响因素	影响程度				
		毫无影响	影响不大	有点影响	有较大影响	影响非常大
9	区域低碳管理水平（碳减排监督主要靠政府，管理水平越高，政府对于碳排放初始权配置管制严厉程度越大）	1	2	3	4	5
10	区域减排潜力（区域未来降低 CO_2 排放量的能力）	1	2	3	4	5
11	能源消费观念（居民和企业低碳环保意识的强弱，以及为减排所做的努力）	1	2	3	4	5
12	区域能源利用水平（区域能源利用水平越高，同量的碳排放会比能源利用水平低的区域产生更高的经济效益）	1	2	3	4	5
13	区域减排相关政策	1	2	3	4	5

您认为还有哪些因素会影响电力碳排放初始权区域配置：

_____

_____

问卷调查到此结束，再次感谢您的合作与支持！祝您健康快乐！

B. 访谈大纲

《中国电力碳排放初始权初始配置影响因素访谈大纲》

专业领域：_____　　所在部门：_____　　职称：_____

尊敬的专家：

您好！非常感谢您在百忙之中抽出时间接受我们的访谈调查。

我们都知道，随着人类活动所排放的温室气体不断增加，全球气候变暖现象也变得越来越严重。我国作为世界 CO_2 排放大国，减排刻不容缓。政府在 2009 年承诺至 2020 年单位 GDP 碳排放比 2005 年下降 40%~45%，而且我国电力行业占化石能源碳排放的比例近 40%，CO_2 排放量几乎占了全国总排放量的"半壁江山"。因此，实现电力行业的 CO_2 减排，无疑是我国低碳经济的核心环节与本质要求。当前我国节能减排主要依靠行政手段，而碳排放初始权交易市场尚处于萌芽阶段，一些碳排放初始权交易相关项目正处于试点阶段。研究表明，碳排放初始权初始配置影响碳排放初始权交易效率，所以，在交易之前非常有必要进行碳排放初始权初始配置。

电力行业内专家部分

（1）您了解国外电力碳排放初始权配置的相关研究吗？它们是如何操作的？其中哪些是关键影响因素？对我国电力碳排放初始权初始配置有何启示？

（2）我国在进行电力碳排放初始权初始配置时应该遵循哪些原则？

（3）从电力公司或者发电厂的角度来说，在进行碳排放初始权初始配置时，基于哪些方面考虑所配置出的碳排放初始权配额是合理的？影响电力碳排放初始权初始配置的具体因素有哪些？

（4）您认为电力碳排放初始权初始配置较一般碳排放初始权初始配置有哪些特殊性？

（5）为了完成我国政府已承诺的碳减排强度的目标，我国可以采取哪些手段？电力行业作为减排的重点行业，又有哪些可行的方法？

从事相关领域的专家学者部分

（1）为实现政府的排放强度减排目标，有哪些切实可行的方法、手段？

（2）哪些行业会成为实施减排的重点行业？

（3）电力行业是 CO_2 减排的重点行业，又有哪些可行的方法？

（4）当前我国节能减排主要依靠行政手段，而碳排放初始权交易市场尚处于萌芽阶段，一些碳排放初始权交易相关项目正处于试点阶段。研究表明，碳排放初始权初始配置影响碳排放初始权交易效率，所以，在交易之前非常有必要进行碳排放初始权初始配置。您认为在进行碳排放初始权初始配置时，应遵循哪些原则、基于哪些方面考虑所配置出的配额是合理的？能不能分析一下影响电力碳排放初始权初始配置的因素有哪些？

（5）您认为电力碳排放初始权初始配置较一般碳排放初始权初始配置有哪些特殊性？

（6）您了解国外碳排放初始权的初始配置吗？对我国碳排放初始权初始配置有何启示？

政府相关部门部分

（1）为实现政府的碳减排目标，有哪些切实可行的方法、手段？

（2）哪些行业会成为实施减排的重点行业？

（3）电力行业是 CO_2 减排的重点行业，又有哪些可行的方法？

（4）从政府角度出发，您认为在进行碳排放初始权初始配置时，应遵循哪些原则？会重点关注哪些方面的因素？

（5）您认为电力碳排放初始权初始配置较一般碳排放初始权初始配置有哪些特殊性？

C. 附表

附表 1　区域配置中各区域定量指标的基础数据

区域	2005 年	2006 年	2007 年	2008 年	2009 年	2010 年	2011 年	2012 年	2013 年	2014 年	2015 年
人口数量/万人											
上海	1 890	1 964	2 064	2 141	2 210	2 303	2 347	2 380	2 415	2 426	2 415
江苏	7 588	7 656	7 723	7 762	7 810	7 869	7 899	7 920	7 939	7 960	7 976
浙江	4 991	5 072	5 155	5 212	5 276	5 447	5 463	5 477	5 498	5 508	5 539
安徽	6 120	6 120	6 120	6 120	6 120	6 120	6 120	5 988	6 030	6 083	6 144
福建	3 557	3 585	3 612	3 639	3 666	3 693	3 720	3 748	3 774	3 806	3 839
城市化率											
上海	89.10%	88.70%	88.66%	88.60%	88.60%	89.27%	89.31%	89.33%	89.61%	89.57%	87.62%
江苏	50.50%	51.89%	53.20%	54.30%	55.60%	60.6%	61.89%	63.01%	64.11%	65.21%	66.52%
浙江	56.02%	56.51%	57.21%	57.60%	57.90%	61.61%	62.30%	63.19%	64.01%	64.87%	65.81%
安徽	35.51%	37.10%	38.71%	40.51%	42.10%	43.01%	44.81%	46.49%	47.86%	49.15%	50.50%
福建	49.42%	50.40%	51.38%	53.01%	55.07%	57.11%	58.09%	59.61%	60.76%	61.80%	62.59%
人均地区生产总值/(元/人)											
上海	49 649	54 858	62 041	66 932	69 164	76 074	82 560	85 373	90 993	97 370	103 796
江苏	24 616	28 526	33 837	40 014	44 253	52 840	62 290	68 347	75 354	81 874	87 995
浙江	27 062	31 241	36 676	41 405	43 842	51 711	59 249	63 374	68 805	73 002	77 644
安徽	8 631	9 996	12 039	14 448	16 408	20 888	25 659	28 792	32 001	34 425	35 997
福建	18 353	21 105	25 582	29 755	33 437	40 025	47 377	52 763	58 145	63 472	67 966

续表

产业结构

上海	48.60%	48.50%	46.60%	43.20%	42.00%	39.90%	41.30%	39.00%	36.24%	34.66%	31.81%
江苏	56.60%	55.60%	55.40%	54.80%	52.50%	53.90%	51.30%	50.17%	48.68%	47.40%	45.70%
浙江	53.40%	54.00%	54.00%	53.90%	51.60%	51.80%	51.20%	49.95%	47.80%	47.73%	45.96%
安徽	41.98%	44.40%	45.80%	47.40%	52.08%	48.80%	54.31%	54.64%	54.03%	53.13%	49.75%
福建	48.50%	48.70%	48.40%	49.10%	51.00%	49.10%	51.60%	51.70%	51.81%	52.03%	50.29%

森林覆盖率

上海	3.20%	3.20%	3.20%	3.20%	9.40%	9.40%	9.40%	10.70%	10.70%	10.70%	10.70%
江苏	7.50%	7.50%	7.50%	7.50%	10.50%	10.50%	10.50%	15.80%	15.80%	15.80%	15.80%
浙江	54.40%	54.40%	54.40%	54.40%	57.40%	57.40%	57.40%	59.10%	59.10%	59.10%	59.10%
安徽	24.00%	24.00%	24.00%	24.00%	26.10%	26.10%	26.10%	27.50%	27.50%	27.50%	27.50%
福建	63.00%	63.00%	63.00%	63.00%	63.10%	63.10%	63.10%	66.00%	66.00%	66.00%	66.00%

火电碳排放量/亿吨

上海	0.699 590 4	0.691 51	0.706 80	0.734 64	0.737 052 0	0.830 198 4	0.908 14	0.975 83	1.046 76	1.093 33	1.195 70
江苏	2.029 468 8	2.412 07	2.474 29	2.526 08	2.651 664 0	3.039 667 2	3.420 12	3.700 75	3.920 08	3.857 38	3.975 02
浙江	1.050 854 4	1.347 35	1.507 20	1.458 74	1.766 707 2	1.992 451 2	2.230 17	2.299 79	2.448 92	2.359 26	2.739 20
安徽	0.610 915 2	0.689 92	0.819 60	1.052 46	1.248 230 4	1.363 372 8	1.545 46	1.703 09	1.733 83	1.878 20	1.857 99
福建	0.467 404 8	0.533 56	0.694 68	0.687 33	0.847 008 0	0.854 812 8	1.221 67	1.265 74	1.331 28	1.672 26	1.803 10

外送火力发电量/千瓦时

上海					1 744 725.50	1 842 098.75		969 768.50	1 384 898.50	904 600.28	623 193.31
江苏					8 165 608.19	11 560 570.49		13 663 358.46	1 625 181.22	1 296 214.88	1 088 284.56
浙江					1 383 551.5	1 507 941.50		1 363 444.25	123 264.39	462 635.69	650 364.23

续表

外送火力发电量/千瓦时

18 625 607.05	23 549 344.98	39 899 334.50	4 506 465.85	4 368 452.04	4 053 001.89
安徽					
福建	0	8 782 205.50	0	123 599.16	89 169.54	186 959.58

能源消费强度/(吨标准煤/万元)

上海	0.889	0.851	0.805	0.775	0.727	0.712	0.618	0.570	0.550	0.470	0.450
江苏	0.920	0.890	0.850	0.800	0.760	0.730	0.600	0.530	0.490	0.460	0.430
浙江	0.900	0.860	0.830	0.780	0.740	0.720	0.590	0.520	0.490	0.470	0.460
安徽	1.210	1.170	1.130	1.080	1.020	0.970	0.750	0.722	0.676	0.636	0.600
福建	0.940	0.910	0.880	0.840	0.810	0.780	0.640	0.610	0.510	0.500	0.470

工业增加值能耗/(万元/吨标准煤)

上海	1.180	1.010	0.960	0.960	0.889	0.849	0.820	0.725	0.725
江苏	1.670	1.410	1.270	1.110	0.810	0.829	0.873	0.903	0.926
浙江	1.490	1.300	1.180	1.120		0.849	0.850	0.891	0.878
安徽	3.130	2.630	2.340	2.100	1.200	1.090	1.030	0.940	0.880
福建	1.450	1.320	1.180	1.150					0.880

资料来源:《国家统计年鉴》和四省一市的统计年鉴

附表 2 2020年区域配置中各个指标的预测值

区域	C_{11}		C_{12}		C_{21}		C_{22}		C_{31}		C_{32}		C_{41}	
	L	U	L	U	L	U	L	U	L	U	L	U	L	U
上海	3 167	4 090	89.6	95.1	111 307.17	187 994.87	20.65	58.77	0.63	0.63	9.4	18.8	0.908	1.970
江苏	8 121	8 760	74.4	91.7	125 550.12	255 158.86	40.47	49.66	10.26	10.26	10.5	16.5	4.087	5.777
浙江	6 144	6 227	65.3	89.0	100 129.85	237 305.37	35.79	50.33	10.20	10.20	57.4	63.4	4.100	5.258
安徽	5 416	8 544	65.7	66.5	73 474.11	198 898.30	70.55	97.52	13.97	13.97	26.1	30.5	3.355	3.642
福建	4 006	4 275	69.5	80.9	129 177.28	246 757.35	49.19	70.05	12.13	12.13	63.1	64.1	1.336	2.879

区域	C_{42}		C_{51}		C_{52}		C_{53}		C_{54}		C_{55}		C_{56}	
	L	U	L	U	L	U	L	U	L	U	L	U	L	U
上海	97.0	184.2	0.210	0.229	8	9	9	10	0.35	0.38	0.53	0.73	8	10
江苏	816.6	1 366.3	0.441	0.481	8	9	8	10	0.34	0.46	0.35	0.56	8	10
浙江	136.3	150.8	0.311	0.340	8	9	8	10	0.34	0.45	0.48	0.64	8	10
安徽	1 862.6	3 989.9	0.167	0.182	6	8	7	9	0.43	0.57	0.55	0.78	7	8
福建	0	878.2	0.159	0.173	6	8	7	9	0.25	0.49	0.50	0.63	7	8

注:"L"表示最小值;"U"表示最大值

附表3　2020年指标值的规范化处理结果

区域	C11		C12		C21		C22		C31		C32		C41	
	L	U	L	U	L	U	L	U	L	U	L	U	L	U
上海	0.2118	0.32424	0.5210	0.6255	0.3196	0.7658	0.3084	0.4179	0.0268	0.0268	0.0955	0.2082	0.0977	0.2863
江苏	0.5432	0.69447	0.3598	0.4895	0.3605	0.7135	0.3501	0.5534	0.4367	0.4367	0.1067	0.1827	0.4395	0.8394
浙江	0.4110	0.49366	0.3795	0.4997	0.2875	0.5593	0.3096	0.5289	0.4341	0.4341	0.5833	0.7020	0.4409	0.7640
安徽	0.3623	0.67734	0.2946	0.4043	0.2110	0.4436	0.4805	0.6360	0.5946	0.5946	0.2652	0.3377	0.3608	0.5292
福建	0.2680	0.33891	0.3866	0.4860	0.3709	0.6386	0.3649	0.5575	0.5163	0.5163	0.6412	0.7098	0.1436	0.4183

区域	C42		C51		C52		C53		C54		C55		C56	
	L	U	L	U	L	U	L	U	L	U	L	U	L	U
上海	0.0225	0.0903	0.4433	0.5275	0.4153	0.5539	0.4187	0.5707	0.3844	0.5853	0.2834	0.5523	0.3867	0.5872
江苏	0.1893	0.6696	0.4240	0.5046	0.4153	0.5539	0.3722	0.5707	0.3175	0.6025	0.3694	0.8364	0.3867	0.5872
浙江	0.0316	0.0739	0.4334	0.5158	0.4153	0.5539	0.3722	0.5707	0.3246	0.6025	0.3232	0.6099	0.3867	0.5872
安徽	0.4317	1.9553	0.3224	0.3837	0.3115	0.4924	0.3257	0.5137	0.2563	0.4764	0.2652	0.5322	0.3384	0.4698
福建	0	0.4304	0.4150	0.4939	0.3115	0.4924	0.3257	0.5137	0.2981	0.8194	0.3283	0.5855	0.3384	0.4698

注："L"表示最小值;"U"表示最大值

附表4　2020年加权规范化决策矩阵

区域	C_{11}		C_{12}		C_{21}		C_{22}		C_{31}		C_{32}		C_{41}	
	L	U	L	U	L	U	L	U	L	U	L	U	L	U
上海	0.016 09	0.026 22	0.019 28	0.023 14	0.011 82	0.028 33	0.022 85	0.030 97	0.001 99	0.001 99	0.003 53	0.007 70	0.014 46	0.042 4
江苏	0.041 25	0.056 17	0.013 31	0.018 11	0.013 34	0.026 40	0.025 94	0.041 01	0.032 36	0.032 36	0.003 95	0.006 76	0.065 09	0.124 31
浙江	0.019 56	0.023 50	0.014 04	0.018 49	0.010 64	0.020 69	0.022 94	0.039 19	0.032 17	0.032 17	0.021 58	0.025 97	0.065 30	0.113 15
安徽	0.027 51	0.054 78	0.010 90	0.014 96	0.007 81	0.016 41	0.035 61	0.047 12	0.044 06	0.044 06	0.009 81	0.012 50	0.053 43	0.078 37
福建	0.020 35	0.027 41	0.014 3	0.017 98	0.013 72	0.023 63	0.027 04	0.041 31	0.038 26	0.038 26	0.023 72	0.026 26	0.021 27	0.061 96

区域	C_{42}		C_{51}		C_{52}		C_{53}		C_{54}		C_{55}		C_{56}	
	L	U	L	U	L	U	L	U	L	U	L	U	L	U
上海	0.001 67	0.006 69	0.043 49	0.051 75	0.018 57	0.024 76	0.023 66	0.032 25	0.037 71	0.057 41	0.027 80	0.054 18	0.018 95	0.028 77
江苏	0.014 02	0.049 62	0.041 59	0.049 50	0.018 57	0.024 76	0.021 03	0.032 25	0.031 15	0.059 10	0.036 24	0.082 05	0.018 95	0.028 77
浙江	0.002 34	0.005 48	0.042 52	0.050 60	0.018 57	0.024 76	0.021 03	0.032 25	0.031 84	0.059 10	0.031 71	0.059 83	0.018 95	0.028 77
安徽	0.031 99	0.144 89	0.031 63	0.037 64	0.013 92	0.022 01	0.018 40	0.029 02	0.025 14	0.046 73	0.026 02	0.052 21	0.016 58	0.023 02
福建	0	0.031 89	0.040 71	0.048 45	0.013 92	0.022 01	0.018 40	0.029 02	0.029 24	0.080 38	0.032 21	0.057 43	0.016 58	0.023 02

注:"L"表示最小值;"U"表示最大值

附表 5　2020 年各大主要电力集团装机情况

单位：万千瓦

电厂集团	装机总量	煤电	燃煤（大）	燃煤（小）	燃气	三余	垃圾、生物质燃烧	风电	太阳能	生物质能	抽水蓄能	核电	水电
华能集团	1 131.7	945	926	19	142			44.7					
大唐集团	738.7	526	526	0	198			14.7					
华电集团	841.7	463	463	0	376				2.7				
国电集团	1 367.8	1 190	1 149	41				177.2	0.6				
中电投集团	365.6	314	285	29				49.4	2.2				
国信集团	1 184	767	767		232			35.0			150		
华润集团	968.1	956	951	5	10			2.1					
国华徐州发电有限公司	500.7	458	458					42.5	0.2				
江苏利港电力有限公司	390.0	390	390										
太仓港协鑫发电有限公司	499.8	311	308	3	184				4.8				
其他	5 023.9	1 938	1 070	868	832	241	91	634.4	489.5	84	110	600	4
合计	13 012.0	8 258	7 293	965	1 974	241	91	1 000.0	500.0	84	260	600	4

资料来源：江苏省电力公司发展策划部和江苏省电力公司电力经济技术研究院联合发布的《江苏省电源项目前期与进度调查报告》